高等学校教学用书

机械可靠性设计

北方工业大学　孟宪铎　主编

北　京
冶金工业出版社
2022

图书在版编目(CIP)数据

机械可靠性设计/孟宪铎主编.—北京:冶金工业出版社,1992.5
(2022.8重印)

高等学校教学用书

ISBN 978-7-5024-0969-2

Ⅰ.机… Ⅱ.孟… Ⅲ.机械设计:可靠性设计—高等学校—教材
Ⅳ.TH122

中国版本图书馆 CIP 数据核字(2007)第 117712 号

机械可靠性设计

出版发行	冶金工业出版社	电　　话	(010)64027926
地　　址	北京市东城区嵩祝院北巷 39 号	邮　　编	100009
网　　址	www.mip1953.com	电子信箱	service@ mip1953.com

责任编辑　宋　良　高　娜　美术编辑　彭子赫　版式设计　孙跃红
责任校对　卿文春　责任印制　李玉山
三河市双峰印刷装订有限公司印刷
1992 年 5 月第 1 版,2022 年 8 月第 8 次印刷
787mm×1092mm　1/16;12 印张;320 千字;182 页
定价 25.00 元

投稿电话　(010)64027932　投稿信箱　tougao@cnmip.com.cn
营销中心电话　(010)64044283
冶金工业出版社天猫旗舰店　yjgycbs.tmall.com
(本书如有印装质量问题,本社营销中心负责退换)

前　言

　　本书是为高等学校机械类专业"机械可靠性设计"课程编写的教学用书,主要内容包括可靠性设计基础、可靠性设计原理、疲劳强度可靠性设计、机械零部件可靠性设计、机械系统可靠性设计和可靠性试验等共六章。为便于教学,书中列举了较多的可靠性设计实例及可靠性资料,并附有一定数量的习题。

　　本书可作为高等工业院校机械类专业本科生的教学用书,也可供有关工程技术人员参考。

　　全书由北方工业大学孟宪铎主编,参加编写的有孟宪铎(第一、四章)、东北工学院金振江(第二、三章)、武汉钢铁学院王瑾玉(第五、六章)。

　　本书承北京航空航天大学郭可谦教授、北京科技大学张英会教授、清华大学吴宗泽教授审阅,并提出了许多宝贵意见,编者致以衷心的谢意。

　　由于编者水平所限,书中可能有错误和不妥当之处,恳请读者批评指正。

编　者

1991 年 11 月

主要符号表

x、y、t	随机变量
$f(t)$	随机变量 t 的概率密度函数
$F(t)$	随机变量 t 的失效分布函数
$R(t)$	可靠度函数
$\lambda(t)$	失效率函数
$E(t)$、μ_t	随机变量 t 的数学期望,均值
$V(t)$、S_t^2	随机变量 t 的方差
S	标准差
C	变差系数
$\bar{n}_R$	可靠度为 R 的均值安全系数
$\bar{\sigma}$, μ_σ	应力随机变量的均值
$\bar{\delta}$, μ_δ	强度随机变量的均值
$\varphi(\cdot)$	标准正态随机变量的分布函数
Z_R	标准正态随机变量的可靠度指数
$\Gamma(\cdot)$	伽玛函数
$\gamma = 1 - \alpha$	置信度,α 为风险度、显著性水平
exp	指数函数
$MTBF$	平均故障间隔时间
$MTTF$	失效前的平均时间
$A(t)$	有效度函数
$M(t)$	维修度函数

目　　录

绪　　论

可靠性理论是一门新兴学科。首先是由于第二次世界大战期间,为了保证军用产品的高度可靠性而受到重视。从 50 年代起至 60 年代初,一些工程技术人员和数学家们就运用概率论和数理统计学对产品的可靠性问题进行定量研究,在美国最先成立可靠性咨询委员会,制定了军用规格、标准及可靠性标准体系,这对现代军事、宇航、航空、电子等工业部门的发展起了重要的作用。近十年来,可靠性工程在我国发展十分迅速,各工业部门、工厂、设计院所和高等院校有愈来愈多的人重视和实际应用。我国机械电子工业部于 1990 年 2 月印发的《加强机电产品设计工作的规定》中明确指出,可靠性、适应性、经济性三性统筹作为机电产品设计的原则。在新产品鉴定定型时,对可靠性设计和试验报告进行评审。对正在生产的产品,要在试验或现场调查的基础上,对失效信息进行分析处理,改进设计,以提高产品可靠性。它标志着可靠性理论和技术已进入工程实用阶段,这是技术进步和设计经验积累的必然结果。

可靠性是指机械产品在规定的条件下和规定的时间内完成规定功能的能力,它是衡量机械产品质量的一个重要指标。根据多年来各国开展可靠性工作的经验认为产品在整个寿命期内,对可靠性起着决定性影响的是设计和生产阶段,见表 0-1。

表 0-1　各种因素对产品可靠性的影响程度

产品可靠性	影　响　因　素	影　响　程　度
固有可靠性	零部件材料	30%
	设计技术	40%
	制造技术	10%
使用可靠性	使用、运输、操作、安装、维修	20%

机械可靠性设计是将概率统计理论、失效物理和机械学等相结合起来的综合性工程技术。机械可靠性设计方法的主要特征就是将常规设计方法中所涉及的设计变量,如材料强度、疲劳寿命、载荷、几何尺寸及应力等所具有的多值现象都看成是服从某种分布的随机变量,根据机械产品的可靠性指标要求,用概率统计方法设计出零部件的主要参数和结构尺寸。在常规设计方法中引入概率统计学理论,可使机械设计理论和方法更加完善、科学。提高机械产品的可靠性,首先必须在设计上满足可靠性要求,这是因为设计决定了产品的固有可靠性,如果在设计阶段没有认真考虑可靠性问题,那么以后无论怎样注重制造、严格管理、精心使用,也难以保证可靠性要求。大多数机械产品是由零部件、装置、控制系统等组成的复杂系统。实践经验证明,一个复杂系统的可靠性与其整个寿命期内的全部可靠性活动有关。为使所设计的系统能达到可接收的现场可靠性,必须从方案论证开始至系统报废为止的整个寿命期内应有计划的开展可靠性活动。因为进行可靠性设计不能简单地理解为只是提高产品的固有可靠性,而应当理解为要在产品的性能、可靠性、费用等各方面要求之间进行综合权衡,从而达到产品的最优设计。一般机械产品的可靠性设计程序,可大致分为以下几个阶段:

(1) 方案论证阶段　确定可靠性指标,对可靠性和成本进行估算分析;

（2）审批阶段 对可靠度及其增长初步评估、验证试验要求、评价和选择试制厂家；

（3）设计研制阶段 主要进行可靠性预测、分配和故障模式及综合影响分析，进行具体结构设计；

（4）生产及试验阶段 按规范进行寿命试验、故障分析及反馈、验收试验等；

（5）使用阶段 收集现场可靠性数据，为改型提供依据。

由上述可见，机械可靠性设计的基础是实际的统计数据，要想知道有关设计变量的真实分布以及数据的置信水平等，就要投入大量的人力、物力和长时间的观察、收集、试验才能获得。在目前数据资料不足的情况下，为使机械可靠性设计能在一般机械产品设计中得到推广应用，本书中采用了一些易于计算的简化处理方法，并列举了较多类型的可靠性设计实例，对于一般机械的设计可靠性而言，这种简化处理所提供的可靠性信息在某种程度上也是偏于保守的，其计算精确度 $R \leqslant 0.999$ 的范围内是完全可以信赖的，具有一定的实用性。

1 可靠性基础

1.1 可靠性基本概念

机器设计、制造和使用实践中所遇到的各种问题可归纳为：寻找合理的机器结构、预测机器状态以选取最佳方案、制定以最少的时间和费用保证所需要的工作寿命、故障诊断等。因此,现代化企业的生产、设计、制造、试验和管理等无一不与可靠性有关。

1.1.1 机械产品与可靠性

机械产品的可靠性是指：在规定的工作条件下和规定的时间内完成规定功能的能力。它是衡量机械产品质量的一个重要指标,正如机械设备和系统的生产能力或额定功率一样,可靠性也是机械设备和系统的一种固有属性,是产品的重要性能参数之一。可靠性水平是在设计阶段就被确定了,随后的生产和试验都不可能提高可靠性。因此,机械设计师应该学会运用可靠性理论和原则,将载荷、材料强度、尺寸、工作应力等数据作为分散性的随机统计量来处理,使零部件在规定寿命中的破坏概率限制在某一给定的很小值以下,设计出性能好、可靠性高、成本低的优质产品来。

随着科学技术的进步,机械产品向着复杂化和自动化发展,其工作条件的要求也越来越高,特别是新材料、新工艺的不断涌现,再用传统的常规设计方法或旧的经验类比设计已满足不了要求。另外,产品的激烈竞争,促使产品被淘汰的速度也加快。因此,研制新产品的速度也必须加快,在设计阶段就应将可靠性指标、产品技术性能指标和经济性指标同时作为设计目标进行相应的设计。为了提高产品的可靠性,并满足各方面的要求,就要权衡开展可靠性工作的费用和由于产品不可靠而造成的损失费用,找出最佳可靠性。如 1979 年 5 月美国的 DC—10 旅客机,由于一个"3 英寸"螺栓损坏使发动机脱落,飞机失事造成 279 人死亡。由此可见产品不可靠不仅带来经济损失、工厂和国家的信誉损失,而且会造成人身事故。

从经济观点来确定产品最佳可靠性时,必须注意到产品可靠性要求较高,制造费用必然提高,然而使用维修费用却可以降低。因机器的制造和使用维修总费用可以表示为无故障概率 $P(t)$ 的函数,那么函数的极小值即为产品经济上最佳值。图 1-1 所表示的是苏联 ВД－4 型矿车的可靠性和费用有效性的关系。从图中看出：当要求无故障概率 $P(t)$ 从 0.53 提高到 0.95 时,矿车的制造费用 Q_m 将增加五倍半以上,而三年间的使用维修费用 Q_s 将为原来的 1/7。最佳的 $P(t)=0.75$。对一般机械产品来说,存在着总费用的极小值,这是价值上的最佳点。因此,研究和应用可靠性设

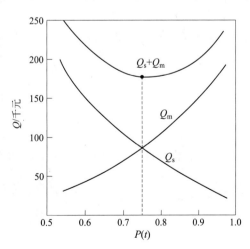

图 1-1　ВД－4 型矿车经济可靠性

计对提高产品质量和经济效益都能收到良好的效果。

机械产品的使用寿命都是有限的,在使用中会不断磨损、产生裂纹或老化,以致发生故障。发生故障的产品有两种情形:一种是产品发生故障后就报废;另一种是发生故障后还可以修复后继续使用。前者叫作不可修复产品,后者叫作可修复产品。一般将不可修复产品的可靠性叫做狭义可靠性,将可修复产品的可靠性叫做广义可靠性。

在机械产品的研制、设计、制造、试验、检验、使用和维修等各个环节都有造成故障的可能性,也有发现故障的原因和给予改善的可能性。所以,各环节都与可靠性有着密切的联系,都需要研究可靠性技术问题。

1.1.2　可靠度和失效率

可靠度表示产品在规定的工作条件下和规定的时间内完成规定功能的概率。

一般情况下,产品的可靠度是时间的函数,用 $R(t)$ 表示,且 $0 \leqslant R(t) \leqslant 1$。可靠度就是产品在规定的条件下及预期寿命内无故障工作的概率。如设有 N 个零件,在预定的时间 t 内,累积有 N_f 个零件失效,剩下 N_p 个零件仍能正常地继续工作,则该零件至时间 t 时的可靠度 $R(t)$ 为:

$$R(t) \approx \frac{N_p(t)}{N} = \frac{N - N_f(t)}{N} = 1 - \frac{N_f(t)}{N}$$

不可靠度是指产品在规定的条件下,规定的时间内产品功能失效的概率,常称为失效分布函数,用 $F(t)$ 表示为:

$$F(t) \approx \frac{N_f(t)}{N}$$

根据概率互补定理,这两个概率之和为:

$$R(t) + F(t) = 1 \tag{1-1}$$

可靠度是累积分布函数,它表示在该时间内圆满工作的产品占全部工作产品累积起来的百分比。有时也反映产品使用寿命的特征量,如循环次数、应力、尺寸等度量指标。

失效率　又称瞬时失效率、故障率,它表示产品工作到某一时刻后,在单位时间内发生故障的概率,用 $\lambda(t)$ 表示。

设 N 为总件数,$N_f(t)$ 为工作到时间 t 的失效件数,当再延长极短时间 Δt 后,存活件数中产生功能失效数与存活件数的比值,即为失效率,则有

$$\lambda(t) = \frac{N \cdot R(t) - N \cdot R(t+\Delta t)}{\Delta t} \Big/ [N - N_f(t)]$$

$$= \frac{N}{N - N_f(t)} \cdot \frac{R(t) - R(t+\Delta t)}{\Delta t}$$

当取工作件数目足够多时,$R(t)$ 可以作为连续函数来处理,则有

$$\lim_{\Delta t \to 0} \frac{R(t) - R(t+\Delta t)}{\Delta t} = -R'(t)$$

由于 $N - N_f(t) \approx N \cdot R(t)$,则有

$$\lambda(t) = -\frac{R'(t)}{R(t)}$$

因为

$$\int_0^t \lambda(t)\,dt = \int_0^t -\frac{R'(t)}{R(t)}\,dt = -\ln R(t)$$

所以

$$R(t) = e^{-\int_0^t \lambda(t)\,dt} = \exp\left[-\int_0^t \lambda(t)\,dt\right] \tag{1-2}$$

式(1-2)为可靠度函数 $R(t)$ 的一般表达式。

产品的典型失效率曲线如图 1-2 所示。从图中看出:在区域Ⅰ内,$\lambda(t)$ 呈下降的趋势,这是早期失效期。失效率由开始时很高的数值急剧地下降到某一稳定值。引起这一段失效率的主要原因往往是设计错误、制造工艺上的缺陷、装配上的问题,或由于质量检验不严等造成的。由于在这段时间中产品的失效率很高,所以工厂中常采用筛选的办法剔除一批不合格品,以减少出厂产品的早期失效。如车辆等产品试车跑合阶段就相当于这个时期。

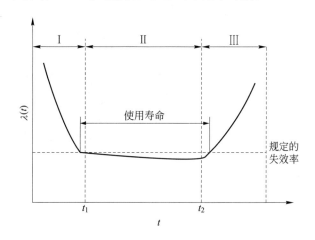

图 1-2　产品失效率曲线

图中区域Ⅱ是偶然失效期,是由零部件中某些无法排除的缺陷所引起的失效。在此时期内 $\lambda(t)$ 基本上保持不变。对设备来说,最好能处在这样一种状态:即排除所有能够排除的缺陷,只余下不能控制也不能预测的缺陷,而设备正是因此种缺陷造成故障。实际上,在成本允许的条件下,失效率的设计值应在规定的指标以下。在 $\lambda(t)$ 为常数时,失效处于完全不可预测状态,不管任何时候总是以大约一定的比例随机的发生。在偶然失效期我们希望失效率尽可能低于要求值,并希望其持续时间(使用寿命)尽可能长些。通过对这个时期产品失效的分析,可以找出改进设计、制造工艺等因素的薄弱环节,从而提高产品质量。

图中区域Ⅲ是耗损失效期,产品耗损失效主要原因是由于产品的老化、疲劳、磨损和其它自然原因耗损造成的,因而产品的失效率急速上升。通过对耗损失效期的研究,人们可以掌握零部件耗损期的开始时间,在这之前及时地将要失效的零部件更换下来就可以保证设备能继续地工作。

对于不能进行维修的设备,由于不能通过更换备件提高其使用寿命,应在产品的设计时收集必要的资料和失效信息,规定出故障率的大小和使用寿命的长短。

平均失效率是根据使用经验统计得到的。表 1-1 所列的概略值可供参考。

表 1-1　失效率 λ 的概略值

零部件名称	λ [失效数/10^6 h]		
	最上限	平均值	最下限
机床铸件(基础铸件)	0.7	0.175	0.015
一般轴承	1.0	0.5	0.02
球轴承(高速、重载)	3.53	1.8	0.072
轴套或轴承	1.0	0.5	0.02
球轴承(低速、轻载)	1.72	0.875	0.035
滚子轴承	1.0	0.5	0.02
凸　轮	0.004	0.002	0.001
离合器	1.1	0.4	0.06
电磁离合器	0.93	0.6	0.45
弹性联轴器	1.348	0.687	0.027
刚性联轴器	0.049	0.025	0.001
液压缸	0.12	0.008	0.005
气压缸	0.013	0.004	0.002
O 形密封圈	0.08	0.02	0.01
橡胶密封垫	0.03	0.02	0.011
压力表	7.8	4.0	0.135
带传动	1.5	0.875	0.142
齿　轮	0.2	0.12	0.0118
齿轮箱(运输用)	0.36	0.20	0.11
扇形齿轮	1.8	0.912	0.051
箱　体	2.05	1.1	0.051
电动机	0.58	0.3	0.11
液压马达	7.15	4.3	1.45
转动密封	1.12	0.7	0.25
滑动密封	0.92	0.3	0.11
轴	0.62	0.35	0.15
弹　簧	0.221	0.1125	0.004
弹簧(校准用)	0.42	0.22	0.009
弹簧(恢复力用)	0.022	0.012	0.001
阀　门	8	5.1	2.0

1.1.3　失效分布函数

可靠性技术贯穿在从产品的设计、制造、试验、使用和维修等整个过程中。对整个过程中的各个阶段的有关失效的各种信息、数据进行收集和分析是极其重要的。比如，在设计阶段收集并分析同类零部件的失效信息数据，可以对新设计的零部件的可靠性进行预测，这种预测有利于方案的对比和选择。

如表1-2,是对某零件进行强化试验的失效记录。

表1-2 失效记录

10^3 h	0~1	1~2	2~3	3~4	4~5	5~6
失效数	4	21	30	25	8	2
频率	0.044	0.233	0.333	0.278	0.089	0.022

表中的数据是按等时间间隔来分组,计出散布在各组内失效的个数,画成直方图如图1-3a 所示,这种图形叫做频数分布图。如果试件再增多些,观察的时间间隔再小些,则直方图逐渐趋 近于一条光滑曲线,它反映了产品失效分布的规律。如果用频率分布来推测,就更加方便而合 理。因此,在实际工作中多采用的是频率分布的方法:

$$频率 = \frac{每组频数}{总数} = \frac{n_i}{\sum n_i} \tag{1-3}$$

画出的频率分布图与频数分布图的形状相似,见图1-3b。

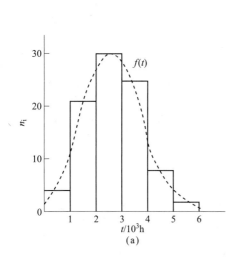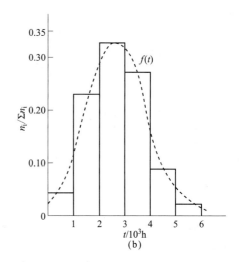

图 1-3 直方图
(a)频数分布;(b)频率分布

如果增加子样容量 n,并将区间宽度缩短,那么相应的频率分布图逐渐呈一光滑曲线(虚 线)。这条曲线叫做该零件的失效概率密度曲线,用 $f(t)$ 表示,函数 $f(t)$ 称为概率密度函数,它表 示了母体的频率的分布规律。

如果以累积频率作为纵坐标,即可绘制成图 1-4a 所示的累积频率分布图。当子样增多而时 间间隔缩短时,将得到一条光滑曲线,这条曲线表示母体的累积频率分布曲线,通常称为失效累 积频率分布曲线,简称概率分布曲线,用 $F(t)$ 表示。

实验和理论分析都指出:随着试验次数的增加,概率密度曲线将保持一个稳定的形态,变成 连续的分布曲线。

令 $f(t)$ 为失效密度函数,则有

$$f(t) = \frac{\mathrm{d}F(t)}{\mathrm{d}t} = -\frac{\mathrm{d}R(t)}{\mathrm{d}t}$$

对该式积分得：

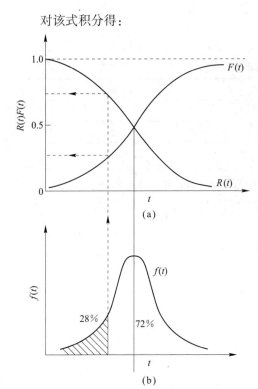

图 1-4　概率分布曲线

（a）累积频率分布；（b）累积失效百分比

$$\int_0^\infty f(t)\,\mathrm{d}t = \int_0^\infty \frac{\mathrm{d}F(t)}{\mathrm{d}t} \cdot \mathrm{d}t = 1$$

即失效密度函数曲线下的总面积等于 1。

对任意时间 t 的累积失效函数 $F(t)$ 为：

$$F(t) = \int_0^t f(t)\,\mathrm{d}t$$

以图 1-4b 中的阴影线面积表示。因 $R(t) = 1 - F(t)$，故可靠度函数 $R(t)$ 在图 1-4b 中为无阴影线的面积。

根据失效率定义，失效率函数 $\lambda(t)$ 可表示为：

$$\lambda(t) = \int_t^{t+1} \frac{f(t)}{R(t)}\,\mathrm{d}t$$

因 $\mathrm{d}t = 1$ 个单位时间，所以

$$\lambda(t) = \frac{f(t)}{R(t)} \qquad (1\text{-}4)$$

当失效率 $\lambda(t) = \lambda$ 为常数时，则失效概率密度函数：

$$f(t) = \lambda(t) \cdot R(t) = \lambda \cdot \mathrm{e}^{-\lambda t} \qquad (1\text{-}5)$$

式（1-5）就是指数分布的概率密度函数。或者说，当失效概率密度函数是指数分布时，失效率是常数。因此，对于正常使用寿命内由于偶然原因而发生的失效事件就常用指数分布来描述。

1.1.4　失效分布的特征量

为了对随机变量的分布有一个清晰的概貌，必须了解表示上述频率分布的平均值、分散程度、范围等特征量。当知道分布函数的形式，找到这些特征量时，分布函数（密度函数或概率函数）也就随之确定了。

（1）均值　对于有 n 个数值的离散变量，以 $x_1, x_2, \cdots, x_n$ 表示 n 个数值，其均值 $\bar{x}$ 为：

$$\bar{x} = \frac{1}{n} \sum_{i=1}^n x_i \qquad (1\text{-}6)$$

（2）加权均值　如以 $x_1, x_2, \cdots, x_m$ 表示观测值的大小，$v_1, v_2, \cdots, v_m$ 表示各相同观测值的个数，n 是观测值的总数，则加权均值 $\bar{x}_m$ 为：

$$\bar{x}_m = \frac{1}{n} \sum_{i=1}^m v_i x_i = \sum_{i=1}^m \frac{v_i}{n} \cdot x_i = \sum_{i=1}^m p_i x_i \qquad (1\text{-}7)$$

式中，p_i 称做观测值 x_i 的概率。

例如，表 1-2 中每组失效时间均值分别为 500, 1500, 2500, 3500, 4500, 5500h，则这批零件的平均失效时间为：

$$\bar{t} = \frac{1}{6}(500 + 1500 + 2500 + 3500 + 4500 + 5500) = 3000\mathrm{h}$$

这批零件的加权均值失效时间为：

$$\bar{t}_m = \frac{1}{90}(4 \times 500 + 21 \times 1500 + 30 \times 2500 + 25 \times 3500 + 8 \times 4500 + 2 \times 5500) = 2700\mathrm{h}$$

由上面计算结果表明,加权均值比较地更能真实的反映出平均失效时间。

(3) 数学期望 反映随机变量取值"平均"意义特征值,恰好是这个随机变量取一切可能值与相应概率乘积的总和,即

$$E(t) = x_1 p_1 + x_2 p_2 + \cdots = \sum_{i=1}^{\infty} x_i p_i \qquad (1-8)$$

式中,$E(t)$ 叫做随机变量 t 的数学期望值,或叫做平均值 $E(t) = \mu$。

当 t 为连续型随机变量时,母体的数学期望:

$$E(t) = \int_{-\infty}^{+\infty} t \cdot f(t) \, dt \qquad (1-9)$$

式中,$f(t)$ 为随机变量的分布密度函数。

$E(t)$ 也叫做平均无故障时间,在不可修复系统中也叫做平均寿命,或叫期望寿命。

(4) 中位数 凡是满足方程

$$0.5 = \int_{-\infty}^{x} f(t) \, dt$$

的 x 值,称为该母体的中位数(图 1-5)。这个中位数就是分割母体两等分的点,记作 $x_{0.5}$。它表示分布中心位置的特征量。

(5) 众数 它是使 $f(t)$ 达到最大值的 t 值,用 t_{max} 表示。如果密度函数可微分,则有

$$\frac{df(t)}{dt} = 0$$

它是密度曲线峰值的位置。

(6) 分位数 有时预先给定某一概率值 $P > 0$,那么,要求出相应于概率值 P 的 x 值是多少,即求满足方程:

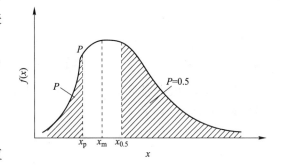

图 1-5 各特征量的示意图

$$P(t \leqslant x) = \int_{-\infty}^{x} f(t) \, dt \qquad (1-10)$$

的 x 值,记为 x_p,叫做"下侧分位数",P 表示分布在左端的面积。当然,也可用右端的面积表示为:

$$P(t \geqslant x) = \int_{x_q}^{\infty} f(t) \, dt \qquad (1-11)$$

式中,x_q 叫做"上侧分位数"。

(7) 方差和标准差 方差或标准差用来衡量随机变量的分散程度,即随机变量取值对均值的偏离程度。

样本方差
$$S^2 = \frac{1}{n-1} \sum_{i=1}^{n} (x_i - \bar{x})^2 \qquad (1-12)$$

样本标准差
$$S = \sqrt{\frac{1}{n-1} \sum_{i=1}^{n} (x_i - \bar{x})^2} \qquad (1-13)$$

式中　n——样本容量;

　　　x_i——观测值,$i = 1, 2, \cdots, n$;

　　　$\bar{x}$——样本均值。

当样本容量很大,S^2、S 趋向一个较稳定的数值,这个数值比较真实地反映出母体的分散和集中程度,其数学定义为:

$$S^2 = V(t) = \int_{-\infty}^{+\infty} f(t) \cdot [t - E(t)]^2 \mathrm{d}t \qquad (1\text{-}14)$$

（8）极差　取数据中的最大值与最小值之差，即为极差：

$$极差 = |x_{max} - x_{min}| \qquad (1\text{-}15)$$

用极差可粗略地表示这些数的范围及离散情况，它易受分布中的异常数值的影响。

1.2　可靠性的概率分布

机械可靠性设计中常用的概率分布的数式模型有二项分布、泊松分布、正态分布、对数正态分布和威布尔分布等多种函数。

1.2.1　二项分布

在一次试验中，只能出现二种结果之一的场合要用到二项分布，例如投币试验、成品检验等。如设不合格品率为 p，合格品率为 $q = 1 - p$，如抽检 n 次，按二项式展开有：

$$(q + p)^n = q^n + C_n^1 q^{n-1} p + C_n^2 q^{n-2} p^2 + \cdots + C_n^r q^{n-r} p^r + \cdots$$
$$+ C_n^{n-1} q p^{n-1} + p^n = 1$$

式中　　　　　　　　　$C_n^r = \dfrac{n!}{r!\,(n-r)!}$，且 $0! = 1$

在大批量中随机抽取 n 个试验，而其中发现 r 个为不合格品的概率 $f(r)$ 和产生 c 个以下不合格品的累积概率分布 $F(c)$ 为：

$$\left. \begin{aligned} f(r) &= C_n^r \cdot q^{n-r} p^r = \frac{n!}{r!\,(n-r)!} p^r (1-p)^{n-r} \\ F(c) &= \sum_{r=0}^{c} f(r) \end{aligned} \right\} \qquad (1\text{-}16)$$

这就是二项分布的公式。该二项分布的平均不合格品（失效）数 $E(r)$ 及方差 $V(r)$ 分别为：

$$E(r) = np;\ V(r) = npq \qquad (1\text{-}17)$$

表征这一分布的参数 p（或 q），如 n 个抽样中有 r 个失效，则 p 值可用下式估算出：

$$\hat{p} = \frac{r}{n}$$

如取 $n = 10$，不合格品率分别为 $p = 0.05;0.25;0.5$ 时的二项分布图形如图 1-6 所示。

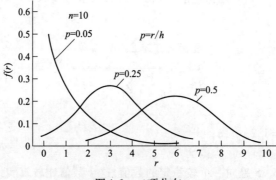

图 1-6　二项分布

二项概率分布的用途很广泛,它不仅在产品的质量验收中用来进行抽样验收方案的设计,而且还用于可靠性试验和可靠性设计中。如对材料、器件以及一次性使用装置的可靠性的估计,抽样检验等。

【例1-1】 某车间有 10 台 7.5kW 的机床,如果每台机床使用情况是互相独立的,且每台机床平均每小时开动 12min,问全部机床用电超过 48kW 的可能性是多少?

解 在任一时刻,各机床有"开动"、"停止"两种状态,故属于二项分布。用 p 表示机床的开动状态,$p = 12/60 = 0.2$;用 q 表示机床停止状态,$q = 1 - p = 0.8$。

当同时有 7 台以上机床工作时,才可能超过 48kW,故

$$f(r = 10) = p^{10} = (0.2)^{10} = 0.0000001024$$

$$f(r = 9) = \frac{10!}{9!}(0.2)^9(0.8) = 0.000004096$$

$$f(r = 8) = \frac{10!}{8! \ 2!}(0.2)^8(0.8)^2 = 0.000073728$$

$$f(r = 7) = \frac{10!}{7! \ 3!}(0.2)^7(0.8)^3 = 0.000786432$$

产生超负荷的累积概率:

$$F(C) = \sum_{r=7}^{10} f(r) = 0.000864358 \approx \frac{1}{1157}$$

即在 1157 分钟内有 1 分钟是超负荷的。

1.2.2 泊松分布

在二项分布中,当不合格品数均值 $p \cdot n = m$ 为恒定时,取极限 $p \to 0, n \to \infty$;即为泊松分布。

设平均失效数为 m,实际发生的失效数为 r,那么泊松分布的密度函数 $f(r)$ 和有 c 个或 c 个以下产品失效的累积概率分布 $F(C)$ 分别为:

$$\left. \begin{array}{l} f(r) = \dfrac{m^r}{r!}e^{-m} \\[2mm] F(c) = \sum\limits_{r=0}^{c} f(r) \end{array} \right\} \tag{1-18}$$

失效数的平均值与方差分别为:

$$E(r) = m; V(r) = m \tag{1-19}$$

泊松分布的密度函数曲线和累积概率算图如图 1-7 和图 1-8 所示。

利用泊松分布可使人们能预测某一事件出现在一限定时间内或少量试验次数时的概率。也可用于计算备件数的可靠度、置信度。

【例1-2】 某系统其平均无故障工作时间 $T = 1000h$,在 1500h 的任务期内需要用备件更换,现只有 3 个备件,问能达到的可靠度是多少?

解 失效率 $\lambda = \dfrac{1}{T} = 0.001$ 次/h,零件

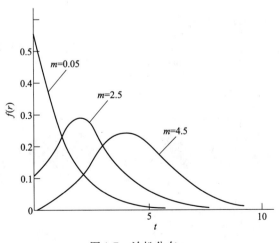

图 1-7 泊松分布

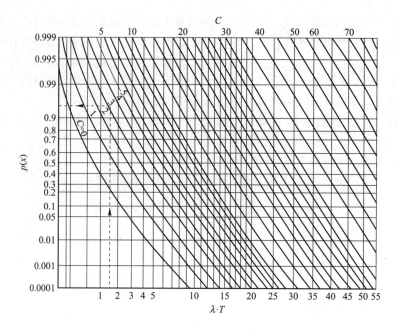

图 1-8　泊松分布概率

失效数的均值 $m = \mu = \lambda \cdot T = 0.001 \times 1500 = 1.5$，备件数 $r = 3$。由式(1-18)可得：

$$R(t = 1500) = \sum_{r=0}^{3} \frac{(\lambda T)^r}{r!} \cdot e^{-\lambda T}$$

利用图 1-8 查得：
$$= e^{-1.5}\left[1 + 1.5 + \frac{1.5^2}{2!} + \frac{1.5^3}{3!}\right] = 0.9344$$

$$\lambda \cdot T = 1.5 \rightarrow r = 3 \rightarrow R = 0.934$$

1.2.3　指数分布

指数分布的失效密度函数 $f(t)$ 和累积失效概率函数 $F(t)$ 分别为：

$$\left.\begin{array}{l} f(t) = \lambda \cdot e^{-\lambda t} \\ F(t) = 1 - e^{-\lambda t} \text{或} R(t) = e^{-\lambda t} \end{array}\right\} \tag{1-20}$$

均值和方差

$$E(t) = 1/\lambda; V(t) = 1/\lambda^2 \tag{1-21}$$

指数分布的曲线图形如图 1-9 所示。

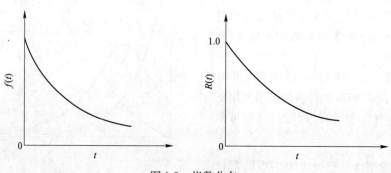

图 1-9　指数分布

　　许多产品,特别是电子元器件在工作时间内由于偶然的影响因素而失效,如半导体器件的抽验方案都是采用指数分布。当零件的失效的真实分布不是指数分布,而采用指数分布作推断时,将导致明显的推断错误。一般情况下,指数分布不能作为机械零件功能参数的分布形式,但可以近似地作为高可靠性的复杂部件、机器或系统的失效分布模型,特别是在部件或机器的整机试验中得到广泛的应用。

　　【例1-3】　某公司生产的真空泵标准失效率均值为 9×10^{-6} h,上限为 16.1×10^{-6} h,求此泵工作到可靠度 $R = 0.99$ 时的平均时间和最短工作时间。

　　解　可用指数分布来描述真空泵的失效分布,由式(1-20)得:

平均时间
$$t_{\mathrm{m}} = \frac{\ln R}{-\lambda} = \frac{\ln 0.99}{-9 \times 10^{-6}} \approx 1116.7 \mathrm{h}$$

最短工作时间
$$t_{\min} = \frac{\ln 0.99}{-16.1 \times 10^{-6}} \approx 624.2 \mathrm{h}$$

1.2.4　正态分布

　　正态分布是最常用的分布,很多自然现象可用正态分布来描述。它在误差分析中占有极其重要的位置。由于正态分布代表了产品的失效时间以均值 μ 为中心的平均寿命分布,故多用来描述产品在某一时刻由耗损或退化产生失效。一般来说,有很多微小的,独立的随机因素,而每种因素都不起决定作用时,其作用的总后果可认为服从正态分布。实际上,影响的因素 $n > 5 \sim 6$ 时分布就渐近于正态分布。

　　在机械可靠性设计中,正态分布主要用来描述零件和钢材的静强度失效以及给定寿命下的疲劳强度的分布或近似正态分布。如螺栓、轴、弹簧、键等静强度破坏的计算。

　　正态分布以均值 μ 与标准差 S 作为参数,可由下式表示:

$$\left.\begin{array}{l} f(t) = \dfrac{1}{S \sqrt{2\pi}} \mathrm{e}^{-\frac{(t-\mu)^2}{2S^2}} = \dfrac{1}{S \sqrt{2\pi}} \exp\left[-\dfrac{(t-\mu)^2}{2S^2} \right] \\[3mm] F(t) = \dfrac{1}{S \sqrt{2\pi}} \int_0^t \exp\left[-\dfrac{(t-\mu)^2}{2S^2} \right] \mathrm{d}t \end{array}\right\} \qquad (1\text{-}22)$$

常用符号 $N(\mu, S)$ 表示一个正态分布。

　　设
$$z = \frac{t - \mu}{S} \qquad (1\text{-}23)$$

则式(1-22)变成:

$$F(z) = \frac{1}{\sqrt{2\pi}} \int_{-\infty}^{z} \exp[-z^2/2] \mathrm{d}z \qquad (1\text{-}24)$$

　　式(1-24)叫做标准正态分布,用 $\varphi(z)$ 表示。z 叫做标准正态变量。标准正态分布的密度函数曲线如图1-10所示。标准正态分布也不能直接进行积分,可用级数展开的近似计算法求出标准正态变量 z 与 $F(z)$ 或 $R(z)$ 的值见附表1。

　　【例1-4】　有一批名义直径 $d = 25.4$ mm 的钢管,按规定钢管的直径不超过 26mm 就是合格品。如果已知钢管直径尺寸服从正态分布,其均值 $\mu = $

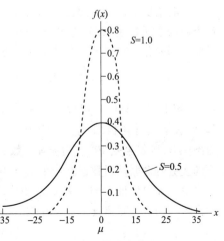

图1-10　正态分布曲线

25.4mm,标准差 $S = 0.30$mm,计算钢管的废品率是多少?

解　按式(1-23)求标准正态分布变量:

$$z = \frac{t - \mu}{S} = \frac{26 - 25.4}{0.30} = 2$$

查标准正态分布数表(附表1)得:

$$
\begin{aligned}
F(t > 26) &= 1 - R(t \leqslant 26) \\
&= 1 - \varphi(2) \\
&= 1 - 0.97725 \\
&= 0.02275
\end{aligned}
$$

1.2.5　对数正态分布

对数正态分布的密度函数和分布函数分别为:

$$
\left.
\begin{aligned}
f(t) &= \frac{1}{t \cdot S_1 \sqrt{2\pi}} \exp \left[-\frac{(\ln t - \mu_1)^2}{2S_1^2} \right] \\
F(t) &= \frac{1}{S_1 \sqrt{2\pi}} \int_0^t \frac{1}{t} \exp \left[-\frac{(\ln t - \mu_1)^2}{2S_1^2} \right] \mathrm{d}t
\end{aligned}
\right\}
\tag{1-25}
$$

均值
$$\mu = E(t) = \exp \left[\mu_1 + \frac{1}{2} S_1^2 \right] \tag{1-26}$$

方差
$$S^2 = V(t) = \mu^2 (\exp[s_1^2] - 1) \tag{1-27}$$

或
$$\mu_1 = \ln\mu - \frac{S_1^2}{2}, S_1^2 = \ln\left(\frac{S^2}{\mu^2} + 1\right)$$

对数正态分布的密度函数曲线图形如图1-11所示。它是偏态分布,而且是单峰的。在机械可靠性设计中得到广泛的应用,如对数正态分布很早就用于疲劳试验,是材料或零件寿命分布的一种主要分布模型。常用它来描述圆柱螺旋弹簧、轴向变载螺栓、齿轮的接触疲劳及弯曲疲劳、轴及钢材、合金结构材料等的疲劳寿命。

一般情况下,处理对数正态分布的数据时,先将各个数据取对数后,按正态分布进行查表、计算,问题便得到简化。其对数正态分布变量为:

$$z = \frac{\ln t - \mu_1}{S_1} \tag{1-28}$$

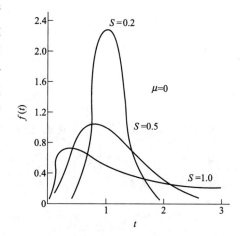

图1-11　对数正态分布曲线

【例1-5】　某厂为用户生产 $d = 5$mm 的弹簧钢丝,要求钢丝剪切极限 $\tau_{\lim} = 780$N/mm^2。在工作应力条件下,弹簧经受 10^6 应力循环次数后立即更换。根据以往试验得知,该弹簧在稳定应力条件下的疲劳寿命服从对数正态分布,$\mu_1 = 14.1376$;$S_1 = 0.23823$。试求在更换弹簧之前的失效概率是多少? 如果保证 $R = 0.99$ 时,求更换的循环次数是多少?

解　(1)计算弹簧在 $N = 10^6$ 循环次数之前的失效概率,由式(1-28)得:

$$z = \frac{\ln 10^6 - 14.1376}{0.23823} = -1.3520$$

查附表 1 得 $\qquad F(N \leqslant 10^6) = \varphi(-1.3520) = 0.08851$。

(2) 计算可靠寿命 $R(t) = 0.99$ 时循环次数 N：

$$F(z) = 1 - R = 1 - 0.99 = 0.01$$

查附表 1 得 $z = -2.32635$，即

$$-2.32635 = \frac{\ln N - 14.1376}{0.23823}$$

解得 $\qquad N = 0.79 \times 10^6$

1.2.6 威布尔分布

威布尔分布是一簇分布的类型，对各类型试验数据的拟合能力强，因而得到广泛的应用。威布尔分布是根据最弱环节模型或串联模型得到的，能充分反映材料缺陷和应力集中源对材料疲劳寿命的影响，而且具有递增的失效率。所以，将它作为材料或零部件的寿命分布模型或给定寿命下的疲劳强度模型是合适的。

威布尔分布失效密度函数和失效分布函数分别为：

$$\left.\begin{array}{c} f(t) = \dfrac{\beta}{\eta}\left(\dfrac{t-\gamma}{\eta}\right)^{\beta-1} \exp\left[-\left(\dfrac{t-\gamma}{\eta}\right)^{\beta}\right] \\[2mm] (\beta > 0, \eta > 0, \gamma \leqslant t) \\[2mm] F(t) = 1 - \exp\left[-\left(\dfrac{t-\gamma}{\eta}\right)^{\beta}\right] \end{array}\right\} \qquad (1\text{-}29)$$

式中 $\quad \beta$——形状参数，又叫威布尔分布斜率；

$\qquad \eta$——尺度参数；

$\qquad \gamma$——位置参数。

均值 $\qquad E(t) = \mu_1 = \gamma + \eta \cdot \Gamma\left(1 + \dfrac{1}{\beta}\right) \qquad (1\text{-}30)$

方差 $\qquad V(t) = S_t^2 = \eta^2 \cdot \left\{\Gamma\left(\dfrac{2}{\beta} + 1\right) - \left[\Gamma\left(\dfrac{1}{\beta} + 1\right)\right]^2\right\} \qquad (1\text{-}31)$

式中 $\quad \Gamma(\cdot)$——伽玛函数，可查附表 2。

对威布尔分布来说，形状参数 β 是决定分布密度函数曲线形状的。若 η 和 γ 保持不变，β 值不同时，其对应的密度函数曲线的形状有很大不同，如图 1-12 所示。

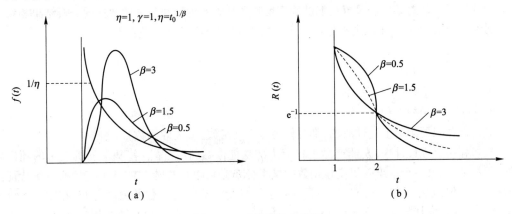

图 1-12 威布尔分布曲线

(a)密度函数曲线；(b)可靠性函数曲线

位置参数 γ，又叫起始参数，它表示产品在时间 γ 之前具有 100% 的存活率，失效是从 γ 之后开始的。由此可知，威布尔分布存在最小安全寿命，这与机械零件的强度、寿命等概念相吻合。

尺度参数 η，当 $\gamma = 0, t = \eta$ 时，威布尔分布失效概率 $F(t) = 1 - e^{-1} = 0.632$。所以，$\eta$ 为 63.2% 的试件已失效时寿命，称为特征寿命。

由图中看出：当 $\beta \leqslant 1$ 时，密度函数呈指数分布型；$\beta = 2$ 时呈瑞利分布；$\beta = 3 \sim 4$ 时接近于正态分布。

在疲劳强度试验中，威布尔分布函数中的随机变量 t 用疲劳寿命 N（循环次数）代替，这时威布尔分布的密度函数 $f(N)$ 和失效分布函数 $F(N)$ 可写成如下形式：

$$\left.\begin{array}{l} f(N) = \dfrac{\beta}{N_a - N_0}\left(\dfrac{N - N_0}{N_a - N_0}\right)^{\beta - 1} \exp\left[-\left(\dfrac{N - N_0}{N_a - N_0}\right)^{\beta}\right] \\[4mm] F(N) = 1 - \exp\left[-\left(\dfrac{N - N_0}{N_a - N_0}\right)^{\beta}\right] \end{array}\right\} \tag{1-32}$$

均值
$$\overline{N} = \mu_N = N_0 + (N_a - N_0)\Gamma\left(1 + \frac{1}{\beta}\right) \tag{1-33}$$

式中，N_0 叫做最小寿命；N_a 叫做特征寿命，即发生在 $F = 63.2\%$ 时的寿命；β 为形状参数。

【例 1-6】 某重要零件，工作时承受对称循环应力 $\sigma_{-1} = 379\text{N/mm}^2$。根据试验知，该零件疲劳强度服从威布尔分布，并测得形状参数 $\beta = 2.65$；最小应力 $\sigma_{\min} = 344.5\text{N/mm}^2$；尺度参数 $\sigma_{-1a} = 531\text{N/mm}^2$，试计算该零件的可靠度。若要求可靠度 $R = 0.999$ 时，其工作应力 σ'_{-1} 为多少？

解　（1）根据式（1-32），该零件疲劳强度的可靠为

$$\begin{aligned} R &= 1 - F = \exp\left[-\left(\frac{\sigma_{-1} - \sigma_{\min}}{\sigma_{-1a} - \sigma_{\min}}\right)^{\beta}\right] \\[2mm] &= \exp\left[-\left(\frac{379 - 344.5}{531 - 344.5}\right)^{2.65}\right] \\[2mm] &= 0.9886 \end{aligned}$$

（2）当要求该零件的可靠度 $R = 0.999$ 时，所能承受的工作应力 σ'_{-1} 为

$$0.999 = \exp\left[-\left(\frac{\sigma'_{-1} - 344.5}{531 - 344.5}\right)^{2.65}\right]$$

解得
$$\sigma'_{-1} = 358.2\text{N/mm}^2$$

可靠性设计的首要问题是寻找能够确切反映产品失效机理并与失效数据的分析结果相符合的失效分布函数 $F(t)$。上面所介绍的分布函数 $F(t)$ 都具有下列性质：

1）$F(-\infty) = 0$；

2）$F(+\infty) = 1$；

3）若 $x_1 > x_2$，则 $F(x_1) \geqslant F(x_2)$；

4）$\lim\limits_{\Delta x \to 0} F(x + \Delta x) = F(x)$。

任何函数只要满足上述性质的，都可作为可靠度函数（或失效函数）。

在机械可靠性设计中，表征产品工作能力的功能参数，往往是一些基本随机变量的随机函数。根据概率论，一个多维随机变量函数的概率分布是可以从构成它的基本变量的概率特征推导出来的。但是，推导概率分布，特别是推导多维变量的非线性函数的概率分布，在数学上可能十分复杂，即使能从数学上推导出来，由于函数形式过于复杂，也难以付诸实用。因此，在工程实践中，解决这个问题最简单的方法就是根据已知的失效机理及试验结果分析，直接选用已有的分

布规律。

正确选择某种产品的失效分布类型往往是很困难的。通常采用:(1)通过故障物理的分析,证实该产品的失效形式或失效机理近似地符合某种分布的物理依据;或通过失效率分析,验证它符合哪一种失效分布的失效率函数。(2)通过可靠性试验,利用数理统计中的判断方法,来判断该产品寿命的失效分布类型。由于样本数量有限,又不能做到所有试样都失效,因此判断会出现同一产品的失效分布规律可能不同。分布类型不同,失效概率或可靠度的估计值也就不同。

1.3 分布类型的图分析法

当产品的失效分布未知时,便要判断产品的失效分布类型及估计有关参数,这就需要按一定要求作可靠性试验,取得必要的失效数据,分析数据判断失效分布规律。估计分布参数可用数值分析法和图分析法。这里主要介绍图分析法。采用各种概率纸的图分析法比较简单、直观、实用。概率纸的制作原理是进行适当的坐标变换,使原坐标系中是曲线的累积概率分布,在变换后的坐标系(概率纸)中呈直线。概率纸的横坐标是记子样的观测值,纵坐标则记对应于子样观测值的累积概率分布的函数值。用概率纸解决问题是一种图算法,有作图误差,只能读出近似值。但是,由于它解决问题方便、直观、迅速,如可靠度的精确度在 $10^{-2} \sim 10^{-4}$ 时,用图分析法是能满足要求的。所以,概率纸在可靠性研究和可靠性设计中广泛应用。

1.3.1 曲线模型的线性化

在生产实践和科学试验中,量与量之间的关系往往是非线性的,即曲线关系。为了找出表征曲线关系的函数式,或经验公式,通常的作法是将曲线模型进行直线回归,其方法很多,在此只介绍利用坐标变换的图分析法。表 1-3 列出了常用曲线模型的坐标变换。在处理曲线模型的回归分析时,首先要将试验数据作点图,以便初步确定曲线的假定模型,选择方程,当曲线在变换的坐

表 1-3 可直线化的曲线

曲线模型	变　换	直线化模型
$y = \alpha \cdot x^{\beta}$	$y' = \lg y, x' = \lg x$	$y' = a + bx', a = \lg\alpha, b = \beta$
$y = \alpha + \beta\lg x$	$y' = y, x' = \lg x$	$y' = a + bx', a = \alpha, b = \beta$
$y = x/(\alpha x - \beta)$	$y' = 1/y, x' = 1/x$	$y' = a + bx', a = \alpha, b = -\beta$
$y = \alpha \cdot e^{\beta x}$	$y' = \ln y, x' = x$	$y' = a + bx', a = \ln\alpha, b = \beta$
$y = \alpha \cdot e^{\beta/x}$	$y' = \ln y, x' = 1/x$	$y' = a + bx', a = \ln\alpha, b = \beta$
$y = \dfrac{1}{\alpha + \beta e^{-x}}$	$y' = 1/y, x' = e^{-x}$	$y' = a + bx', a = \alpha, b = \beta$
$y = \dfrac{1}{\alpha + \beta x}$	$y' = \dfrac{1}{y}, x' = x$	$y' = a + bx', a = \alpha, b = \beta$
$y = \dfrac{1}{(\alpha + \beta x)^2}$	$y' = 1/\sqrt{y}, x' = x$	$y' = a + bx', a = \alpha, b = \beta$
$y = \dfrac{1 + x}{\alpha x + \beta}$	$y' = 1/y, x' = \dfrac{1}{1 + x}$	$y' = a + bx', a = \alpha, b = \beta - \alpha$
$y = \alpha + \beta\sqrt{x}$	$y' = y, x' = \sqrt{x}$	$y' = a + bx', a = \alpha, b = \beta$

标系中直线化后,可写成直线的一般式 $y' = a + bx'$。为了求出 a 和 b 可用:

(1) 平均值法　将所测得的数据分成两组,可建立两个方程,即

$$\begin{cases} \sum\limits^{n_1} y' = b \sum\limits^{n_1} x' + n_1 \cdot a \\ \sum\limits^{n_2} y' = b \sum\limits^{n_2} x' + n_2 \cdot a \end{cases} \qquad (1\text{-}34)$$

(2) 均方差法　为了选择 a 和 b,使总偏差达到最小,由极值的必要条件有:

$$\frac{\partial \sum (y' - bx' - a)^2}{\partial a} = 0$$

和

$$\frac{\partial \sum (y' - bx' - a)^2}{\partial b} = 0$$

解得

$$\begin{cases} \sum y' = b \sum x' + n \cdot a \\ \sum x'y' = b \sum x'^2 + a \sum x' \end{cases} \qquad (1\text{-}35)$$

均方差法的精确度较高,但计算较繁。

进行线性回归的一般步骤为:

(1) 将测得的数据在等分的直角坐标系中描点,连接成曲线;

(2) 根据曲线形状选配曲线模型。确定相应的坐标变换,在新的坐标系中验证是否可回归成直线,如果成直线,可定数学公式模型;如果不能成直线需另行选配曲线模型,直到回归成直线;

(3) 对未知参数作估计,从而得到完全确定的数学公式;

(4) 根据已确定的数学模型给出预报方法,确定公式的精确程度。

【例 1-7】　有一种用在微型电机上的新型绝缘材料,通常用的是恒定温度加速寿命试验。

现确定了 8 种温度水平和观测得的材料失效时间列在表 1-4 中,试确定温度与寿命的关系。

表 1-4

温度水平 t/℃	190	200	210	220	230	240	250	260
失效时间/h	9167	6585	4580	3108	2205	1761	1180	785

解　(1) 设失效时间 h 为纵坐标,以温度水平 t 为横坐标,将测得数据在 $h - t$ 等分直角坐标系中描点,并用曲线板连接成光滑曲线。如图 1-13a 所示。由于图中的曲线形状与图 1-9 的曲线很相似,可初步判定温度水平与失效时间可能是指数关系,曲线方程的基本型式可定为:

$$h = b \cdot e^{mt}$$

(2) 再将这些数据在半对数坐标 $\ln h - t$ 中描点,并连接成光滑曲线如图 1-13b 所示,这些点近似的在一直线上,由此可确认温度水平与失效时间是指数函数关系;

(3) 半对数坐标系的直线方程可写成以 e 为底的对数式 $\ln h = m \cdot t + \ln b$,只要确定式中 m、$\ln b$ 值,即可找出温度水平 t 和失效时间 h 的关系式。先用平均值法,将表 1-4 中失效时间 h 的数据取自然对数,并分成两组:

Ⅰ 组: $\ln 9167 = 9.12337$　　　　　　$t = 190$　　　Ⅱ 组: $\ln 2205 = 7.69848$　　　　　　$t = 230$

　　　　$\ln 6585 = 8.79592$　　　　　　　　200　　　　　　$\ln 1761 = 7.41307$　　　　　　　240

　　　　$\ln 4580 = 8.42945$　　　　　　　　210　　　　　　$\ln 1180 = 7.07327$　　　　　　　250

　　　$+ \ln 3108 = 8.04173$　　　　　　$+ 220$　　　　　$+ \ln 785 = 6.66568$　　　　　　$+ 260$

　　　　　　　　34.39047　　　　　　　　820　　　　　　　　28.91050　　　　　　　980

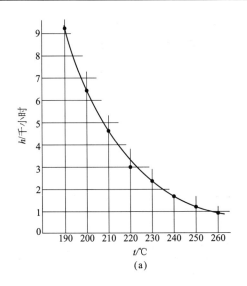
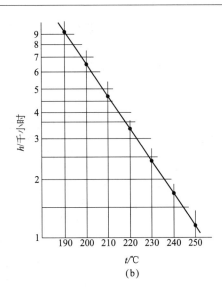

图 1-13 曲线回归直线示例

得方程

$$\begin{cases} 34.39047 = 820 \cdot m + 4\ln b \\ 28.91050 = 980 \cdot m + 4\ln b \end{cases}$$

解得 $\quad m = -0.0343; \ln b = 15.631125, b = 6.1449 \times 10^6$

温度水平 t 与失效时间 h 的近似函数式为:

$$h = 6.1449 \times 10^6 e^{-0.0343 \cdot t}$$

如用均方差法求得近似函数式为:

$$h = 6.477 \times 10^6 \cdot e^{-0.0345 \cdot t}$$

(4)检验:按所求公式计算失效时间 h 的数值及其相对误差列于表 1-5 内。

表 1-5

温度水平 t/℃	190	200	210	220	230	240	250	260
测得失效时间 h	9167	6585	4585	3108	2205	1761	1180	785
平均值法 h	9083	6445	4574	3246	2303	1635	1160	823
相对误差%	0.9	2.1	0.1	-4.4	-4.4	7.2	1.7	-4.8
均方差法 h	9217	6527	4623	3274	2319	1642	1163	823
相对误差%	0.5	0.9	0.9	-5.3	-5.1	6.7	1.4	-4.8

由计算值和实测数据的相对误差可以判定平均值法和均方差法所求的 h、t 函数式基本上反映了温度水平 t 与失效时间 h 的关系。均方差法计算的相对误差小些,公式较准确。

1.3.2 正态分布图分析法

正态分布是实际问题中最常见的一种分布,它是数理统计研究的基础。数理统计中的许多理论和方法,都是以正态分布为依据。正态分布还是许多非正态分布的极限分布,在一定条件下,它可以用于非正态分布。

判别数据是否符合正态分布,要用正态概率坐标纸,见图 1-14。正态概率纸的横坐标轴表示

随机变量 x_i,是均匀刻度;纵坐标轴表示累积概率 $R(x_i)$ 或 $F(x_i)$,是不均匀刻度,它的制作是根据正态分布数表的可靠性指数 z_i 所对应的可靠度 $R(x_i)$ 或失效概率 $F(x_i)$ 值刻出来的。

　　正态概率纸的用处很多,最基本的用处是求正态分布函数;检验分布的正态性质和估计正态分布的特征量:均值 μ 和标准差 S。

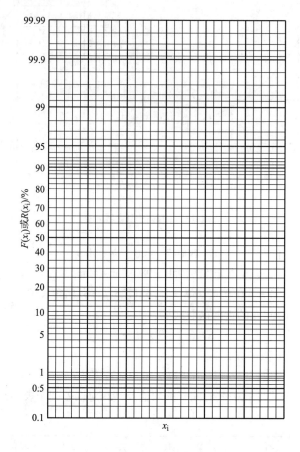

图 1-14　正态概率纸

　　图分析法的一般步骤为:

　　(1) 将实测的数据按从小到大的顺序排列,即 $x_1 < x_2 < \cdots < x_n$,划分适当的组数,通常取组数 $k = 6 \sim 15$ 为宜。当数据较多时,可按经验公式:

$$k = 1 + 2.3\ln n \tag{1-36}$$

近似的确定 k 值;

　　(2) 估计累积分布函数 $F(x_i)$,对 $F(x_i)$ 的估计有若干种,比较简便的公式有:

平均秩　　　　　　　　　　$$F_a(x_i) = \frac{i}{n+1} \tag{1-37}$$

中位秩　　　　　　　　　　$$F_a(x_i) = \frac{i-0.3}{n+0.4} \tag{1-38}$$

式中,i 为观测值从小到大顺序排列的序号;n 为抽检容量。

　　在工程试验中,平均秩常用于对称分布,而中位秩用于偏斜分布如对数正态分布、威布尔分布等。

理论研究证明:设样本来自分布函数 $F(x)$ 的母体,则 $[x_i, F_a(x_i)]$ 的分布是非常接近原函数 $F(x)$ 的分布。如将数据点 $[x_i, F_a(x_i)]$ 描绘在正态概率纸上,若近似成一直线,则原分布函数可判定为正态分布。

(3)估计分布函数的特征量,均值 μ 为 $F(x) = 50\%$ 时所对应的 $x_{0.5} = \hat{\mu}$,$\hat{\mu}$ 叫做 μ 的估计值。标准差 S 为 $F(x) = 84.13\%$ 或 $F(x) = 15.87\%$ 时所对应的 $x_{0.8413}$ 或 $x_{0.1587}$ 与 $x_{0.5} = \hat{\mu}$ 之差,即

$$S = x_{0.8413} - x_{0.5} \quad \text{或} \quad S = x_{0.5} - x_{0.1587}$$

【例 1-8】 某炼铁厂在正常生产条件下,生产了 116 炉铁水,化验铁水的含碳量的百分比如表 1-6 所示。试求其分布曲线,并估计出平均含碳量和标准差。

表 1-6 铁水的含碳量(%)

4.59	4.44	4.53	4.53	4.65	4.72	4.57	4.39	4.62	4.57
4.62	4.57	4.53	4.57	4.66	4.40	4.40	4.61	4.55	4.60
4.58	4.59	4.50	4.60	4.57	4.57	4.56	4.47	4.52	4.55
4.73	4.67	4.72	4.77	4.52	4.44	4.42	4.59	4.57	4.57
4.64	4.67	4.59	4.67	4.60	4.85	4.48	4.60	4.60	4.52
4.48	4.61	4.61	4.28	4.57	4.78	4.51	4.70	4.68	4.62
4.43	4.57	4.35	4.52	4.50	4.50	4.48	4.66	4.40	4.53
4.30	4.51	4.55	4.51	4.49	4.65	4.63	4.60	4.58	4.64
4.57	4.42	4.49	4.55	4.52	4.36	4.50	4.37	4.54	4.54
4.50	4.43	4.54	4.50	4.47	4.47	4.43	4.42	4.39	4.33
4.42	4.48	4.53	4.60	4.57	4.60	4.60	4.44	4.57	4.54
4.56	4.41	4.52	4.50	4.68	4.50				

解 (1)根据经验公式(1-36)确定分组数:

$$k = 1 + 2.3\ln116 = 11.9$$

取 $k = 12$。

$$\text{组距} = \frac{\text{最大值} - \text{最小值}}{k}$$

$$= \frac{4.85 - 4.28}{12} \approx 0.05$$

(2)求频数、频率和累积频率,见表 1-7;

表 1-7 铁水含碳量的频率和累积频率

组	区 间	频 数	频率/%	累积频数	累积频率/%
1	4.275 ~ 4.325	2	1.7	2	1.7
2	4.325 ~ 4.375	3	2.5	5	4.3
3	4.375 ~ 4.425	8	6.9	13	11.2
4	4.425 ~ 4.475	11	9.5	24	20.6
5	4.475 ~ 4.525	23	19.8	47	40.5
6	4.525 ~ 4.575	29	25.0	76	65.5
7	4.575 ~ 4.625	21	18.1	97	83.6

组	区　间	频　数	频率/%	累积频数	累积频率/%
8	4.625 ~ 4.675	10	8.6	107	92.2
9	4.675 ~ 4.725	5	4.3	112	96.5
10	4.725 ~ 4.775	2	1.7	114	98.3
11	4.775 ~ 4.825	1	0.8	115	99.1
12	4.825 ~ 4.875	1	0.8	116	~100

（3）画出直方图（图1-15），并根据直方图近似地描出连续曲线图形。由曲线形状可以初步判断它有可能是正态分布；

（4）在正态概率纸上，累积频率为纵坐标和每组含碳量的均值为横坐标描点，见图1-16。这些点近似的在一直线的两侧，则可确认铁水的含碳量近似正态分布；

（5）估计参数μ和S。在图1-16中所配直线上找出纵坐标$F(x_i) = 50\%$的点记作A，A的横坐标值就是μ的估计值$\hat{\mu}$，从图上读出：

$$\hat{\mu} = 4.515\%$$

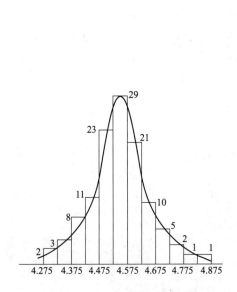

图1-15　含碳量的直方图

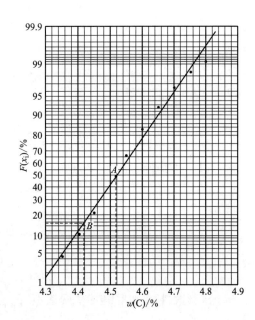

图1-16　含碳量的正态分布回归

在直线上找出对应纵坐标$F(x_i) = 15.87\%$的点B，其横坐标值为4.415%，则标准差估计值：

$$\hat{S} = (4.515 - 4.415)\% = 0.10\%$$

当图制作的比较准确时，与计算法的结果是很相近的。

【例1-9】　某材料的抗拉强度，经随机抽样实测20个数据是：144、134、140、141、147、135、132、142、140、140、136、137、143、142、138、145、138、136、141、140N/mm²。试检验它们是否服从正态分布？

解 （1）将观测数据从小到大顺序排列，并从最小值开始逐个求出对应的中位秩（列在表1-8内）：

$$F_a(x_i) = \frac{i - 0.3}{n + 0.4}$$

数据相同时，可取中位秩的平均值描点在概率纸上；

（2）将观测值 x_i 和中位秩 $F_a(x_i)$ 的坐标点 $[x_i, F_a(x_i)]$ 描绘在正态概率纸上，见图1-17。由图中看出，这些点可近似地配置成一直线（点在直线两侧），这就说明上述观测值近似地服从正态分布；

（3）从纵坐标 $F_a(x_i) = 50\%$ 和 84.13% 点引与横坐标的平行线，与所配置的直线相交，读出交点的横坐标值为：$\hat{\mu} = 139.5 \text{N/mm}^2$，$\hat{S} = 143.2 - 139.5 = 3.7 \text{N/mm}^2$。

表1-8 抗拉强度观测数据

序　号	$\sigma_b / \text{N} \cdot \text{mm}^{-2}$	中位秩 $F_a(x_i)/\%$
1	132	3.4
2	134	8.3
3	135	13.1
4	136	18.1 ⎫ 20.6
5	136	23.0 ⎭
6	137	27.9
7	138	32.8 ⎫ 35.3
8	138	37.7 ⎭
9	140	42.6 ⎫
10	140	47.5 ⎪
11	140	52.5 ⎬ 50.0
12	140	57.4 ⎭
13	141	62.3 ⎫ 64.8
14	141	67.2 ⎭
15	142	72.1 ⎫ 74.6
16	142	77.0 ⎭
17	143	81.9
18	144	86.9
19	145	91.7
20	146	96.6

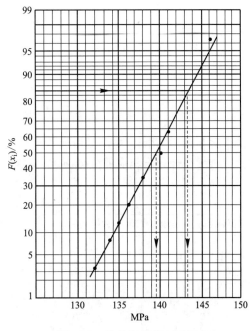

图1-17 抗拉强度分布回归

1.3.3 对数正态分布的图分析法

如果 t 服从于对数正态分布,那么 $\ln t = x$ 服从于正态分布。因此对数正态概率纸与正态概率纸很相似,只是横坐标轴上的刻度不同,对数正态概率纸是按 $x = \ln t$ 进行刻度。如图 1-18 所示。所以,对于对数正态分布,只要将观测值 t_i 作一变换 $x_i = \ln t_i$,然后以 x_i 的大小顺序排列,根据 x_i 的次序计算出相应的中位秩 $F_a(x_i)$,再仿照正态分布的图分析法可求出分布的特征量。

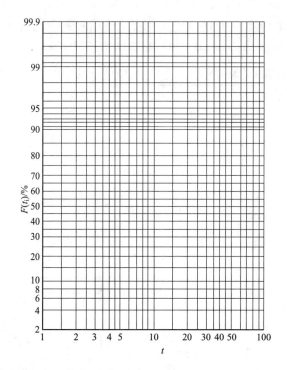

图 1-18 对数正态概率纸

【**例 1-10**】 用 35 支弹簧做疲劳寿命试验,试验到全部失效为止。观测寿命区间及相应失效数,并计算出相应的失效频率、累积失效频率列在表 1-9 中,试判断该弹簧疲劳寿命的分布。

表 1-9 弹簧寿命试验数据

时间区段 10^6 循环	区段平均值 t_i	区段失效数	失效频率	累积失效频率 $F(t_i)$
0 ~ 1	0.5	0	0	0
>1 ~ 2	1.55	2	0.057	0.057
>2 ~ 3	2.55	5	0.143	0.2
>3 ~ 4	3.55	7	0.2	0.4
>4 ~ 5	4.55	5	0.143	0.543
>5 ~ 6	5.55	5	0.143	0.686
>6 ~ 7	6.55	4	0.114	0.80

续表1-9

时间区段 10^6 循环	区段平均值 t_i	区段失效数	失效频率	累积失效频率 $F(t_i)$
>7~8	7.55	4	0.114	0.914
>8~9	8.55	2	0.057	0.971
>9~10	9.55	1	0.02	0.991

解 （1）按失效数画出直方图（图1-19），并根据直方图近似地描出分布曲线图形。由于曲线形状是偏态的，可以初步判断它有可能是对数正态分布；

（2）在对数正态概率纸上，按累积失效频率 $F(t_i)$ 和区段平均值 t_i 描点，见图1-20。这些点可近似地配置一直线，则可确认弹簧疲劳寿命近似的服从对数正态分布；

（3）由图1-20可得：均值的估计值 $\hat{\mu} = 4 \times 10^6$；标准差的估计值 $\hat{S} = 4 \times 10^6 - 2.4 \times 10^6 = 1.6 \times 10^6$。

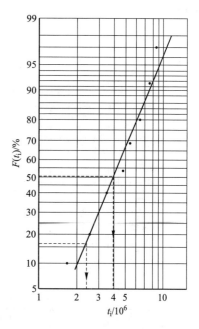

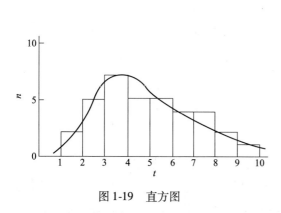

图1-19　直方图　　　　　　　图1-20　对数正态分布回归

1.3.4 威布尔分布的图分析法

在可靠性研究中，威布尔分布得到广泛的应用。因威布尔分布的数值分析法比较复杂，而在许多情况下，用威布尔分布概率纸的图分析法简便易行，且能满足一般精度要求。

威布尔概率纸的制作原理是根据式（1-29）：

$$R(t) = 1 - F(t) = e^{-\left(\frac{t-\gamma}{\eta}\right)^{\beta}}$$

即

$$\frac{1}{R(t)} = \frac{1}{1-F(t)} = e^{\left(\frac{t-\gamma}{\eta}\right)^{\beta}}$$

将等式两边取两次自然对数，则有

$$\ln \cdot \ln \frac{1}{R(t)} = \ln \cdot \ln \frac{1}{1-F(t)} = \beta \cdot \ln(t-\gamma) - \beta\ln\eta$$

令

$$Y = \ln \cdot \ln \frac{1}{R(t)} = \ln \cdot \ln \frac{1}{1-F(t)}$$

$$X = \ln(t - \gamma)$$
$$B = -\beta \cdot \ln\eta$$
则有
$$Y = \beta \cdot X + B$$

以 X 为横坐标轴，Y 为纵坐标轴，β 为直线方程的斜率，B 为直线方程在 Y 轴上的截距。当 $\gamma = 0$ 时，威布尔概率纸如图 1-21 所示。

威布尔分布参数的估计值：

（1）形状参数 β 是分布直线的斜率，应从 $X-Y$ 坐标系的原点 $A(X=0, Y=0)$ 作所求分布直线的平行线求得，该直线与 β 标尺的交点可读出形状参数的估计值 $\hat{\beta}$。点 A 叫作"β 值的估计点"。当 $X=0$ 时，$\ln t = 1$；$Y=0$ 时，$R(t) = 0.368$。故 A 的位置在 $A[\ln t = 1, R(t) = 0.368]$ 处；

（2）尺度参数 η 是威布尔分布的特征寿命，表示全部试件的 63.2% 失效时的时间参数。在威布尔分布概率纸中，Y 轴 0 刻度处所对应的 $F(t)$ 值为 63.2%。因此，分布直线 L 与 X 轴的交点处所对应的 t 值就是 η 的估计值 $\hat{\eta}$；

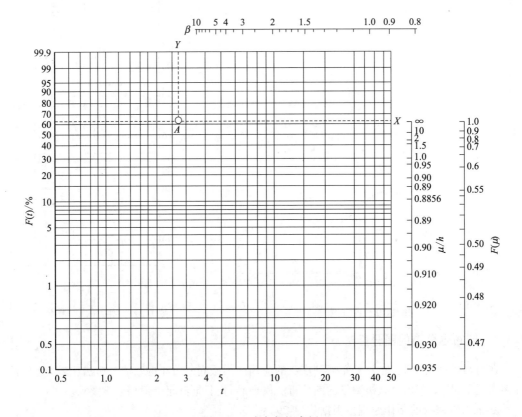

图 1-21　威布尔概率纸

（3）位置参数 $\gamma > 0$ 时，在概率纸上失效分布函数 $F(t)$ 为一拱形曲线。因此，用威布尔分布概率纸检验不是直线时，可能是分布的起始参数 $\gamma > 0$，或者是样本总体不服从威布尔分布。这时，必须估计出位置参数 γ 值。其作法是：在分布曲线上作平行 t 轴的等距平行线（图1-22），对应 t 轴的值为 t_1、t_2 和 t_3，然后代入方程 $Y = \beta X + B$ 中，解得：

$$\hat{\gamma} = \frac{t_1 t_3 - t_2^2}{t_1 + t_3 - 2t_2} \tag{1-39}$$

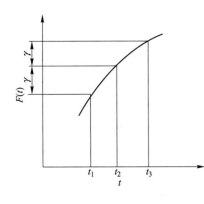

图 1-22 $\gamma \neq 0$ 威布尔分布

如果是威布尔分布,那么将观测到的 t 值都减去 $\hat{\gamma}$ 后,再在威布尔概率纸上描点可为直线。此时,

特征寿命 $\hat{\eta} = \gamma + \eta_0$

平均寿命 $\hat{\mu} = \gamma + \mu_0$

可靠寿命 $\hat{t}(R) = \gamma + t_R$

式中,η_0、μ_0 分别为 $\gamma = 0$ 时的特征寿命和平均寿命。

【例 1-11】 某轴承厂生产的 208 向心球轴承,试验轴承套数 $n = 36$,载荷 $Q = 4905\text{N}$,试验转速为 300r/min,其寿命数见表 1-10。求分布函数。

解 (1)将观测值从小到大顺序排列,并求出中位秩列在表 1-10 中;

(2)将表中实测数据 t_i 和对应的中位秩 $F_a(t_i)$ 的坐标点 $[t_i, F_a(t_i)]$ 描绘在威布尔概率纸上,这些点可用一条直线逼近(图 1-23),故知 $\gamma = 0$,并确认这些实测数据近似为威布尔分布;

表 1-10 208 轴承寿命试验数据

序号 i	寿命 t_i/h	$F_a(t_i) = \dfrac{i - 0.3}{n + 0.4}$	序号 i	寿命 t_i/h	$F_a(t_i) = \dfrac{i - 0.3}{n + 0.4}$
1	49	0.01923	19	1251	0.51373
2	108	0.04670	20	1289	0.54121
3	136	0.07418	21	1306	0.56868
4	137	0.10165	22	1406	0.59615
5	168	0.12912	23	1429	0.62363
6	221	0.15659	24	1542	0.65110
7	238	0.18406	25	1751	0.67857
8	250	0.21154	26	1753	0.70604
9	277	0.23901	27	1856	0.73352
10	346	0.26648	28	2269	0.76100
11	374	0.29395	29	2335	0.78846
12	480	0.32143	30	2485	0.81593
13	550	0.34890	31	2940	0.84340
14	694	0.37637	32	3278	0.87088
15	780	0.40385	33	3367	0.89835
16	801	0.43132	34	3805	0.92582
17	849	0.45879	35	4229	0.95330
18	929	0.48626	36	6745	0.98077

(3)在 $F(t)$ 坐标轴上取 63.2% 的点,画水平线与回归直线相交于 K 点,由该点向下引垂线,在 t 坐标轴上读得 $\hat{t}_0 = \hat{\eta} = 1400\text{h}$;

(4)由 β 值估计点 $A(1,0)$ 作回归直线的平行线,在 β 标尺上读得 $\hat{\beta} \approx 0.87$;

(5)求得威布尔分布的三个参数分别为:

$$\hat{\beta} = 0.87, \gamma = 0, \hat{t}_0 = \hat{\eta} = 1400\text{h}$$

失效分布函数为

$$F(t) = 1 - \exp\left[-\left(\frac{t}{1400}\right)^{0.87}\right]$$

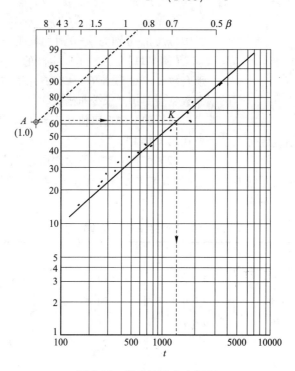

图 1-23   滚动轴承分布回归

【例 1-12】   用 8 个齿轮作疲劳寿命试验,其失效循环次数分别为 2.2×10^7、2.4×10^7、3.0×10^7、3.3×10^7、3.8×10^7、5.2×10^7、6.3×10^7 和 10.4×10^7 次。求失效分布函数和循环次数 $N = 2.5 \times 10^7$ 次时的可靠度。

解   (1) 按观测的失效循环次数 N_i 从小到大顺序排列,并计算中位秩,列在表 1-11 中;

表 1-11   齿轮寿命试验数据

序号 i	失效循环次数 $N_i / \times 10^7$	中位秩 $F_a(N_i) = \dfrac{i - 0.3}{n + 0.4}$
1	2.2	0.083
2	2.4	0.202
3	3.0	0.321
4	3.3	0.440
5	3.8	0.560
6	5.2	0.679
7	6.3	0.800
8	10.4	0.917

(2) 根据表中的 N_i 和 $F_a(N_i)$ 值在威布尔分布概率纸上描点,光滑连线,它渐近于一条拱形

曲线如图 1-24 所示的 a 曲线；

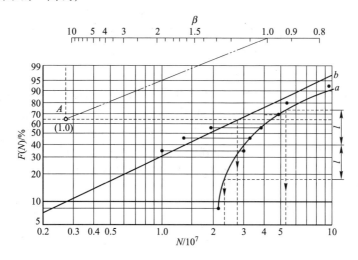

图 1-24 齿轮疲劳寿命

（3）根据以往经验可知，齿轮疲劳寿命有一最小值，该曲线可能是位置参数 $\gamma = N_{min}$ 的三参数威布尔分布。为求 N_{min} 值，在 $F_a(N_i)$ 坐标轴上取等距的三点作平行于 N 轴的线（虚线所示）与分布曲线相交，读得交点的 N 值为；$N'_1 = 2.3 \times 10^7$；$N'_2 = 3.0 \times 10^7$；$N'_3 = 5.4 \times 10^7$ 代入式（1-39）得：

$$\hat{\gamma} = N_{min} = \frac{N'_1 \cdot N'_3 - N'^2_2}{N'_1 + N'_3 - 2N'_2}$$

$$= \frac{2.3 \times 5.4 - 3.0^2}{2.3 + 5.4 - 2 \times 3.0} \times 10^7 = 2.012 \times 10^7 \text{ 次}$$

（4）将观测值减去最小循环次数 N_{min} 后，再描点，则近似在一直线 b 上，则确认齿轮的疲劳寿命近似服从威布尔分布，其三参数分别为：

$$\hat{\beta} = 0.98 ; \hat{\gamma} = N_{min} = 2.012 \times 10^7 ; N_0 = \hat{\eta} = 2.7 \times 10^7$$

代入分布函数：

$$F(N) = 1 - \exp \left[-\left(\frac{N - 2.012}{2.7} \right)^{0.98} \right]$$

$$R(N) = \exp \left[-\left(\frac{N - 2.012}{2.7} \right)^{0.98} \right]$$

（5）当 $N = 2.5 \times 10^7$ 时的可靠度为：

$$R(N = 2.5 \times 10^7) = \exp \left[-\left(\frac{2.5 - 2.012}{2.7} \right)^{0.98} \right] = 82.94\%$$

由上述例题看出：图分析法即简便易行，又直观易懂，它可以起到数值分析法起不到的作用。如将图分析法与数值分析法结合起来用，可以各取所长，即使用方便，又可以满足一定的精确度要求。

1.3.5 置信度与置信区间

上面我们利用图分析法对未知参数给出了一个估计数值。但是，这种方法往往不能指出估计量分布所包含的全部有价值的信息，甚至还会给人以错误的印象，认为是一个确定的值。如果将不确定值当作一个确定的值去解决问题,有时不免会造成错误。因为估计量也是一个统计量,是随机变量,具有一定的随机变动的范围。如对未知参数 θ 作估计的同时能够提供一个估计区间,如同机械制造的公差带一样有上下界限,那么所给出的区间 (L,u),也就是 θ 值很可能不会低于 L,也不会超过 u。这个区间叫做置信区间。用公式表示为:

$$P[L(x) \leq \theta \leq u(x)] = 1 - \alpha \tag{1-40}$$

式中,x 是子样的随机变量,$[L(x),u(x)]$ 叫做置信区间,$L(x)$ 叫做置信下限,$u(x)$ 叫做置信上限,$(1-\alpha)$ 叫做置信度,α 叫做显著性水平,也叫风险度(图1-25)。

置信度是指从样本的试验结果定出的估计置信区间可能包含母体参数在内的概率,是根据设计者或使用方预先规定的。若要求所得到的置信区间 $[L(x),u(x)]$ 能包含 θ 的真实值的把握程度越高,那么规定的置信度 $(1-\alpha)$ 数值越大。通常取 0.9、0.95、0.975 或 0.99。

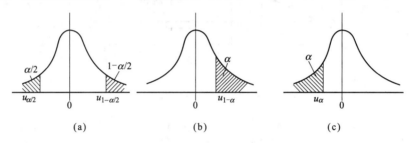

图1-25 置信度示意图

a—双侧置信度;b、c—单侧置信度

对于不同分布置信区间上、下限估计法如下:

(1) 指数分布的置信区间 指数分布的故障平均时间 T 的 $(1-\alpha)$ 置信区间为:

$$L = \frac{2\sum t_i}{X_{\frac{\alpha}{2},2(r+1)}^2} \leq T \leq u = \frac{2\sum t_i}{X_{1-\frac{\alpha}{2},2r}^2} \tag{1-41}$$

式中 r —— 记录规定试验时间的故障数或总故障数;

      $\sum t_i$ —— 累计总试验时间;

      $X_{\alpha,r}^2$ —— 失效数为 r,显著性水平为 α 的 X^2 分布,可查附表4。

可靠度 $R(t)$ 的置信区间为:

$$\exp\left[-\frac{T}{L}\right] \leq R(t) \leq \exp\left[-\frac{T}{u}\right] \tag{1-42}$$

(2) 正态分布的置信区间 在正态分布概率纸上回归直线是根据 $[t_i, F_a(t_i)]$ 描绘的。置信区间则是根据 t_i 和 $(1-\alpha/2) \times 100\%$、$\alpha/2 \times 100\%$ 中位秩置信界限(查附表3)描点绘成的。对 $R(t_0)$ 的置信区间估计方法如图1-26所示。由图中知:

$$L_{F(t_0)} \leq F(t_0) \leq u_{F(t_0)}$$

$$1 - L_{F(t_0)} \leq 1 - F(t_0) = R(t_0) \leq 1 - u_{F(t_0)}$$

或 $$L_{t(R_0)} \leq t(R_0) \leq u_{t(R_0)}$$

均值的置信区间为:

$$\hat{\mu} - \frac{S}{\sqrt{n}} \cdot u_{\frac{\alpha}{2}} \leq \mu \leq \hat{\mu} + \frac{S}{\sqrt{n}} u_{\frac{\alpha}{2}} \tag{1-43}$$

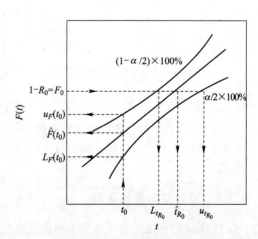

图1-26 $R(t_0)$ 的置信区间估计

式中,S 为标准差,n 为子样容量,$u_{\div} = \varphi^{-1}\left(1 - \dfrac{\alpha}{2}\right)$ 为标准正态分布函数,可查正态分布数表(附表1)。

方差的置信区间为:

$$\frac{(n-1)\hat{S}^2}{X^2_{\frac{\alpha}{2},(n-1)}} \leqslant S^2 \leqslant \frac{(n-1)\hat{S}^2}{X^2_{1-\frac{\alpha}{2},(n-1)}} \tag{1-44}$$

式中,n 为样本容量,$X^2_{\frac{\alpha}{2},(n-1)}$、$X^2_{1-\frac{\alpha}{2},(n-1)}$ 查附表4。

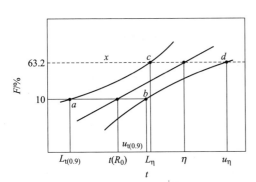

图 1-27 置信限估计示意图

（3）对数正态分布置信区间 失效概率 $F(t)$ 及可靠度 $R(t)$ 的置信区间的估计程序与正态概率纸的估计程序相同。

（4）威布尔分布的置信区间 在威布尔概率纸上画出 $\left(1 - \dfrac{\alpha}{2}\right) \times 100\%$ 和 $\dfrac{\alpha}{2} \times 100\%$ 中位秩的置信界限曲线(图1-27)与 X 轴相交两点的 t 坐标值,即为特征寿命 η 的上、下置信限。

可靠寿命 $t(R)$ 的置信区间的求法与求 η 的置信区间相同,如图1-27所示。

形状参数 β 的置信区间可由图1-28求得修正系数 k_β,则区间为:

$$\hat{\beta}/k_\beta \leqslant \beta \leqslant \hat{\beta} \cdot k_\beta \tag{1-45}$$

平均寿命 μ 的置信区间估计法是,先按下式:

$$F(\mu) = 1 - \exp\left[-\Gamma\left(\frac{1}{\beta} + 1\right)^\beta\right] \tag{1-46}$$

计算 $F(\mu)$ 值,然后在 $F(t)$ 轴上找 $F(\mu)$ 值作平行线与秩置信界限曲线和分布直线交点的 t 轴值即为 L_μ、μ、u_μ(图1-29)。

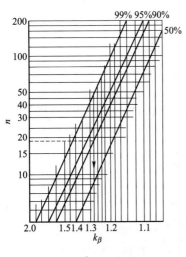

图 1-28 $\hat{\beta}$ 的修正系数

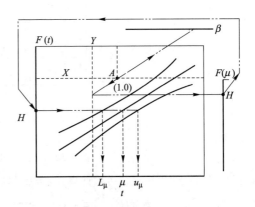

图 1-29 平均寿命估计

【例1-13】 某种钢材热处理后的屈服极限经试验测得如下数据:423、405、419、453、436、416、429、440、432(N/mm²)。试判断是否服从正态分布,估计分布参数 μ 和 S,求置信度为80%

时,可靠度为90%的置信区间。

解 (1) 将观测数据从小到大顺序排列,计算相应的中位秩 $F_a(x_i)$,由附表3查得的90%和10%的中位秩置信限值,列在表1-12中;

(2) 将表1-12中的 x_i、$F_a(x_i)$、$F_L(x_i)$、$F_u(x_i)$ 数据点描绘在正态概率纸上得到图1-30。由图中看出: x_i, $F_a(x_i)$ 的各点近似地逼近一直线,故可以判定钢的屈服极限服从正态分布。并绘出相应的置信区间曲线,上面一条为90%中位秩置信界限曲线,即 $F_{u_i}(x_i)$;下面一条为10%中位秩置信界限曲线,即 $F_L(x_i)$;

(3) 由图中估计出的均值和标准差为:

$$\hat{\mu} = x_{0.5} = 431\text{MPa};\quad \hat{S} = x_{0.5} - x_{0.159} = 413 - 412.5 = 18.5\text{MPa}$$

表 1-12 屈服极限试验数据

序号 i	1	2	3	4	5	6	7	8	9
x_i	405	416	419	423	429	432	436	440	453
$F_a(x_i)=\dfrac{i-0.3}{n+0.4}$	0.075	0.181	0.287	0.394	0.50	0.606	0.713	0.819	0.926
$F_L(x_i)(90\%)$	22.57	36.84	49.01	59.94	69.90	78.96	87.05	93.92	98.84
$F_u(x_i)(10\%)$	1.16	6.08	12.95	21.04	30.10	40.06	50.99	63.16	77.43

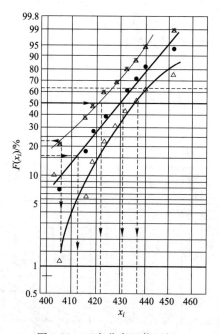

图 1-30　正态分布置信区间

均值的置信区间可按式(1-43)计算,$u_{\frac{\alpha}{2}} = \varphi^{-1}(0.90)$ 查附表1得1.18,即

$$431 - \frac{18.5}{\sqrt{9}} \times 1.18 < 431 < 431 + \frac{18.5}{\sqrt{9}} \times 1.18$$

均值置信区间为　　　　　　　　　$423.7 < 431 < 438.3$

方差的置信区间可按式(1-44)计算,$X^2_{\frac{\alpha}{2},(n-1)} = X^2_{0.1,8} = 13.362$;

$$X^2_{1-\frac{\alpha}{2},(n-1)} = X^2_{0.9,8} = 3.490(查附表4),则有$$

$$\frac{(9-1)\times(18.5)^2}{13.362} < (18.5)^2 < \frac{(9-1)\times(18.5)^2}{3.490}$$

即

$$(14.3)^2 < (18.5)^2 < (28)^2$$

(4) 可靠度 $R=90\%$ 的置信区间,先由图中求 $F(x_i)=1-R=1-0.9=10\%$ 的点作水平线与回归直线相交,再过该点作垂线与秩置信界限曲线相交得: $R_L=1-0.22=78\% < R=0.90 < R_u=1-0.015=98.5\%$。

【例1-14】 某轴承厂对305滚动轴承做疲劳寿命试验至全部失效,其观测数据如下:89、121、183、184、269、360、363、466、477、547、583、637、766、890、945、1595、2067、2174(h)。试判断分布类型,求置信度80%的置信区间和 $R_0=0.90$ 时可靠寿命 $t(R_0)$。

解 (1) 将观测值从小到大顺序排列,计算寿命对数值、中位秩,并查出90%和10%秩置信界限,列在表1-13中;

表1-13 305滚动轴承疲劳寿命试验

序号 i	1	2	3	4	5	6	7	8	9
寿命 t_i/h	89	121	183	184	269	360	363	466	477
$x_i=\lg t_i$	1.95	2.08	2.26	2.26	2.43	2.56	2.56	2.67	2.68
$F_a(t_i)=\dfrac{i-0.3}{n+0.4}$	0.04	0.09	0.15	0.20	0.26	0.31	0.36	0.42	0.47
$F_L(t_i)90\%$	12.01	19.95	26.94	33.44	39.60	45.50	51.18	56.67	61.98
$F_u(t_i)10\%$	0.58	2.98	6.29	10.06	14.18	18.55	23.14	27.92	32.88

序号 i	10	11	12	13	14	15	16	17	18
寿命 t_i/h	547	583	637	766	890	945	1596	2067	2174
$x_i=\lg t_i$	2.74	2.77	2.80	2.88	2.95	2.98	3.20	3.32	3.34
$F_a(t_i)=\dfrac{i-0.3}{n+0.4}$	0.53	0.58	0.64	0.69	0.75	0.80	0.85	0.91	0.96
$F_L(t_i)90\%$	67.12	72.08	76.86	81.45	85.82	89.94	93.71	97.01	99.42
$F_u(t_i)10\%$	38.02	43.33	48.82	54.50	60.40	66.56	73.06	80.05	87.99

(2) 根据以往的经验可知,滚动轴承疲劳寿命可能是威布尔分布。将表1-13中的 $[t_i, F_a(t_i)]$、$[t_i, F_L(t_i)]$、$[t_i, F_u(t_i)]$ 值在威布尔概率纸上描点,并配置曲线如图1-31所示。由图中回归直线可判定该滚动轴承疲劳寿命服从威布尔分布;

(3) 由图1-31中可知,分布直线和秩置信界限曲线与 X 轴的交点的 t 轴值即为特征寿命和置信区间:

$$L_\eta = 530 < \eta = 680 < u_\eta = 950(\mathrm{h})$$

(4) 由 β 值估计点 A 作分布直线的平行线,与 β 标尺交点得 $\hat{\beta}=1.26$,再由图1-28查得修正系数 $k_\beta=1.28$,则 β 的置信区间按式(1-45)计算:

$$L_\beta = 1.26/1.28 \approx 0.984 < 1.26 < u_\beta = 1.26\times1.28 \approx 1.613$$

(5) 按式(1-46)计算 $F(\mu)$ 值 $\left[\varGamma\left(\dfrac{1}{1.26}+1\right)$查附表2$\right]$:

$$F(\mu) = 1-\exp\left[-\varGamma\left(\frac{1}{1.26}+1\right)^{1.26}\right]$$

$$= 1-\exp[-(0.93)^{1.26}] = 0.5985$$

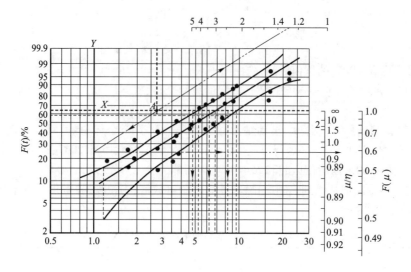

图 1-31　滚动轴承疲劳寿命分布置信区间

在 $F(t)$ 尺上取 0.5985 点作水平线,与分布直线和秩置信界限曲线相交得均值 $\hat{\mu}$ 和置信区间:

$$L_\mu = 480 < \mu = 620 < u_\mu = 820(\mathrm{h})$$

(6)求可靠度 $R = 0.90$ 的置信区间,即在 $F(t)$ 尺上找 $F(t) = 0.10$ 的点作水平线与分布直线相交,再过该点作垂线与秩置信界限曲线相交得:

$$R_{\mathrm{L}} = 1 - 0.15 = 85\% < R = 0.90 < R_{\mathrm{u}} = 1 - 0.03 = 97\%$$

1.4　分布函数的假设检验

机械可靠性设计常用的检验方法主要是:(1)分布函数的假设检验,即对所得到的样本试验数据是否属于某种理论分布;(2)显著性检验,例如得到两个样本数据,检验它们是否属于同一母体等。本节只讨论分布函数的假设检验。

分布函数的检验常用: x^2 检验(皮尔逊检验)和 d 检验(柯尔莫哥洛夫—斯米尔诺夫检验)。前者用于大样本($n > 50$),后者适合于小样本($n < 50$)。通常机械零部件试验多为小样本,所以只介绍 d 检验方法。

d 检验法的出发点是:失效分布在概率纸上一般表现为直线,如果理论分布函数能很好地反映实际的失效情况,那么,根据实际数据在图上标出的点与直线的距离应该是很相近的。根据这距离的大小可以判定分布函数的拟合性。表 1-14 给出观测值与理论的差异度 d 与样本容量 n 及显著水平 α 的关系。

表 1-14　d 检验表

n	显　著　性　水　平　α				
	0.20	0.15	0.10	0.05	0.01
3	0.565	0.597	0.642	0.708	0.828
4	0.494	0.525	0.564	0.624	0.733
5	0.446	0.474	0.509	0.565	0.699

n	显 著 性 水 平 α				
	0.20	0.15	0.10	0.05	0.01
10	0.322	0.342	0.368	0.410	0.490
15	0.266	0.283	0.304	0.338	0.404
20	0.231	0.246	0.264	0.294	0.356
25	0.21	0.22	0.24	0.27	0.32
30	0.19	0.20	0.22	0.24	0.29
35	0.18	0.19	0.21	0.23	0.27
40	0.17	0.18	0.19	0.21	0.25
45	0.16	0.17	0.18	0.20	0.24
50	0.15	0.16	0.17	0.19	0.23
>50	$\dfrac{1.07}{\sqrt{n}}$	$\dfrac{1.14}{\sqrt{n}}$	$\dfrac{1.22}{\sqrt{n}}$	$\dfrac{1.36}{\sqrt{n}}$	$\dfrac{1.63}{\sqrt{n}}$

【例 1-15】 在例 1-13 中钢材屈服极限在正态概率纸上回归成直线,试以 d 检验加以验证。

解 从表 1-14 查出样本容量 $n=9$,显著性水平 $\alpha=0.20$ 时差异度 $d=0.378$。在例 1-13 中已求出正态分布参数 $\hat{\mu}=431\text{MPa}$、$\hat{S}=18.5\text{MPa}$,所以理论分布的分布函数为:

$$F_0(x) = \frac{1}{\hat{S}\sqrt{2\pi}}\int_{-\infty}^{x_\mathrm{F}}\exp\left[-\frac{(x-\hat{\mu})^2}{2\hat{S}^2}\right]$$

$$= \frac{1}{\sqrt{2\pi}}\int_{\infty}^{\frac{x_i-\hat{\mu}}{\hat{S}}}\exp\left[-\frac{u^2}{2}\right]\mathrm{d}u = \varphi\left(\frac{x-\hat{\mu}}{\hat{S}}\right) \tag{1-47}$$

利用上式可以求出累积失效概率值 $F_0(x)$。将观测值 x、统计分布 $F_\mathrm{a}(x_i)$、理论分布 $F_0(x_i)$ 及 $|F_\mathrm{a}(x_i)-F_0(x_i)|$ 值列在表 1-15 中。从表中可知最大差为 0.132 小于 d 检验表规定值 0.378,则认为钢屈服极限服从正态分布是正确的。

表 1-15 屈服极限数据检验

i	观测值 x/MPa	统计分布 $F_\mathrm{a}(x_i)$	理论分布 $F_0(x_i)$	差 值 $\lvert F_\mathrm{a}(x_i)-F_0(x_i)\rvert$
1	405	0.075	0.080	0.05
2	416	0.181	0.209	0.028
3	419	0.287	0.261	0.026
4	423	0.394	0.333	0.061
5	429	0.500	0.458	0.108
6	432	0.606	0.498	0.108
7	436	0.713	0.606	0.107
8	440	0.819	0.687	0.132
9	453	0.926	0.883	0.043

对于其它分布还有更有效的检验方法,请参考有关文献。

练 习 题

1-1 某试件做静强度拉伸试验,试件全部拉断,测试拉断力如下表,求分布类型和参数。

失效数	拉断力/N	失效数	拉断力/N	失效数	拉断力/N
14	40300	4	39100	6	23800
14	36400	12	26200	14	49200
8	30600	9	43600	5	51800
1	21400	2	31800	8	37500
3	62200	6	33500	2	18000

1-2 下列数据表示试验车辆故障前的公里数(km):4300;2720;1060;1240;2700;4100;12000;1820;6800;4050;1900;1420;4600;2600;240;2450。估计分布类型,提供3000km的可靠度。

1-3 记录波音720喷气飞机空调系统的故障间隔时间如下:90;10;60;186;61;49;14;24;56;101;20;79;84;44;59;29;118;125;156;208;310;76;26;44;123;62;130;208;70;68。绘出累积分布,求分布参数。

1-4 监测12台农用水泵故障间隔时间如下:401;473;487;865;1255;1499;1612;1643;2074;2102;2211;2311h。求分布类型、平均寿命,画出80%的置信区间。

1-5 对某型滚动轴承试验,按观察到的耐久寿命数据如下:($N \times 10^6$ 转)17.88;28.92;33.00;41.52;42.12;45.60;48.48;51.84;51.96;54.12;55.56;67.80;68.64;68.64;68.88;84.12;93.12;98.64;105.12;105.84;125.04;127.92;173.40。用图解法估计分布类型、主要参数和平均寿命,并画出置信区间。

2 可靠性设计原理

2.1 应力-强度干涉模型及可靠度计算

2.1.1 应力-强度干涉模型

机械强度可靠性设计就是要搞清楚载荷(应力)及零件强度的分布规律,合理的建立应力与强度之间的数学模型,严格控制失效概率,以满足设计要求。其整个过程可用图2-1表示。

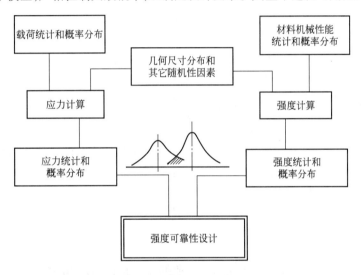

图 2-1 机械强度可靠性设计

由统计分布函数的性质可知,应力-强度两概率密度函数在一定条件下可能发生相交的区域(图2-1中的阴影部分)就是零件可能出现失效的区域,称之为干涉区,即使设计时无干涉现象,但当零部件在动载荷的长时间作用下,强度将逐渐衰减,由图2-2中的 a 位置沿着衰减退化曲线移到 b 位置,使应力,强度发生干涉,即强度降低,引起应力超过强度后造成不安全或不可靠的问题。由干涉图可以看出:(1)即使在安全系数大于1的情况下仍然存在有一定的不可靠度;(2)当材料强度和工作应力的离散程度大,干涉部分加大,不可靠度也增大;(3)当材质性能好、工作应力稳定时,使两分布离散度小,干涉部分相应的减小,可靠度增大。所以,为保证产品可靠性,只进行安全系数计算是不够的,还需要进行可靠度计算。

应力-强度干涉模型揭示了概率设计的本质。从干涉模型可以看到,就统计数学观点而言,任一设计都存在着失效概率,即可靠度小于1。而我们能够做到的仅仅是将失效概率限制在一个可以接受的限度之内,该观点在常规设计的安全系数法中是不明确的,因为在其设计中不考虑存在失效的可能性。可靠性设计这一重要特征,客观地反映了产品设计和运行的真实情况,同时,还定量地给出产品在使用中的失效概率或可靠度,因而受到重视与发展。

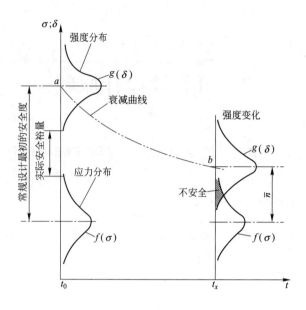

图 2-2　应力强度的动态变化

2.1.2　解析法求可靠度

2.1.2.1　应力-强度干涉时可靠度的表达式

由上分析可知,一个零件的可靠度,主要取决于应力-强度分布曲线干涉的程度。如果应力与强度的概率分布已知,则可根据其干涉模型确定可靠度。当应力小于强度时不发生失效,应力小于强度的全部概率即为可靠度,可由下式表示:

$$R = P(\sigma < \delta) = P\big[(\delta - \sigma) > 0\big] \tag{2-1}$$

式中　σ——应力;

　　　δ——强度。

相反,应力超过强度,将发生失效,应力大于强度的全部概率则为失效概率——不可靠度,可用下式表示:

$$F = P(\sigma > \delta) = P\big[(\delta - \sigma) < 0\big] \tag{2-2}$$

如设 $f(\sigma)$ 为应力分布的概率密度函数,$g(\delta)$ 为强度分布的概率密度函数,两者发生干涉部分的放大图如图 2-3 所示。

假定在横轴上任取一应力 σ_1,并取一小单元 $\mathrm{d}\sigma$,则应力 σ_1 存在于区间 $\Big[\sigma_1 - \dfrac{\mathrm{d}\sigma}{2}, \sigma_1 + \dfrac{\mathrm{d}\sigma}{2}\Big]$ 内的概率等于面积 A_1,即

$$P\Big[\Big(\sigma_1 - \frac{\mathrm{d}\sigma}{2}\Big) \leqslant \sigma \leqslant \Big(\sigma_1 + \frac{\mathrm{d}\sigma}{2}\Big)\Big] = f(\sigma_1)\mathrm{d}\sigma = A_1$$

强度 δ 大于应力 σ 的概率为:

$$P(\delta > \sigma_1) = \int_{\sigma_1}^{\infty} g(\delta)\mathrm{d}\delta = A_2$$

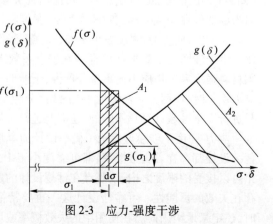

图 2-3　应力-强度干涉

如果应力 σ 与强度 δ 二随机变量相互独立时(该假设大部分是符合实际的),则处于 $\mathrm{d}\sigma$ 小区间的应力与比该区间内应力值大的强度值这两个事件同时发生的概率为:

$$\mathrm{d}R = f(\sigma_1)\mathrm{d}\sigma \cdot \int_{\sigma_1}^{\infty} g(\delta)\mathrm{d}\delta$$

如果将 σ_1 变为随机变量 σ,则可靠度为:

$$R = P(\delta > \sigma) = \int_{-\infty}^{\infty} f(\sigma)\left[\int_{\sigma}^{\infty} g(\delta)\mathrm{d}\delta\right]\mathrm{d}\sigma \tag{2-3}$$

因 $R = 1 - F$,且 $\int_{-\infty}^{\sigma} f(\sigma)\mathrm{d}\sigma + \int_{\sigma}^{\infty} f(\sigma)\mathrm{d}\sigma = 1$,则相应的 F 为:

$$F = P(\delta < \sigma) = \int_{-\infty}^{\infty} f(\sigma)\left[\int_{-\infty}^{\sigma} g(\delta)\mathrm{d}\delta\right]\mathrm{d}\sigma = \int_{-\infty}^{\infty} G_{\delta}(\sigma)f(\sigma)\mathrm{d}\sigma \tag{2-4}$$

同理,失效概率也可以根据应力 σ 大于强度 δ 的概率来计算:

$$F = P(\sigma > \delta) = \int_{-\infty}^{\infty} g(\delta)\left[\int_{\delta}^{\infty} f(\sigma)\mathrm{d}\sigma\right]\mathrm{d}\delta = \int_{-\infty}^{\infty} g(\delta)\left[1 - \int_{-\infty}^{\delta} f(\sigma)\mathrm{d}\sigma\right]\mathrm{d}\delta \tag{2-5}$$

$$R = P(\sigma < \delta) = \int_{-\infty}^{\infty} g(\delta)\left[\int_{-\infty}^{\delta} f(\sigma)\mathrm{d}\sigma\right]\mathrm{d}\delta \tag{2-6}$$

式(2-3)~式(2-6)就是干涉理论中求可靠度与失效概率的表达式。

2.1.2.2 应力-强度均为正态分布时可靠度计算

当应力与强度均为正态分布时,其密度函数分别为:

$$f(\sigma) = \frac{1}{S_{\sigma}\sqrt{2\pi}}\exp\left[-\frac{1}{2}\left(\frac{\sigma - \mu_{\sigma}}{S_{\sigma}}\right)^2\right] \quad -\infty < \sigma < \infty$$

$$g(\delta) = \frac{1}{S_{\delta}\sqrt{2\pi}}\exp\left[-\frac{1}{2}\left(\frac{\delta - \mu_{\delta}}{S_{\delta}}\right)^2\right] \quad -\infty < \delta < \infty$$

式中,μ_{σ}、μ_{δ} 与 S_{σ}、S_{δ} 分别为应力 σ 及强度 δ 的均值与标准差。

由可靠度定义可知,可靠度是强度 δ 大于应力 σ 的概率,如令 $y = \delta - \sigma$,则 $R = P(y > 0) = P[(\delta - \sigma) > 0]$。

由概率论可知,当 $f(\sigma)$、$g(\delta)$ 为正态分布时,则 y 的概率密度函数 $h(y)$ 也呈正态分布。其均值 $\mu_y = \mu_{\delta} - \mu_{\sigma}$,方差 $S_y^2 = S_{\delta}^2 + S_{\sigma}^2$,概率密度函数为:

$$h(y) = \frac{1}{S_y\sqrt{2\pi}}\exp\left[-\frac{1}{2}\left(\frac{y - \mu_y}{S_y}\right)^2\right] \tag{2-7}$$

可靠度是 $y > 0$ 的概率,可表示为:

$$R = P(y > 0) = \int_{0}^{\infty} \frac{1}{S_y\sqrt{2\pi}}\exp\left[-\frac{1}{2}\left(\frac{y - \mu_y}{S_y}\right)^2\right]\mathrm{d}y \tag{2-8}$$

如令 $Z = \frac{y - \mu_y}{S_y}$,则 $\mathrm{d}y = S_y\mathrm{d}Z$,当 $y = 0$ 时,$Z = -\frac{\mu_y}{S_y}$;当 $y = \infty$ 时,$Z = \infty$,代入式(2-8)化成标准正态分布:

$$R = P(y > 0) = \frac{1}{\sqrt{2\pi}}\int_{-\frac{\mu_y}{S_y}}^{\infty}\exp\left[-\frac{Z^2}{2}\right]\mathrm{d}Z$$

由于正态分布是对称分布,因此上式可变换成:

$$R = \frac{1}{\sqrt{2\pi}}\int_{-\infty}^{\frac{\mu_y}{S_y}}\exp\left[-\frac{Z^2}{2}\right]\mathrm{d}Z = \varphi(Z_R)$$

$$Z_R = \frac{\mu_y}{S_y} = \frac{\mu_\delta - \mu_\sigma}{\sqrt{S_\delta^2 + S_\sigma^2}} \qquad\qquad (2\text{-}9)$$

式中，Z_R 称为可靠度指数，若应力、强度为相关随机变量且相关系数为 ρ 时，则 $S_y = \sqrt{S_\delta^2 + S_\sigma^2 - 2\rho S_\delta S_\sigma}$。

【例2-1】 某零件强度 $\mu_\delta = 180\mathrm{MPa}$，$S_\delta = 22.5\mathrm{MPa}$；工作应力 $\mu_\sigma = 130\mathrm{MPa}$，$S_\sigma = 13\mathrm{MPa}$，且强度和应力均服从正态分布。计算零件的失效概率与可靠度。若控制强度标准差，使其降到 $S_\delta = 14\mathrm{MPa}$ 时，失效概率与可靠度为多少？

解 由式(2-9)可知：

$$Z_R = \frac{\mu_\delta - \mu_\sigma}{\sqrt{S_\delta^2 + S_\sigma^2}} = \frac{180 - 130}{\sqrt{22.5^2 + 13^2}} = 1.924$$

查正态表得 $R = \varphi(1.924) = 0.9728$。当强度标准差变为 $S_\delta = 14\mathrm{MPa}$ 时：

$$Z_R = \frac{\mu_\delta - \mu_\sigma}{\sqrt{S_\delta^2 + S_\sigma^2}} = \frac{180 - 130}{\sqrt{14^2 + 13^2}} = 2.618$$

查正态表得 $R = \varphi(2.618) = 99.56\%$。

由以上计算可见，当强度和应力的均值不变，而缩小其中一个或两个标准差时，则可提高零件的可靠度，这点在常规的安全系数设计中是无法反映出来的。

2.1.2.3 应力-强度均呈对数正态分布时可靠度计算

设变量 x 服从对数正态分布，概率密度函数为：

$$f(x) = \frac{1}{x \cdot S_L \sqrt{2\pi}} \exp\left[-\frac{1}{2}\left(\frac{\ln x - \mu_L}{S_L} \right)^2 \right] \quad 0 < x < \infty$$

令 $y = \ln x$，则 y 服从正态分布，概率密度函数为：

$$f(y) = \frac{1}{S_L \sqrt{2\pi}} \exp\left[-\frac{1}{2}\left(\frac{y - \mu_L}{S_L} \right)^2 \right]$$

式中，μ_L，S_L 分别是正态分布随机变量 $\ln x$ 的对数均值与对数标准差。

$$\mu_L = E(\ln x) = E(y) = \ln y - \frac{1}{2}S_L^2$$

$$S_L^2 = \ln\left(\frac{S_y^2}{\mu_y^2} + 1 \right)$$

令 $x = \dfrac{\delta}{\sigma}$，则 $\ln x = \ln\delta - \ln\sigma$，因为 δ、σ 为对数正态分布，故 $\ln\delta$、$\ln\sigma$ 为正态分布，从概率论可知 $\ln x$ 亦为正态分布。这时可靠性指数 Z_R 为：

$$Z_R = \frac{\mu_{L\delta} - \mu_{L\sigma}}{\sqrt{S_{L\delta}^2 + S_{L\sigma}^2}} \approx \frac{\mu_{L\delta} - \mu_{L\sigma}}{\sqrt{C_\delta^2 + C_\sigma^2}} \qquad\qquad (2\text{-}10)$$

式中

$$\mu_{L\delta} = \ln\mu_\delta - \frac{1}{2}S_{L\delta}^2 ; \mu_{L\sigma} = \ln\mu_\sigma - \frac{1}{2}S_{L\sigma}^2$$

$$S_{L\delta}^2 = \ln\left(\frac{S_\delta^2}{\mu_\delta^2} + 1 \right) \approx C_\delta^2 ; S_{L\sigma}^2 = \ln\left(\frac{S_\sigma^2}{\mu_\sigma^2} + 1 \right) \approx C_\sigma^2$$

根据 Z_R 查正态表即可求得可靠度 R。

【例2-2】 已知某零件的强度和应力均服从对数正态分布，其特征值 $\mu_\delta = 100\mathrm{MPa}$，$S_\delta = 10\mathrm{MPa}$；应力 $\mu_\sigma = 60\mathrm{MPa}$，$S_\sigma = 10\mathrm{MPa}$，计算可靠度。

解 由式(2-10)得：

$$S_{L\delta}^2 = \ln\left[\frac{S_\delta^2}{\mu_\delta^2} + 1\right] = \ln\left[\frac{10^2}{100^2} + 1\right] = 0.00995$$

$$\mu_{L\delta} = \ln\mu_\delta - \frac{1}{2}S_{L\delta}^2 = \ln100 - \frac{1}{2} \times 0.00995 = 4.60$$

$$S_{L\sigma}^2 = \ln\left[\frac{S_\sigma^2}{\mu_\sigma^2} + 1\right] = \ln\left[\frac{10^2}{60^2} + 1\right] = 0.0274$$

$$\mu_{L\sigma} = \ln\mu_\sigma - \frac{1}{2}S_{L\sigma}^2 = \ln60 - \frac{1}{2} \times 0.0274 = 4.08$$

将上述各值代入联结方程得:

$$Z_R = \frac{\mu_{L\delta} - \mu_{L\sigma}}{\sqrt{S_{L\delta}^2 + S_{L\sigma}^2}} = \frac{4.60 - 4.08}{\sqrt{0.00995 + 0.0274}} = 2.689$$

查正态表得 $R = \varphi(2.689) = 0.9964$。

2.1.2.4　应力为正态分布,强度呈威布尔分布的可靠度计算

当应力呈正态分布时,概率密度函数为:

$$f(\sigma) = \frac{1}{S_\sigma \sqrt{2\pi}}\exp\left[-\frac{1}{2}\left(\frac{\sigma - \mu_\sigma}{S_\sigma}\right)^2\right]$$

强度呈威布尔分布,概率密度函数为:

$$f(t) = \frac{\beta}{\eta}\left(\frac{t - \gamma}{\eta}\right)^{\beta-1} \cdot \exp\left[-\left(\frac{t - \gamma}{\eta}\right)^\beta\right]$$

式中　β——形状参数;

　　　η——尺度参数;

　　　γ——位置参数。

如将其转换成强度参数则得:

$$f(\delta) = \frac{\beta}{\theta - \delta_0}\left(\frac{\delta - \delta_0}{\theta - \delta_0}\right)^{\beta-1} \cdot \exp\left[-\frac{\delta - \delta_0}{\theta - \delta_0}\right]$$

式中　$\eta = \theta - \delta_0$ 为尺度参数;$\gamma = \delta_0$。

累积分布函数:$F = 1 - \exp\left[-\left(\frac{\delta - \delta_0}{\theta - \delta_0}\right)^\beta\right]$

将 $f(\sigma)$、$f(\delta)$ 代入失效概率表达式(2-4)得:

$$F = P(\delta < \sigma) = \int_{-\infty}^{\infty} F_\delta(\sigma) \cdot f(\sigma)\mathrm{d}\sigma$$

$$= \int_{\delta_0}^{\infty} \frac{1}{S_\sigma \sqrt{2\pi}}\exp\left[-\frac{1}{2}\left(\frac{\sigma - \mu_\sigma}{S_\sigma}\right)^2\right]\left\{1 - \exp\left[-\left(\frac{\sigma - \delta_0}{\theta - \delta_0}\right)^\beta\right]\right\}\mathrm{d}\sigma$$

$$= \int_{\delta_0}^{\infty} \frac{1}{S_\sigma \sqrt{2\pi}}\exp\left[-\frac{1}{2}\left(\frac{\sigma - \mu_\sigma}{S_\sigma}\right)^2\right]\mathrm{d}\sigma$$

$$- \int_{\delta_0}^{\infty} \frac{1}{S_\sigma \sqrt{2\pi}}\exp\left[-\frac{1}{2}\left(\frac{\sigma - \mu_\sigma}{S_\sigma}\right)^2 - \left(\frac{\sigma - \delta_0}{\theta - \delta_0}\right)^\beta\right]\mathrm{d}\sigma$$

如令 $Z = \dfrac{\sigma - \mu_\sigma}{S_\sigma}$,则上式第一项变为标准正态分布。$\dfrac{1}{\sqrt{2\pi}}\displaystyle\int_{\frac{\delta_0 - \mu_\sigma}{S_\sigma}}^{\infty} e^{-\frac{Z^2}{2}}\mathrm{d}Z = 1 - \varphi\left(\dfrac{\delta_0 - \mu_\sigma}{S_\sigma}\right)$

再令 $y = \dfrac{\sigma - \delta_0}{\theta - \delta_0}$,则 $\mathrm{d}y = \dfrac{\mathrm{d}\sigma}{\theta - \delta_0}$,$\sigma = y(\theta - \delta_0) + \delta_0$

于是　　$\dfrac{1}{2}\left(\dfrac{\sigma - \mu_\sigma}{S_\sigma}\right)^2 = \dfrac{1}{2}\left[\dfrac{y(\theta - \delta_0) + \delta_0 - \mu_\sigma}{S_\sigma}\right]^2 = \dfrac{1}{2}\left[\left(\dfrac{\theta - \delta_0}{S_\sigma}\right)y + \dfrac{\delta_0 - \mu_\sigma}{S_\sigma}\right]^2$

因而式中的第二项积分可写成:

$$\dfrac{1}{\sqrt{2\pi}}\left(\dfrac{\theta - \delta_0}{S_\sigma}\right)\int_0^\infty \exp\left\{-y^\beta - \dfrac{1}{2}\left[\left(\dfrac{\theta - \delta_0}{S_\sigma}\right)y + \dfrac{\delta_0 - \mu_\sigma}{S_\sigma}\right]^2\right\}\mathrm{d}y$$

则　$F = P(\delta < \sigma) = 1 - \varphi\left(\dfrac{\delta_0 - \mu_\sigma}{S_\sigma}\right) - \dfrac{1}{\sqrt{2\pi}}\left(\dfrac{\theta - \delta_0}{S_\sigma}\right)\int_0^\infty \exp\left\{-y^\beta - \dfrac{1}{2}\left[\left(\dfrac{\theta - \delta_0}{S_\sigma}\right)y + \dfrac{\delta_0 - \mu_\sigma}{S_\sigma}\right]^2\right\}\mathrm{d}y$

$$(2\text{-}11)$$

该式的数值积分部分结果已在文献[4][5]中给出,该文献中的附表列出了 β、$A = \dfrac{\delta_0 - \mu_\sigma}{S_\sigma}$ 及

$C = \dfrac{\theta - \delta_0}{S_\sigma}$ 为不同数值时的失效概率值。

【例 2-3】　设计某一弹簧,要求其失效概率为 10^{-4}。弹簧材料强度具有下列威布尔参数:

$\delta_0 = 100\mathrm{MPa}, \beta = 3, \theta = 130\mathrm{MPa}$。作用在弹簧上的载荷为正态分布,其变差系数 $C_\sigma = \dfrac{S_\sigma}{\mu_\sigma} = 0.02$。

求满足规定可靠度的正态应力参数 μ_σ、S_σ 值。

解　先计算两个参数 C 和 A

$$C = \dfrac{\theta - \delta_0}{S_\sigma} = \dfrac{130 - 100}{S_\sigma} = \dfrac{30}{S_\sigma}$$

$$A = \dfrac{\delta_0 - \mu_\sigma}{S_\sigma} = \dfrac{100 - 50S_\sigma}{S_\sigma} = \dfrac{100}{301C} - 50 = 3.33C - 50$$

或　$C = 0.3A + 15$。

从文献[5]中的附表查得,当 $\beta = 3, A = 0.6$ 和 $C = 15$ 时,失效概率为 0.0001。$A = 0.6$ 时 C 的

精确值为 $C = 0.3 \times 0.6 + 15 = 15.18$,从而可求得:

$$S_\sigma = \dfrac{30}{C} = \dfrac{30}{15.18} = 1.97\mathrm{MPa}$$

$$\mu_\sigma = \dfrac{S_\sigma}{C_\sigma} = \dfrac{1.97}{0.02} = 98.5\mathrm{MPa}$$

2.1.2.5　应力-强度均为威布尔分布可靠度计算

应力、强度均呈威布尔分布时概率密度函数分别为:

应力　　　　　　$f(\sigma) = \dfrac{\beta_\sigma}{\eta_\sigma}\left(\dfrac{\sigma - \sigma_0}{\eta_\sigma}\right)^{\beta_\sigma - 1}\exp\left[-\left(\dfrac{\sigma - \sigma_0}{\eta_\sigma}\right)^{\beta_\sigma}\right]$

强度　　　　　　$g(\delta) = \dfrac{\beta_\delta}{\eta_\delta}\left(\dfrac{\delta - \delta_0}{\eta_\delta}\right)^{\beta_\delta - 1}\exp\left[-\left(\dfrac{\delta - \delta_0}{\eta_\delta}\right)^{\beta_\delta}\right]$

由式(2-5)可知:

$$F = P(\sigma > \delta) = \int_{-\infty}^\infty g(\delta)\left[1 - \int_{-\infty}^\delta f(\sigma)\mathrm{d}\sigma\right]\mathrm{d}\delta = \int_{-\infty}^\infty g(\delta)\left[1 - F_\sigma(\delta)\right]\mathrm{d}\delta$$

$$= \int_{\delta_0}^\infty \exp\left[-\left(\dfrac{\delta - \sigma_0}{\eta_\sigma}\right)^{\beta_\sigma}\right] \cdot \dfrac{\beta_\delta}{\eta_\delta}\left(\dfrac{\delta - \delta_0}{\eta_\delta}\right)^{\beta_\delta - 1} \cdot \exp\left[-\left(\dfrac{\delta - \delta_0}{\eta_\delta}\right)^{\beta_\delta}\right]\mathrm{d}\delta$$

令 $y = \left(\dfrac{\delta - \delta_0}{\eta_\delta}\right)^{\beta_\delta}$,则 $\mathrm{d}y = \dfrac{\beta_\delta}{\mu_\delta}\left(\dfrac{\delta - \delta_0}{\eta_\delta}\right)^{\beta_\delta - 1}\mathrm{d}\delta$,且 $\delta = y^{\frac{1}{\beta_\delta}} \cdot \eta_\delta + \delta_0$,因此上式可写为:

$$F = P(\sigma > \delta) = \int_0^\infty e^{-y} \cdot \exp\left\{ -\left[\frac{\eta_\delta}{\eta_\sigma}y^{\frac{1}{\beta_\delta}} + \left(\frac{\delta_0 - \sigma_0}{\eta_\sigma}\right)\right]^{\beta_\sigma} \right\} dy \qquad (2-12)$$

$$R = P(\sigma < \delta) = 1 - \int_0^\infty e^{-y} \cdot \exp\left\{ -\left[\frac{\eta_\delta}{\eta_\sigma}y^{\frac{1}{\beta_\delta}} + \left(\frac{\delta_0 - \sigma_0}{\eta_\sigma}\right)\right]^{\beta_\sigma} \right\} dy \qquad (2-13)$$

由于被积函数比较复杂,一般用数值积分法依靠计算机进行计算则较为方便,请参阅文献[15]。

2.1.2.6 应力为指数分布、强度为正态分布时的可靠度计算

应力为指数分布,概率密度函数为:

$$f(\sigma) = \lambda_\sigma e^{-\lambda_\sigma \cdot \sigma}$$

强度为正态分布,概率密度函数为:

$$f(\delta) = \frac{1}{S_\delta \sqrt{2\pi}}\exp\left[-\frac{1}{2}\left(\frac{\delta - \mu_\delta}{S_\delta}\right)^2 \right]$$

由于指数分布只有正值,根据式(2-6),则可靠度为:

$$R = \int_0^\delta f(\delta)\left[\int_0^\delta f(\sigma)d\sigma\right]d\delta$$

式中 $\int_0^\delta f(\sigma)d\sigma = \int_0^\delta \lambda_\sigma e^{-\lambda_\sigma \cdot \sigma} \cdot d\sigma = -e^{-\lambda_\sigma \cdot \sigma}|_0^\delta = 1 - e^{-\lambda_\sigma \cdot \sigma}$ 代入上式得:

$$R = \int_0^\infty \frac{1}{S_\delta \sqrt{2\pi}}\exp\left[-\frac{1}{2}\left(\frac{\delta - \mu_\delta}{S_\delta}\right)^2 \right](1 - e^{-\lambda_\sigma \cdot \sigma})d\delta$$

$$= \frac{1}{S_\delta \sqrt{2\pi}}\int_0^\infty \exp\left[-\frac{1}{2}\left(\frac{\delta - \mu_\delta}{S_\delta}\right)^2 \right]d\delta - \frac{1}{S_\delta \sqrt{2\pi}}\int_0^\infty \exp\left[-\frac{1}{2}\left(\frac{\delta - \mu_\delta}{S_\delta}\right)^2 \right]e^{-\lambda_\sigma \cdot \sigma}d\delta$$

$$= 1 - \varphi\left(-\frac{\mu_\delta}{S_\delta} \right) - \frac{1}{S_\delta \sqrt{2\pi}}\int_0^\infty \exp\left\{ -\frac{1}{2S_\delta^2}\left[(\delta - \mu_\delta + \lambda_\sigma S_\delta^2)^2 + 2\mu_\delta S_\delta^2 - \lambda_\sigma^2 S_\delta^4 \right] \right\}d\delta$$

如令 $y = \dfrac{\delta - \mu_\delta + \lambda_\sigma S_\delta^2}{S_\delta}$,则 $dy = \dfrac{d\delta}{S_\delta}$,当 $\delta = 0$ 时,$y_0 = -\dfrac{\mu_\delta - \lambda_\sigma S_\delta^2}{S_\delta}$,代入上式得:

$$R = 1 - \varphi\left(-\frac{\mu_\delta}{S_\delta} \right) - \frac{1}{\sqrt{2\pi}}\int_{y_0}^\infty e^{-\frac{y^2}{2}} \cdot e^{-\frac{1}{2}(2\mu_\delta\lambda_\sigma - \lambda_\sigma^2 \cdot S_\delta^2)}dy$$

$$\qquad (2-14)$$

$$= 1 - \varphi\left(-\frac{\mu_\delta}{S_\delta} \right) - \left[1 - \varphi\left(-\frac{\mu_\delta - \lambda_\sigma \cdot S_\delta^2}{S_\delta} \right) \right]e^{-\frac{1}{2}(2\mu_\delta\lambda_\sigma - \lambda_\sigma^2 S_\delta^2)}$$

【例2-4】 已知零件的剪切强度服从正态分布,均值 $\mu_\delta = 186\text{MPa}$,标准差 $S_\delta = 22\text{MPa}$。作用于零件上的剪应力为指数分布,均值 $\mu_\sigma = \dfrac{1}{\lambda_\sigma} = 127\text{MPa}$。试计算该零件的可靠度及失效概率。

解 将已知数据代入式(2-14)得:

$$R = 1 - \varphi\left(-\frac{\mu_\delta}{S_\delta} \right) - \left[1 - \varphi\left(-\frac{\mu_\delta - \lambda_\sigma S_\delta^2}{S_\delta} \right) \right]e^{-\frac{1}{2}(2\mu_\delta \cdot \lambda_\sigma - \lambda_\sigma^2 \cdot S_\delta^2)}$$

$$= 1 - \varphi\left(-\frac{186}{22} \right) - \left[1 - \varphi\left(-\frac{186 - \frac{1}{127} \times 22^2}{22} \right) \right]e^{-\frac{1}{2}(2 \times 186 \times \frac{1}{127} - (\frac{1}{127})^2 \times 22^2)}$$

$$= 1 - \varphi(-8.455) - \left[1 - \varphi(-8.28) \right] \cdot e^{-1.45} = 0.7654$$

$$F = 1 - R = 1 - 0.7654 = 0.2346$$

这里应该指出,如果应力不是指数分布,而误以指数分布计算,将导致错误的结果。

2.1.3　用数值积分法求可靠度

利用上述解析法求可靠度,有时则很困难,而利用数值积分求可靠度虽然是近似解,但却能满足一般工程要求,而且比较容易。尤其利用计算机计算更为方便。下面仅介绍一般式的计算方法。

根据式(2-4)有:

$$F = \int_0^\infty F_\delta(\sigma)f(\sigma)\mathrm{d}\sigma = \int_0^\infty F_\delta(\sigma)\cdot\mathrm{d}F_\sigma(\sigma) \approx \sum_{i=1}^n F_\delta(\sigma)\Delta F_\sigma(\sigma) \tag{2-15}$$

如将 x 轴在统计范围内分为 m 等分(如图 2-4 所示),则不可靠度可用梯形公式求解:

$$F \approx \sum_{i=1}^{m-1} \frac{1}{2}\big[F_\delta(x_{i+1}) + F_\delta(x_i)\big]\big[F_\sigma(x_{i+1}) - F_\sigma(x_i)\big] \tag{2-16}$$

$$R = 1 - F$$

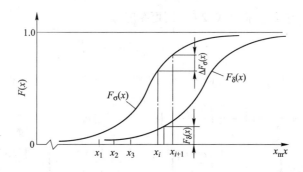

图 2-4　数值积分法

由于 x 轴为 $0\sim\infty$,而数值计算只能在某区间 (x_0, x_{m-1}) 内进行,选取 x_0 和 x_{m-1} 时主要根据 $F(x)\approx0$ 和 $\Delta F(x)\approx0$ 区间初选,如不合适可在计算时适当调整。区间取得越大,在区间内划分越细,则计算结果误差越小,但计算量增大。一般列表计算既方便又明了。

表 2-1　数值积分法计算表

序号 i	区间 x_i	$z_i = \dfrac{x_i - \bar{\delta}}{S\delta}$ $= \dfrac{x_i - 100}{10}$	$F_\delta(x_i) = \varphi\left(-\dfrac{x_i - 100}{10}\right)$	$F_\sigma(x_i)$ $= 1 - \mathrm{e}^{-x_i/50}$	$\dfrac{1}{2}\big[F_\delta(x_{i+1}) + F_\delta(x_i)\big]$	$F_\sigma(x_{i+1}) - F_\sigma(x_i)$	$\dfrac{1}{2}\big[F_\delta(x_{i+1}) + F_\delta(x_i)\big]$ $\times\big[F_\sigma(x_{i+1}) - F_\sigma(x_i)\big]$
0	0	-10	0.000	0.000			
1	70	-3.0	0.001	0.753	0.0005	0.753	0.0003765
2	~75	-2.5	0.006	0.777	0.0035	0.024	0.000084
3	~80	-2.0	0.023	0.798	0.0145	0.021	0.0003045
4	~85	-1.5	0.067	0.817	0.0450	0.019	0.000855
5	~90	-1.0	0.159	0.835	0.1130	0.018	0.002034
6	~95	-0.5	0.301	0.850	0.1800	0.015	0.002700
7	~100	0.0	0.500	0.865	0.4010	0.015	0.006015

序号 i	区间 x_i	$z_i = \dfrac{x_i - \bar{\delta}}{S\delta}$ $= \dfrac{x_i - 100}{10}$	$F_\delta(x_i) =$ $\varphi\left(-\dfrac{x_i-100}{10}\right)$	$F_\sigma(x_i)$ $= 1 - e^{-x_i/50}$	$\dfrac{1}{2}[F_\delta(x_{i+1})$ $+ F_\delta(x_i)]$	$F_\sigma(x_{i+1})$ $- F_\sigma(x_i)$	$\dfrac{1}{2}[F_\delta(x_{i+1})$ $+ F_\delta(x_i)]$ $\times[F_\sigma(x_{i+1})$ $- F_\sigma(x_i)]$
8	~105	0.5	0.691	0.878	0.5960	0.013	0.007748
9	~110	1.0	0.841	0.889	0.7660	0.011	0.008426
10	~115	1.5	0.953	0.900	0.8970	0.011	0.009867
11	~120	2.0	0.977	0.909	0.9650	0.009	0.008685
12	~125	2.5	0.994	0.918	0.9850	0.009	0.008865
13	~130	3.0	0.999	0.928	0.9960	0.008	0.007968
14	~∞	∞	1.000	1.000	0.9995	0.074	0.073963
R,F				$R = 0.86211, F = 0.13789$			

【例 2-5】 某零件所受应力服从指数分布，$\bar{\sigma} = \dfrac{1}{\lambda_\sigma} = 50\text{MPa}$，强度遵从正态分布，$\bar{\delta} = 100\text{MPa}$，$S_\delta = 10\text{MPa}$，用数值积分法求可靠度。

解 （1）选择区间 (x_0, x_m) 时考虑强度为正态分布，$3S_\delta$ 以外的概率很小，故取 $x\left(\overset{1}{\underset{m-1}{}}\right) = \bar{x} \mp 3S_\delta = 100 \mp 3 \times 10 = 70 \sim 130\text{MPa}$；

（2）确定区间间距。在区间内组间距取为 5MPa；

（3）计算 $F_\delta(x_i)$、$F_\sigma(x_i)$。$F_\delta(x_i)$ 为正态分布，$F_\delta(x_i) = \varphi(Z_i) = \varphi\left(-\dfrac{x_i - \bar{\delta}}{S_\delta}\right)$，查正态表求得 $F_\delta(x_i)$，数值列入表 2-1 内。$F_\sigma(x_i)$ 为指数分布，按 $F_\sigma(x_i) = 1 - e^{-\frac{x_i}{\sigma}}$ 计算；

（4）求 F 与 R。按表 2-1 所列程序计算，结果列入同表，经计算得：

$$F = \sum_{i=1}^{14} \frac{1}{2}[F_\delta(x_{i+1}) + F_\delta(x_i)][F_\sigma(x_{i+1}) - F_\sigma(x_i)] = 0.13789$$

$$R = 1 - F = 1 - 0.13789 = 0.86211$$

2.1.4 用图解法求可靠度

用图解法求应力与强度干涉时的可靠度，能使计算简便，下面通过例题说明其做法。

【例 2-6】 今测得某构件抗拉屈服强度的试验值，按数值大小排列为：1150；1280；1360；1425；1450；1480；1510；1540；1690（MPa）。实测了 7 个构件的工作应力，其数值为：825；920；954；975；1030；1070；1250（MPa）。求该构件不发生屈服失效的可靠度。

解 根据式（2-16）不可靠度为 $F \approx \sum F_\delta(\delta) \cdot \Delta F_\sigma(\sigma)$，当 $\Delta F_\sigma(\sigma)$ 间隔划分的越小，则结果越精确。

（1）由图分析法中可知，其中位秩的分布与原函数的累积分布是很相似的，则工作应力和强度的中位秩列在表 2-2 和表 2-3 中；

表 2-2　应力数据

序号 i	应力 x_{ri}	中位秩 $F_r(x_r) = \dfrac{i-0.3}{n+0.4}$
1	825	0.094
2	920	0.229
3	954	0.365
4	975	0.500
5	1030	0.635
6	1070	0.771
7	1250	0.906

注:$n = 7$。

表 2-3　抗拉强度试验数据

序号 i	强度 x_{si}	中位秩 $F_s(x_s) = \dfrac{i-0.3}{n+0.4}$
1	1150	0.067
2	1280	0.163
3	1360	0.259
4	1380	0.356
5	1425	0.452
6	1450	0.548
7	1480	0.646
8	1510	0.741
9	1540	0.873
10	1690	0.933

注:$n = 10$。

（2）在等分的 $F - \sigma$(或 δ)的直角坐标系中,根据表 2-2、表 2-3 中的数据绘制累积分布曲线图形如图 2-5 所示;

（3）将纵坐标 $F_\sigma(\sigma)$ 划分为 10 等分,取每等分中点的 $F_\sigma(\sigma)$ 值(图中虚线),读得对应强度分布曲线 $F_\delta(\delta)$ 值如下:

$\Delta F_\sigma(\sigma)$	$0 \sim 0.1$	$0.1 \sim 0.2$	$0.2 \sim 0.3$	$0.3 \sim 0.4$	$0.4 \sim 0.5$
$F_\delta(\delta)$	0	0	0	0	0
$\Delta F_\sigma(\sigma)$	$0.5 \sim 0.6$	$0.6 \sim 0.7$	$0.7 \sim 0.8$	$0.8 \sim 0.9$	$0.9 \sim 1.0$
$F_\delta(\delta)$	0.01	0.02	0.03	0.06	0.22

（4）可靠度:

$$R = 1 - F \approx 1 - \sum \Delta F_\sigma(\sigma) \cdot F_\delta(\delta)$$

$$= 1 - 0.1(0.01 + 0.02 + 0.03 + 0.06 + 0.22)$$

$$\approx 0.966$$

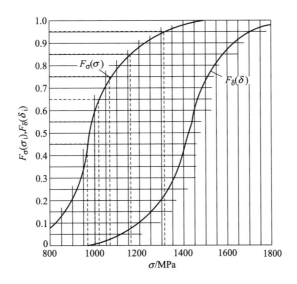

图 2-5　图解法求可靠度

2.2　设计变量的统计处理与计算

2.2.1　设计变量的随机性

机械可靠性设计认为所有的设计变量都是随机变量,其设计的基础应是所用的设计变量都是经过多次试验测定的实际数据,经过统计检验后得到的统计量。最理想的情况是掌握它们的分布形式与参数。然而,目前这方面合用的资料很缺乏,尚待作大量的实验与积累工作。为了尽快推广可靠性设计这一新的先进设计方法,必须作适当的假设、简化与处理。

设计变量的随机性主要反映在如下诸方面:

(1) 载荷　几乎所有的机械及零部件由于受各种因素的影响,所承受的载荷都不是确定值,而是依着某种规律变化的随机变量。如飞机、汽车、船舶、拖拉机、起重机、轧机、机床等所承受的载荷都是些随机变量,分布形式也是多种多样。

(2) 材料的机械性能　材料机械性能如抗拉强度 σ_b、屈服极限 σ_s、疲劳强度 σ_r、硬度 H、弹性模量 E、延伸率 δ、断裂韧性 K_{IC} 等,由于冶炼、加工、热处理、试验等各种因素的影响,使之都是些随机变量,其中多数呈正态分布,有的则呈对数正态分布及威布尔分布。

(3) 几何尺寸　由于加工制造的设备、人员操作、工况、环境等影响,使同一种材料、同一批零件、同一个人在同一台机床上加工的零件实际尺寸也各有差异。这就充分的反映了尺寸也是随机变量。经实践检验证明其主要呈正态分布。

(4) 工况变化　机械或零部件工作时其工作条件、环境等的变化也影响机械的强度与寿命的变化。

(5) 不确定因素的存在　除上述因素外,还有些其它因素,如载荷谱的简化、力学模型的简化、计算公式的假设等也有影响。

由于这些参数都是随机变量,其准确的数据很难获得,比较精确的数据也只能通过大量实测得到,这对普通设计往往很难办到,故只能应用近似处理方法解决。这些统计数据的来源主

要有:

(1) 真实情况的实测、观察。这样获得的数据样本容量越大,统计得到的数据置信度就越高。从数据的真实性看,这是一种比较理想的来源,但耗费的人力、财力、物力也越大。

(2) 模拟真实情况的测试。本法统计获得的数据真实性稍差,而经济性则大有改进。但仍然耗费较大。

(3) 对标准试件的专门试验。本法统计的数据并不能完全反映所设计产品的真实情况,但其主要性能与真实情况基本一致。对其进行必要的修正,就可以近似看成真实情况。

(4) 利用手册、产品目录或其它文献中的数据。本法取得的数据通常比较粗略。

对上述各随机变量,通过试验、统计分析、找出分布规律及参数,为可靠性设计提供必要的基础资料。

在引用资料时应注意:1)引用的数据与本设计情况是否一致;2)统计方法是否合理、准确等。

2.2.2 材料机械性能的统计处理

材料机械性能项目比较多,此处仅介绍几个设计中最常用的指标如强度极限、屈服极限、疲劳极限、硬度、延伸率、断裂韧性及弹性模量等。

2.2.2.1 材料静强度指标

A 拉压时材料机械性能的概率分布

(1) 抗拉强度极限 σ_b。大量试验数据证明,金属材料的强度极限 σ_b 比较好的符合正态分布或近似于正态分布。如合金钢 18CrNiWA,其分布检验如图 2-6 所示。图中,子样数据:热轧圆钢 $\phi 30 \sim \phi 120$;子样容量 $n = 500$;热处理:950℃ 一次油淬;800℃ 二次油淬;170℃ 空回;回归方程:$\hat{\sigma} = 1355 + 58Z_R$。

(2) 屈服极限 σ_s。大量试验表明 σ_s 也近似于正态分布。如 18CrNiWA 的概率分布检验如图 2-7 所示。其条件同图 2-6,回归方程 $\hat{\sigma}_s = 1055 + 60Z_R$。

(3) 延伸 δ。试验表明,多数材料的 δ 符合于正态分布。如 18CrNiWA 的概率分布检验如

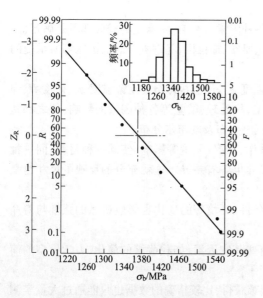
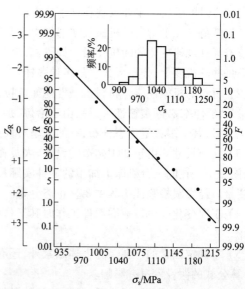

图 2-6   18CrNiWA σ_b 分布检验   图 2-7   18CrNiWAσ_s 分布检验

图2-8所示,其回归方程:$\hat{\delta} = 15.14 + 1.2Z_R$。

如果有具体材料的实验统计分布参数,用时可对号选用,如附表5给出了几种国产钢材现厂试验结果的统计检验数据。也可按要求查附表6。

B 剪切强度 τ

(1)剪切强度极限 τ_b。实验与统计资料表明,τ_b 与 σ_b 有近似线性关系(见表2-4),即 τ_b 的分布近似于 σ_b 的分布。

(2)剪切屈服极限 τ_s。根据剪应力理论与试验表明:剪切屈服极限 τ_s 与抗拉屈服极限 σ_s 成比例关系:$\tau_s = (0.5 \sim 0.6)\sigma_s$,且可假设 τ_s 与 σ_s 具有相同的分布。

C 扭转强度

实验表明,碳钢与低合金钢的扭转强度极限有:$\tau_{nb} \approx 0.288\sigma_b$。扭转屈服极限 τ_{ns} 与抗拉屈服极限及强度极限有下列关系:对于碳钢:$\tau_{ns} \approx (0.5 \sim 0.6)\sigma_s \approx (0.34 \sim 0.36)\sigma_b$;对于合金钢 $\tau_{ns} \approx 0.6\sigma_s \approx (0.45 \sim 0.48)\sigma_b$。

D 弯曲强度

由于弯曲强度试验数据少,可用下列经验式估算:

碳钢 $\qquad\qquad\qquad\qquad \sigma_{us} \approx 1.20\sigma_s \approx (0.67 \sim 0.72)\sigma_b$

合金钢 $\qquad\qquad\qquad\qquad \sigma_{us} \approx 1.11\sigma_s \approx (0.83 \sim 0.89)\sigma_b$

表2-4 τ_b 与 σ_b 间的近似关系

材 料	钢	可锻铸铁	铸 铁	铜	铝合金
τ_b/σ_b	0.75	0.9	1.30	0.90	0.60

2.2.2.2 疲劳强度的分布

疲劳强度指标常用的有弯曲、拉压、扭转等疲劳强度极限。经试验统计检验表明,大部分材料服从正态分布或对数正态分布,也有的则符合威布尔分布。图2-9给出了18CrNiWAσ_{-1}的分布检验结果。此结果基本符合正态分布。

我国一些常用金属材料的疲劳极限分布参数见附表7及附表8。如果无实验资料时,可利用已有资料经统计检验后得出的经验公式估算,见表2-5。不同寿命时的疲劳参数可查附表8。

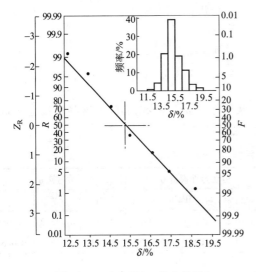

图2-8 18CrNiWA δ 分布检验

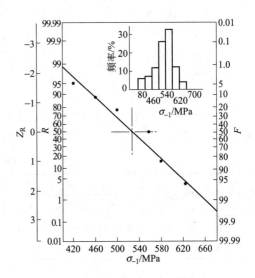

图2-9 18CrNiWAσ_{-1}分布检验

脉动循环疲劳极限经验公式见表2-6。

表2-5　对称循环疲劳极限经验公式表

材　料		对称弯曲/MPa	对称拉压/MPa	对称扭转/MPa
合金钢	淬火回火	$\sigma_{-1B} = 0.35\sigma_b + 139.3$	$\sigma_{-1L} = 0.74\sigma_s - 215.8$	$\tau_{-1} = 0.1\sigma_b + 166.8$
	淬火回火	$\sigma_{-1} = 0.27\sigma_s + 255.1$		
	正火	$\sigma_{-1} = 0.25(\sigma_b + \sigma_s) + 62.8$		
碳素钢		$\sigma_{-1} = 0.259(\sigma_b + \sigma_s) + 27.9$	$\sigma_{-1L} = 0.28\sigma_b$	$\tau_{-1} = 0.22\sigma_b$
结构钢		$\sigma_{-1} = 0.27(\sigma_b + \sigma_s)$	$\sigma_{-1L} = 0.23((\sigma_b + \sigma_s)$	$\tau_{-1} = (0.14 \sim 0.186)(\sigma_b + \sigma_s)$
铸　铁		$\sigma_{-1} = 0.45\sigma_b$	$\sigma_{-1L} = 0.4\sigma_b$	
铝合金		$\sigma_{-1} = \dfrac{1}{6}\sigma_b + 73.575$	$\sigma_{-1} = \dfrac{1}{6}\sigma_b + 73.575$	$\tau_{-1} = (0.356 \sim 0.455)\sigma_b$
青　铜		$\sigma_{-1} = 0.21\sigma_b$		
铸　钢		$\sigma_{-1} = 0.231(\sigma_b + \sigma_s) + 38.1$		

注: σ_{-1B}——反复对称弯曲。

表2-6　脉动循环疲劳极限经验公式

材　料	弯曲/MPa	拉压/MPa	扭转/MPa
结构钢	$\sigma_0 = 1.33\sigma_{-1}$	$\sigma_{0L} = 1.42\sigma_{-1L}$	$\tau_0 = 1.50\tau_{-1}$
	$= 0.359(\sigma_b + \sigma_s)$	$= 0.327(\sigma_b + \sigma_s)$	$= (0.21 \sim 0.28)(\sigma_b + \sigma_s)$
铸　铁	$\sigma_0 = 1.33\sigma_{-1}$	$\sigma_{0L} = 1.42\sigma_{-1L}$	$\tau_0 = 1.35\tau_{-1}$
	$= 0.598\sigma_b$	$= 0.568\sigma_b$	$= (0.48 \sim 0.61)\sigma_b$
铝合金		$\sigma_{0L} = 1.5\sigma_{-1L}$	
		$= 0.25\sigma_b + 110.36$	

2.2.2.3　硬度

经试验统计表明,多数材料的硬度较接近于正态分布,但常能较好地符合于威布尔分布。硬度通常是比较好测的,有了硬度值,也可由硬度求得疲劳极限的估计值。经验公式如下:

对碳钢(HB < 225)　　　$\sigma_{-1} = (0.128 \sim 0.156)HB(MPa)$

对正火处理的合金钢　　$\sigma_{-1} = 0.14HB + 67.19(MPa)$

对淬火回火的合金钢　　$\sigma_{-1} = 0.076HB + 284.49(MPa)$

对铸铁　　　　　　　　$\sigma_{-1} = 0.187HB$

2.2.2.4　金属材料几个"常数"的分布

常规设计中,一直假定材料的弹性模量E、G及泊松比μ为常数,实际上这些参数也都是些随机变量。假设它们近似符合正态分布,其参数可查表2-7。

表2-7　几种材料"常数"的分布参数表

序号	材料名称	弹性模量 E			剪切弹性模量 G			泊松比 μ		
		$\bar{E}$/MPa	S_E/MPa	C_E	$\bar{G}$/MPa	S_G/MPa	C_G	$\bar{\mu}$/MPa	S_μ/MPa	C_μ
1	低碳钢	206010	3269.7	0.0159	78970.5	163.5	0.0021	0.290	0.01333	0.0460
2	16Mn	206010	3269.7	0.0159	78970.5	163.5	0.0021	0.290	0.01333	0.0460

续表2-7

序号	材料名称	弹性模量 E			剪切弹性模量 G			泊松比 μ		
		$\overline{E}$/MPa	S_E/MPa	C_E	$\overline{G}$/MPa	S_G/MPa	C_G	$\overline{\mu}$/MPa	S_μ/MPa	C_μ
3	合金钢	201105	4905	0.0244	79461			0.285	0.01500	0.0526
4	灰、白口铸铁	134888	7357.5	0.0545	44145			0.250	0.00667	0.0267
5	球墨铸铁	142245	4905	0.0345	73084.5	438.7	0.0060			
6	铝及铝合金	69651	3269.7	0.0469	25996.5	163.5	0.0063	0.3333		
7	铜及铜合金	100062	9165	0.0916	42183	98.1	0.0023	0.3650	0.01833	0.0502
8	钛及钛合金	112815	1635.3	0.0145	40858.7	1336.7	0.0327	0.30667	0.01155	0.0377

其它一些参数如冲击韧性、密度、摩擦系数等,均可类似处理。

2.2.2.5　怎样利用一般表格中的数据

(1) 如果表格中给出某一波动范围 σ_{max}、σ_{min},则可按下列公式进行计算:

$$\overline{\sigma} = \frac{1}{2} \times (\sigma_{max} + \sigma_{min}) \; ; S_\sigma = \frac{1}{6}(\sigma_{max} - \sigma_{min})$$

(2) 如果给出的极限应力注明不小于(或大于等于),则应按 3 倍标准差原则处理。

(3) 如表中只给出均值,而未给出标准差,可根据已有的变差系数 C 求得标准差 S,变差系数见表 2-8。

表 2-8　材料在不同应力状态下的变差系数(近似值)

材 料 名 称		应 力 状 态				
		$C_{\sigma b}$	$C_{\sigma s}$	$C_{\sigma-1L}$	$C_{\sigma-1}$	C_{z-1}
碳素钢		0.039	0.016	0.039	0.043	0.058
优质碳钢		0.036		0.039	0.047	0.049
合金钢		0.048	0.066		0.054	0.049
球 铁	抗拉 $C_{\sigma b}$	0.032	0.039		0.024	
	抗压 $C_{\sigma c}$	0.012				
	弯曲 $C_{\sigma u}$	0.020				
	扭转 $C_{\tau B}$	0.023				

注:此表是按资料[4]假设基本符合正态分布,按 3 倍标准差原则换算来的。

由表 2-8 中可以看出,同一种材料在不同应力状态下,变差系数不同。不同材料在同一应力状态下,变差系数也不同。统计表明变差系数 C 值波动范围比较大,同一种材料,在相同条件下进行试验所得结果分散性也比较大,所以企图给出某个精确的 C 值是不可能的。只能大致取其均值进行计算。表 2-9 给出了几种国产钢材的变差系数。如果此表查不到,也可按表 2-10 查用。

2.2.2.6　材料机械性能的统计分析

前面对材料机械性能的分布参数及确定方法都作了说明。但是,对于重要零件材料的机械性能参数,应该进行试验与统计分析,给出具体的分布类型与参数,为其可靠性设计提供必要的数据,以充分保证零件的可靠度。具体抽样、试验、统计处理等原则与方法查有关资料。

表 2-9　几种常用材料的变差系数

钢　号	C_{σ_b}	C_{σ_s}	光滑试件 $C_{\sigma-1}$	缺口试件 $C'_{\sigma-1}$
A3	0.09	0.09	0.033	0.038
A5	0.07	0.07		
20	0.069	0.125	0.020	0.031
35	0.076	0.11	0.008	0.021
40	0.065	0.092		
45	0.07	0.07	0.0246	0.041
16Mn	0.041	0.054	0.0301	0.054
2Cr13			0.037	0.051
35CrMo	0.144	0.218	0.0321	0.046
40Cr	0.05	0.05	0.0245	
40MnB			0.0424	0.0365
60Si2Mn	0.037		0.0425	0.021
40CrNi	0.06	0.06		
30CrMnSiA	0.071	0.10	0.149	
12Cr18Ni9	0.12	0.20		
ZG35 II	0.171	0.208		
ZG20SiMn	0.096	0.129		
QT60 − 2 球铁			0.020	0.055
QT40 − 17 球铁			0.046	0.030

表 2-10　几种状态的变差系数

材　料　状　态		变差系数 $C = \dfrac{S}{\mu}$
金属材料	C_{σ_b}	0.05(0.013 ~ 0.15)
	C_{σ_s}	0.07(0.02 ~ 0.16)
	$C_{\sigma-1}$	0.08(0.015 ~ 0.19)
零件的疲劳强度 $C_{\sigma-1c}$		0.10(0.05 ~ 0.20)
焊接结构的疲劳强度 C		0.10(0.05 ~ 0.20)
金属材料断裂韧性 C_K		0.07(0.02 ~ 0.42)
钢的布氏硬度 C_{HB}		0.05

注:该表数据非国产材料。

2.2.3　工作载荷的统计分析

2.2.3.1　载荷及其分类

作用在机械或构件上的外载(广义力)称之为载荷。载荷的形式很多:

(1)按作用方式可分为:拉压、弯曲、扭转、剪切、温度、磨损、腐蚀等。

(2)按应变速度可分为:蠕变、静载、动载、冲击等。

（3）按载荷幅值可分为：等幅的（对称、脉动、波动等），如图 2-10a、b、c、d；不等幅的（如图中 h、i、j 等）；随机的（如图中 e、f、g、k 等），幅值、频率均随时间作随机变化。

（4）按稳定程度可分为：稳定载荷（如图中 a～d）；不稳定载荷（如图中 h、i、j 等）；随机的载荷（图中 e～k）。

有些载荷可用各种方法直接或间接测得，或计算求得。这些载荷可以是力、力矩、应力、功率、温度等。

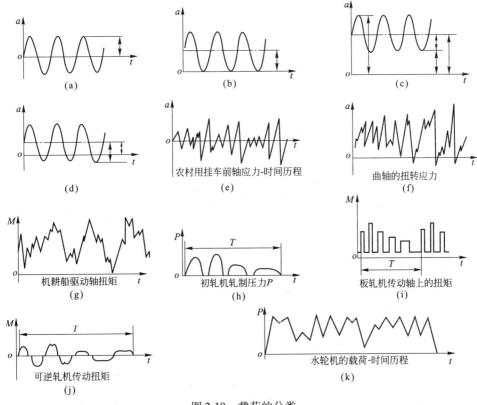

图 2-10　载荷的分类

2.2.3.2　工作载荷的统计分析

通过实测，对工作载荷－时间历程进行记录、计数，得到一系列数据，根据数理统计原理进行统计分析，确定分布类型与参数，给出数学模型，为可靠性设计提供载荷参数。

目前常用的记数方法有两种：一是功率谱法。许多载荷是无周期的连续变化的，这种载荷可借助于富氏变换，将一复杂的随机载荷分解为有限个具有各种频率简谐变化之和，获得功率谱密度函数。此法是比较严密的统计方法，它保留了载荷历程的全部信息，特别对于平稳随机过程，用此方法更为简便，但设备费用昂贵，限制了广泛使用，现正在逐渐推广。另一方法是循环记数法。此法是把载荷－时间历程离散成一系列峰谷值，然后计算其峰谷值或幅值与均值等发生的频次，从而找出概率密度函数及参数。由于这种方法不能给出变量随时间变化的资料，也不能得到载荷级或振程发生的先后次序，故方法简便，一般能满足工程要求。目前循环记数法已有十几种，如穿级计数法、峰谷值计数法、振程计数法、雨流计数法等。至于统计分析法，可参阅有关资料。表 2-11 为我国某厂 ϕ1100 初轧机载荷分布经实测 10 个钢种 580 个数据统计分析的结果如图 2-11 所示，图中 P 为总轧制压力，R_B 为操作侧支反力，R_A 为传动侧支反力，用正态概率纸检验其结果近似于正态分布。经回归分析得出数学模型列在表 2-12 中。

表 2-11 ϕ1100 初轧机总轧制压力统计分析计算

序号	分　组	组中值	频　次	频　率	可靠度	标准正态偏量
	（10kN）	（10kN）		（f）	R	Z_R
1	0 ~ 100	50	7	0.01207	1.00000	
2	~ 200	150	10	0.01724	0.98793	- 2.255
3	~ 300	250	29	0.05000	0.97069	- 1.890
4	~ 400	350	50	0.08621	0.92069	- 1.410
5	~ 500	450	63	0.10862	0.83448	- 1.100
6	~ 600	550	159	0.27414	0.72586	- 0.600
7	~ 700	650	50	0.08621	0.45172	0.124
8	~ 800	750	109	0.18793	0.36552	0.345
9	~ 900	850	86	0.14828	0.17759	0.925
10	~ 1000	950	15	0.02586	0.02931	1.915
11	1000 以上	1050	2	0.00345	0.00345	2.700

表 2-12　ϕ1100 初轧机压力统计检验结果

序号	计　算　项　目	回归方程（10^4N）	计算相关系数 γ	临界相关系数 γ_α	显著度 α
1	总轧制压力 P	$\hat{P} = 637.673 + 195.505Z_R$	0.9908	0.8982	0.001
2	轧辊传动端支反力 R_A	$\hat{R}_A = 280.789 + 48.410Z_R$	0.9856	0.9800	0.020
3	轧辊操作端支反力 R_B	$\hat{R}_B = 401.021 + 180.089Z_R$	0.9663	0.9172	0.010

对某厂国产 ϕ1150 大型初轧机的载荷分布经统计分析结果列在表 2-13 中。

表 2-13　国产大型初轧机载荷统计分析表

轧机型式	统计项目	回　归　方　程 $P(10^4\text{N})$；$M(10^4\text{N}\cdot\text{m})$	计算相关系数 γ	临界相关系数 γ_α	显著度 α	分布形式
ϕ1150 板坯 初轧机	总轧制压力 P	$P = 1223.106 + 308.392Z_R$	0.98884	0.7420	0.001	正态
	上接轴正转（Ⅰ）	$M_{上Ⅰ} = 151.782 + 64.930Z_R$	0.99485	0.8233	0.001	正态
	上接轴反转（Ⅱ）	$M_{上Ⅱ} = 163.969 + 57.619Z_R$	0.99508	0.8233	0.001	正态
	下接轴正转（Ⅰ）	$M_{下Ⅰ} = 131.009 + 43.901Z_R$	0.98443	0.9249	0.001	正态
	下接轴反转（Ⅱ）	$M_{下Ⅱ} = 133.300 + 32.296Z_R$	0.98524	0.9249	0.001	正态
ϕ1150 方坯 初轧机	总轧制压力 P	$P = 817.466 + 226.095Z_R$	0.98240	0.8233	0.001	正态
	传动端支反力 R_A	$R_A = 560.497 + 204.056Z_R$	0.97160	0.8721	0.001	正态
	操作端支反力 R_B	$R_B = 345.166 + 106.842Z_R$	0.92130	0.8745	0.01	正态
	上接轴正转（Ⅰ）	$M_{上Ⅰ} = 80.130 + 28.842Z_R$	0.99344	0.9741	0.001	正态
	上接轴反转（Ⅱ）	$M_{上Ⅱ} = 87.231 + 27.548Z_R$	0.99674	0.9741	0.001	正态
	下接轴正转（Ⅰ）	$M_{下Ⅰ} = 86.107 + 29.880Z_R$	0.99846	0.9507	0.001	正态
	下接轴反转（Ⅱ）	$M_{下Ⅱ} = 91.896 + 25.773Z_R$	0.99706	0.9507	0.001	正态

注：回归方程中 $y = a + bx$，其中 a 为均值；b 为标准差；Z_R 为联结系数。

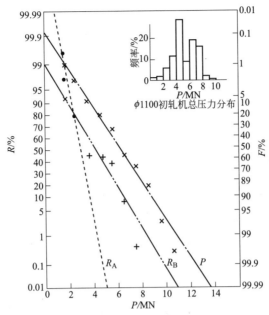

图 2-11 ϕ1100 初轧机压力统计检验

2.2.4 几何尺寸的分布与统计偏差

机械零件的几何尺寸是一个随机变量。实践证明,零件尺寸偏差多数都呈正态分布。公称尺寸为均值,而标准差即为 1/3 允许偏差。如果零件加工时已经给出公差,可按给定公差计算标准差。如未给出公差,只给出公称尺寸,此时要以加工方法来估计偏差与标准差,见表 2-14。如允许偏差为 t,则标准差 $S = \dfrac{1}{3}t$。

表 2-14 不同加工方法的尺寸误差

序 号	加工方法	误差(±mm)		序 号	加工方法	误 差(±mm)	
		一 般	可 达			一 般	可 达
1	火焰切割	1.50	0.500	11	锯 切	0.500	0.125
2	冲 压	0.25	0.025	12	车 削	0.125	0.025
3	拉 拔	0.250	0.050	13	刨 削	0.250	0.025
4	冷 轧	0.250	0.025	14	铣 削	0.125	0.025
5	挤 压	0.500	0.050	15	滚 切	0.125	0.025
6	金属模铸	0.750	0.250	16	拉 削	0.125	0.0135
7	压 铸	0.250	0.050	17	磨 削	0.025	0.005
8	蜡模铸		0.050	18	研 磨	0.005	0.0012
9	烧结金属	0.125	0.025	19	钻 孔	0.250	0.050
10	烧结陶瓷	0.750	0.500	20	铰 孔	0.050	0.0125

注:此表较早,数据偏高。

2.2.5 函数均值与方差的近似计算

在可靠性设计中常常要对随机变量或随机函数进行运算,或求均值与标准差,由于理论计算很麻烦,故采用近似计算法。

2.2.5.1　正态分布函数均值与标准差的近似计算

可靠性设计中所涉及的变量多呈正态分布。设随机变量 x、y 为正态分布,当 x 与 y 相关时,相关系数 $\rho \neq 0$;但当 x 与 y 相互独立时,$\rho = 0$。随机变量 z 为 x、y 的函数;a 为任意常数,则函数 z 的均值与标准差如表 2-15 所示。如表中随机变量 x、y 服从正态分布,则得 $z = a \pm x$;$z = ax$;$z = x \pm y$ 等都严格服从正态分布;而 $z = x \cdot y$;$z = \dfrac{x}{y}$;$z = x^n$ 则不服从正态分布,当变差系数 $C_x \leqslant 0.10$,$C_y \leqslant 0.10$ 时,z 近似地服从正态分布。

表 2-15　正态分布函数的特征值

序号	基本函数形式	数 学 期 望	标 准 差
1	$z = a$	a	0
2	$z = ax$	$a\bar{x}$	aS_x
3	$z = a + x$	$a + \bar{x}$	S_x
4	$z = x \pm y$	$\bar{x} \pm \bar{y}$	$(S_x^2 + S_y^2 \pm 2\rho S_x S_y)^{1/2}$
5	$z = x \cdot y$	$\bar{x} \cdot \bar{y} + \rho \cdot S_x \cdot S_y$	$(\bar{x}^2 S_y^2 + \bar{y}^2 \cdot S_x^2 + S_x^2 \cdot S_y^2 + 2\rho \bar{x}\bar{y} S_x S_y + \rho^2 S_x^2 S_y^2)^{1/2}$
6	$z = \dfrac{x}{y}$	$\dfrac{\bar{x}}{\bar{y}} + \dfrac{\bar{x} \cdot S_y}{\bar{y}^2}\left(\dfrac{S_y}{\bar{y}} - \rho \dfrac{S_x}{\bar{x}}\right)$	$\dfrac{\bar{x}}{\bar{y}}\left(\dfrac{S_y^2}{\bar{y}^2} + \dfrac{S_x^2}{\bar{x}^2} - 2\rho \dfrac{S_x S_y}{\bar{x}\bar{y}}\right)^{1/2}$
7	$z = \dfrac{1}{x}$	$\approx \dfrac{1}{\bar{x}}$	$\approx \dfrac{S_x}{\bar{x}^2}$
8	$z = x^{1/2}$	$\left[\dfrac{1}{2}\left(\bar{x} + \sqrt{\bar{x}^2 - S_x^2}\right)\right]^{1/2}$	$\approx \dfrac{1}{2} \cdot \dfrac{S_x}{\bar{x}}$
9	$z = x^2$	$\bar{x}^2 + S_x^2 \approx \bar{x}^2$	$(4\bar{x}^2 S_x^2 + 2S_x^4)^{1/2} \approx 2\bar{x} \cdot S_x$
10	$z = x^3$	$\bar{x}^3 + 3\bar{x}S_x^2 \approx \bar{x}^3$	$(8\bar{x}^2 S_x^4 + 5\bar{x}^4 S_x^2 + 3S_x^6)^{1/2} \approx 3\bar{x}^2 S_x$
11	$z = x^n$	$\approx \bar{x}^n$	$\approx |n|\bar{x}^{n-1} \cdot S_x$
12	$z = \lg x$	$\approx \lg \bar{x}$	$\approx 0.434 \dfrac{S_x}{\bar{x}} = 0.434 C_x$

注:相关系数 $\rho = \dfrac{\sum[(x_i - \bar{x})(y_i - \bar{y})]}{[\sum(x_i - \bar{x})^2 \cdot \sum(y_i - \bar{y})^2]^{1/2}}$ 或 $\rho = \dfrac{\dfrac{1}{n}\sum[(x_i - \bar{x})(y_i - \bar{y})]}{S_x \cdot S_y}$。

2.2.5.2　n 维随机变量函数的均值与方差的近似计算

A　一维随机变量函数的数学期望和方差的近似值

如设一维随机变量函数 $y = f(x)$,可按泰勒级数中值定理展开并取前三项得:

$$y = f(x) = f(\bar{x}) + (x - \bar{x})f'(\bar{x}) + \frac{(x - \bar{x})^2}{2!}f''(\bar{x}) + \cdots$$

忽略余项,这时函数的数学期望为:

$$E(y) = \bar{y} = E[f(x)] \approx E\left[f(\bar{x}) + (x - \bar{x})f'(\bar{x}) + \right.$$

$$\left. \frac{1}{2}V(x)f''(\bar{x})\right] = f(\bar{x}) + \frac{1}{2}V(x)f''(x) \tag{2-17}$$

其方差的近似值为:

$$V(y) = S_y^2 = \left[y - f(\bar{x}) \right]^2 = \left[(x - \bar{x})f'(\bar{x}) + \frac{1}{2}V(x)f''(x) \right]^2$$

$$\approx \left[f'(\bar{x}) \right]^2 \cdot V(x)$$

B n 维随机变量函数的数学期望和方差的近似值

设 n 维随机变量函数为 $y = f(x_i) = f(x_1, x_2, \cdots, x_n)$，当 $x_1, x_2, \cdots, x_n$ 相互独立，且 $\frac{S_i}{\bar{x}}$ 很小时，将 $y = f(x_1, x_2, \cdots, x_n)$ 在 $\bar{x}$ 处按泰勒级数展开，同理可得：

$$E(y) = \bar{y} = f(\bar{x}_1, \bar{x}_2, \cdots, \bar{x}_n) + \frac{1}{2}\sum_{i=1}^{n} \left[\frac{\partial^2 y}{\partial x^2} \right]_{\bar{x}} \cdot S_i^2 \tag{2-18}$$

$$S_y = \left[\sum_{i=1}^{n} \left(\frac{\partial y}{\partial x_i} \right)_{\bar{x}}^2 \cdot S_i^2 \right]^{\frac{1}{2}} \tag{2-19}$$

【例 2-7】 一载荷 $P(\bar{P} = 16000\text{N}, S_P = 1000\text{N})$ 作用在一拉杆上，拉杆断面积为 $A(\bar{A} = 50\text{mm}^2,$ $S_A = 0.40\text{mm}^2)$，求拉杆上的应力。

解 杆件受拉，应力为 $\sigma = f(P \cdot A) = \dfrac{P}{A}$

所以 $\bar{\sigma} = f(\bar{P} \cdot \bar{A}) = \dfrac{\bar{P}}{\bar{A}} = \dfrac{16000}{50} = 320\text{N/mm}^2$

因为 $\dfrac{\partial f}{\partial P} = \dfrac{1}{A}; \dfrac{\partial f}{\partial A} = \dfrac{P}{A^2}$

所为 $S_\sigma^2 = \left[\dfrac{\partial f}{\partial P} \Big|_{\bar{P} \cdot \bar{A}} \right]^2 \cdot S_P^2 + \left[\dfrac{\partial f}{\partial A} \Big|_{\bar{P} \cdot \bar{A}} \right]^2 \cdot S_A^2 = \left(\dfrac{1}{50} \right)^2 \cdot (1000)^2 + \left(\dfrac{16000}{50^2} \right)^2 \times$

$\qquad (0.40)^2 = 406.554\,(\text{N/mm}^2)^2$

即 $S_\sigma = 20.16\text{N/mm}^2$。

2.3 变差系数、安全系数

2.3.1 随机变量函数的变差系数

在机械设计中有大量函数形式的计算公式常包含多个随机变量之间的乘除关系，而且有些还是非线性的，对于这些函数的统计特征值，特别是标准差，即使利用求偏导数的近似解法，也相当繁琐，且易出错。利用变差系数的概念，可使这些函数从变量之间的乘除关系转化成变差系数之间的简单关系，这样既便于运算，又能简化运算过程。

2.3.1.1 变差系数的定义

具有平均值 $\bar{x}$ 和标准差 S_x 的随机变量 x 的变差系数 C_x 可定义为：

$$C_x = \frac{S_x}{\bar{x}} \tag{2-20}$$

2.3.1.2 变量为乘除关系函数的变差系数

设两个变量 $(x、y)$ 的函数为 $Z = x \cdot y$，当 $x、y$ 为互相独立的随机变量时，由概率统计可知，其标准差为：

$$S_z = \sqrt{\bar{x}^2 \cdot S_y^2 + \bar{y}^2 \cdot S_x^2} = \bar{x} \cdot \bar{y} \sqrt{\left(\frac{S_x}{\bar{x}} \right)^2 + \left(\frac{S_y}{\bar{y}} \right)^2} = \bar{x} \cdot \bar{y} \sqrt{C_x^2 + C_y^2}$$

故 z 的变差系数为　　$C_z = \dfrac{S_z}{\bar{Z}} = \dfrac{S_z}{\bar{x} \cdot \bar{y}} = \sqrt{C_x^2 + C_y^2}$，即 $C_z^2 = C_x^2 + C_y^2$。

同理,对于多变量函数 $z = x_1 \cdot x_2, \cdots, x_n$,其标准差为:

$$S_z = \bar{x}_1 \cdot \bar{x}_2, \cdots, \bar{x}_n \sqrt{\left(\dfrac{S_{x1}}{x}\right)^2 + \left(\dfrac{S_{x2}}{x}\right)^2 + \cdots + \left(\dfrac{S_{xn}}{x}\right)^2}$$

故　　　　　　　　　　　　$C_z = \sqrt{C_{x1}^2 + C_{x2}^2 + \cdots + C_{xn}^2}$

或　　　　　　　　$C_z^2 = C_{x1}^2 + C_{x2}^2 + \cdots + C_{xn}^2 = \displaystyle\sum_{i=1}^{n} C_{xi}$ 　　　(2-21)

值得注意的是,不论两个变量 (x,y) 之间是乘或是除,其函数变差系数 C_z 的近似计算是相同的。因此,对于任何形式组成的多变量函数,其变差系数的计算也比其标准差的计算要简便得多。例如: $Z = x_1 \cdot x_2/x_3$ 与 $Z = x_1/x_2 \cdot x_3$,其变差系数均为下式:

$$C_Z = (C_{x1}^2 + C_{x2}^2 + C_{x3}^2)^{\frac{1}{2}} \quad 或 \quad C_Z^2 = C_{x1}^2 + C_{x2}^2 + C_{x3}^2$$

2.3.1.3　幂函数的变差系数

设幂函数 $Z = x^a$,由表 2-15 可求得:

$$S_Z^2 = [a\,\bar{x}^{a-1}]^2 \cdot S_x^2 = \left(a\,\bar{x}^a \dfrac{S_x}{\bar{x}}\right)^2 = a^2\,\bar{x}^{2a} C_x^2 \quad\quad (2\text{-}22a)$$

因此　　　　　　　　　$C_Z^2 = a^2 C_x^2$,即　　$C_Z = a C_x$ 　　　　　　(2-22b)

式中, a 为任意实数,例如 $a = \dfrac{1}{2}$,即 $Z = \sqrt{x}$ 时,则 $C_Z = \dfrac{1}{2} C_x$。同理,对多变量幂函数:

$$Z = a_0 x_1^{a1} \cdot x_2^{a2} \cdots x_n^{an} \quad\quad\quad\quad (2\text{-}23a)$$

则得　　　　　$C_Z^2 = a_1^2 C_{x1}^2 + a_2^2 C_{x2}^2 + \cdots + a_n^2 C_{xn}^2 = \displaystyle\sum_{i=1}^{n} a_i^2 C_{xi}^2$ 　　(2-23b)

在可靠性设计中应用变差系数作近似计算,有助于简化计算方法,减少计算程序,且与设计变量间函数关系所计算出的结果很接近。所以它不但可用于在给定可靠度条件下对零件进行可靠性综合设计,以确定零件必要的强度及基本结构尺寸;同样还可用于对现有产品或设计方案,根据已知的设计变量进行可靠性设计,以评价及预测零件在强度上所具有的可靠程度。

在可靠性设计中应用变差系数又可以部分地减轻有关对材料强度、作用载荷等统计特征数据的要求。前已提及,各种材料的机械性能,其均值和方差存在有较大的差异,但其变差系数,一般说来变动范围相对较小,故有时也可近似地视为常数。

另外,通过变差系数还可以使零件的可靠度、强度与应力之间的关系用一个均值安全系数 $\bar{n}_C = \dfrac{\bar{\delta}}{\bar{\sigma}} = f(R)$ 的函数形式来表示。该均值的安全系数与常规设计中所采用的安全系数有不同的概念,它将有利于促进常规设计向可靠性设计过渡。

【例 2-8】　已知圆柱形螺旋压缩弹簧的变形为 $\lambda = \dfrac{8FD^3n}{Gd^4}$,式中各参数间为相互独立的随机变量,其均值与方差分别为:轴向压力 $F(\bar{F}, S_F) = (700, 35)$ N;材料剪切模量 $G(\bar{G}, S_G) = (8 \times 10^4, 0.24 \times 10^4)$ N/mm²;弹簧中径 $D(\bar{D}, S_D) = (35, 0.23)$ mm;弹簧丝直径 $d(\bar{d}, S_d) = (5, 0.1)$ mm;弹簧有效圈数 $n(\bar{n}, S_n) = (10.5, 0.2)$ 圈。试确定变形量 $\lambda(\bar{\lambda}, S_\lambda)$。

解　根据给定公式可计算:

$$\bar{\lambda} = \dfrac{8\bar{F} \cdot \bar{D}^3 \bar{n}}{\bar{G} \cdot \bar{d}^4} = \dfrac{8 \times 700 \times 35^3 \times 10.5}{8 \times 10^4 \times 5^4} = 50.4\,\text{mm}$$

按式(2-21)计算 C_λ：

$$C_\lambda = \left[C_F^2 + 9C_D^2 + C_n^2 + C_G^2 + 16C_d^2 \right]^{\frac{1}{2}}$$

$$= \left[\left(\frac{35}{700} \right)^2 + 9\left(\frac{0.23}{35} \right)^2 + \left(\frac{0.2}{10.5} \right)^2 + \left(\frac{0.24 \times 10^4}{8 \times 10^4} \right)^2 + 16\left(\frac{0.1}{5} \right)^2 \right]^{\frac{1}{2}} = 0.103$$

所以　　$S_\lambda = C_\lambda \cdot \overline{\lambda} = 0.103 \times 50.4 = 5.2\text{mm}$

如果用偏导数公式求标准差，将相当繁杂，且易出错，而用变差系数则极简单。

2.3.2　安全系数的统计分析

2.3.2.1　概述

A　常规状态下的安全系数

常规设计中，安全系数被定义为材料的强度除以零件中最薄弱环节上的最大应力。其表示方法为：

（1）极限应力状态下的安全系数：

$$n = \frac{\delta_{\min}}{\sigma_{\max}}$$

式中，$\delta_{\min}$ 为材料强度的最小值；$\sigma_{\max}$ 为工作应力的最大值。

（2）常用的安全系数：

$$n = \frac{\overline{\delta}}{\sigma_{\max}}$$

式中，$\overline{\delta}$ 为材料强度均值。

由于材料强度具有离散性，加之零件薄弱环节上的最大工作应力在不同工况条件下也在变动，即使是静载荷，变动仍然存在。而且 $\delta_{\min}$、$\sigma_{\max}$ 又无明确的定量概念，所以上述安全系数的定义具有某种不确定性。同时，它又没有和零部件的破坏概率相联系，不能较深入的揭示事物的本质。

B　可靠性意义下的安全系数

如将常规状态下的安全系数引入设计变量的随机性概念（如材料强度、工作应力的概率分布），便可得出可靠性意义下的安全系数。

当材料强度取 $R = 50\%$ 时的值为 $\overline{\delta}$，工作应力取 $R = 50\%$ 时的值为 $\overline{\sigma}$ 时，平均安全系数 $\overline{n}_C$ 为：

$$\overline{n}_C = \frac{\overline{\delta}}{\overline{\sigma}} \tag{2-24}$$

如强度取 $R = 95\%$ 的下限为 $\delta_{\min}$，工作应力取 $R = 99\%$ 的上限为 $\sigma_{\max}$，其可靠性安全系数可表示为：

$$n_{\left(\frac{95}{99}\right)} = \frac{\delta_{\min}}{\sigma_{\max}} = \frac{\delta_{(95)}}{\sigma_{(99)}} = \frac{(1 - 1.65C_\delta)\overline{\delta}}{(1 + 2.33C_\sigma)\overline{\sigma}} \tag{2-25}$$

前两式中的 $\overline{n}_C$，n_R 均表示了不同可靠度意义下的安全系数。

任意可靠度下的安全系数 n_R 可表示为：

$$n_R = \frac{\delta_{\min}}{\sigma_{\max}} = \frac{(1 - Z_\delta C_\delta)\overline{\delta}}{(1 + Z_\sigma C_\sigma)\overline{\sigma}} \tag{2-26}$$

式中，Z_δ、Z_σ 分别为强度、应力的标准正态偏量；C_δ、C_σ 为强度、应力的变差系数。

由可靠性定义的安全系数可得出如下结论：

（1）当强度和应力的标准差不变时，提高平均安全系数就会提高可靠度，如图 2-12a 所示。

（2）当强度和应力的平均值不变时，缩小它们的离散性，既降低其标准差，也可提高可靠度，如图 2-12b 所示。

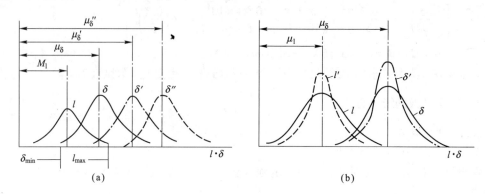

图 2-12　安全系数与可靠度间的关系

（3）如果要得到一个较好的可靠度估计值，则必须严格控制强度、应力的均值和标准差，这是因为可靠度对均值和标准差是很敏感的。因此，在作工程估计时必须注意此点。

2.3.2.2　安全系数的统计分析

A　应力、强度均为正态分布时的安全系数

由正态分布联结方程得：

$$Z_R = \frac{\mu_\delta - \mu_\sigma}{\sqrt{S_\delta^2 + S_\sigma^2}} = \frac{\dfrac{\mu_\delta}{\mu_\sigma} - 1}{\sqrt{\dfrac{S_\delta^2}{\mu_\delta^2} \cdot \dfrac{\mu_\delta^2}{\mu_\sigma^2} + \dfrac{S_\sigma^2}{\mu_\sigma^2}}} = \frac{n_C - 1}{\sqrt{C_\delta^2 n_C^2 + C_\sigma^2}} \tag{2-27}$$

此式表明了可靠度、均值安全系数及变差系数之间的关系。

B　应力 σ、强度 δ 均为对数正态分布时的安全系数

根据式（2-10）知：

$$Z_R = \frac{\mu_{1\delta} - \mu_{1\sigma}}{\sqrt{S_{1\delta}^2 + S_{1\sigma}^2}} \approx \frac{\ln\mu_\delta - \ln\mu_\sigma}{\sqrt{C_\delta^2 + C_\sigma^2}}$$

可得　$\ln\mu_\delta - \ln\mu_\sigma = Z_R \sqrt{C_\delta^2 + C_\sigma^2}, \ln\dfrac{\mu_\delta}{\mu_\sigma} = Z_R \sqrt{C_\delta^2 + C_\sigma^2}$

于是，可靠性设计的均值安全系数为：

$$n_C = \frac{\mu_\delta}{\mu_\sigma} = e^{Z_R \cdot \sqrt{C_\delta^2 + C_\sigma^2}} = \exp\left[Z_R \cdot \sqrt{C_\delta^2 + C_\sigma^2} \right] \tag{2-28}$$

对于给定的可靠度 R，可靠性指数 Z_R 为定值，由上式可知，应力及强度的变差系数 C_δ、C_σ 愈大（即离散性愈大），则所需的安全系数 n_C 亦愈大；反之，安全系数可小些。

C　当均值安全系数近似服从正态分布时的可靠度

由于其概率密度函数为：

$$f(n_C) = \frac{1}{S_n \sqrt{2\pi}} \exp\left[-\frac{1}{2}\left(\frac{n_C - \bar{n}_C}{S_n} \right)^2 \right]$$

故可靠度为：

$$R_{(n_c)} = P_{(n_c \geqslant 1)} = \int_1^\infty \frac{1}{S_n \sqrt{2\pi}} \exp\left[-\frac{1}{2}\left(\frac{n_c - \bar{n}_c}{S_n}\right)^2\right] dn_c$$

令 $Z_R = \dfrac{n_C - \bar{n}_C}{S_n}$，当 $n_C = \infty$ 时，$Z_R = \infty$；当 $n_C = 1$ 时，$Z_R = \dfrac{1 - \bar{n}_C}{S_n}$。

于是得：

$$R_{(a)} = P_{(n_c \geqslant 1)} = \int_{Z_R}^\infty \frac{1}{\sqrt{2\pi}} \exp\left(-\frac{Z^2}{2}\right) dZ \tag{2-29}$$

转化为标准正态分布可查正态表。

如设 $\bar{n} \approx \dfrac{\mu_\delta}{\mu_\sigma} = n_C$，则 $C_n = (C_\delta^2 + C_\sigma^2)^{\frac{1}{2}}$，又 $S_n = C_n \bar{n} \approx C_n n_R$，则有：

$$Z_R = \frac{1 - \bar{n}}{S_n} = \frac{1 - \bar{n}}{C_n \bar{n}} \tag{2-30}$$

一般 $\bar{n} \geqslant 1$，故 Z_R 为负值，由于正态分布的对称性，式(2-30)可写成：

$$Z_R = \frac{\bar{n} - 1}{C_n \bar{n}} \tag{2-31}$$

式中，Z_R 由所需的可靠度查正态表求得。

D 当应力和强度分布类型不明确时的安全系数

当应力、强度分布不明确时，由于应力 σ、强度 δ 为随机变量，则 n 也为随机变量，可靠度为 $R = P(n \geqslant 1)$。因 n 的分布函数不明确，其分布函数可能非常复杂，要建立 n 与 R 的关系也很困难，故只能用切贝雪夫不等式来估计 n 与 R 的存在范围。为此，需先证下列不等式成立：

$$P(|n - a| \leqslant \varepsilon) \geqslant 1 - \frac{E[(n - a)^2]}{\varepsilon^2}$$

式中，a 和 ε 均为大于零的任意两常数（证明略）。

如令 $a = k\bar{n}$，$a - \varepsilon = 1$，代入上式，经推导得：

$$P[1 \leqslant n \leqslant (2k\bar{n} - 1)] \geqslant 1 - \frac{\bar{n}^2[C_n^2 + (1 - k)^2]}{(kn - 1)^2}$$

于是

$$R \geqslant 1 - \frac{\bar{n}^2[C_n^2 + (1 - k)^2]}{(k\bar{n} - 1)^2} \tag{2-32}$$

该不等式右边代表 R 的下限。为了得到最高的下限，可求下式的极小值。令

$$w = \frac{\bar{n}^2[C_n^2 + (1 - k)^2]}{(k\bar{n} - 1)^2}$$

则

$$\frac{\partial w}{\partial k} = \frac{-2\bar{n}^3[C_n^2 + (1 - k)^2]}{(k\bar{n} - 1)^3} + \frac{-2\bar{n}(1 - k)}{(k\bar{n} - 1)^2} = 0$$

解此方程得

$$k^* = \frac{\bar{n}(1 + C_n^2) - 1}{\bar{n} - 1}$$

同样可求证 $\dfrac{\partial^2 w^2}{\partial k^2} > 0$，故将 k^* 代入式(2-32)求得 R 的下限值为：

$$R_L \geqslant 1 - \frac{\bar{n}^2 C_n^2}{\bar{n}^2 C_n^2 + (\bar{n} - 1)^2} \tag{2-33}$$

同理，可求得均值安全系数的下限为：

$$\bar{n}_L \geqslant \frac{1}{1 - C_n \sqrt{\dfrac{R}{1 - R}}} \tag{2-34}$$

【例 2-9】　一钢丝绳承受拉力,拉应力的变差系数 $C_\sigma = 0.21$,钢丝绳承载强度的变差系数 $C_\delta = 0.15$,又知均值安全系数 $\bar{n} = 1.667$。试估计钢丝绳的可靠度。

解　因应力、强度分布不明确,故可由式(2-33)求得可靠度下限值:

$$C_n = \sqrt{C_\delta^2 + C_\sigma^2} = \sqrt{(0.15)^2 + (0.21)^2} = 0.258$$

$$R_L \geq 1 - \frac{\bar{n}^2 C_n^2}{\bar{n}^2 C_n^2 + (\bar{n}-1)^2} = 1 - \frac{(1.667)^2 \times (0.258)^2}{(1.667)^2 (0.258)^2 + (1.667-1)^2} = 0.706$$

练　习　题

2-1　某机器连杆工作时受拉力作用,其均值 $\bar{F} = 12 \times 10^4 N$,标准差 $S_F = 12 \times 10^3 N$,连杆材质为 A3 钢。如已知其应力与强度均呈正态分布,且连杆断面积均值为 $A = b \times h = 25 \times 30 = 750 mm^2$。试按静强度与疲劳强度计算其可靠度与失效概率。如控制工作应力的标准差 $S_\sigma \leqslant 10 N/mm^2$ 时,可靠度变化如何?

2-2　某压力机拉紧螺栓所受拉力 σ 服从对数正态分布,$\bar{\sigma} = 161 MPa$,标准差 $S_\sigma = 16 MPa$。如螺栓强度服从对数正态分布,均值 $\bar{\sigma}_{-1} = 195 MPa$,标准差 $S_{\sigma-1} = 15 MPa$,试计算螺栓的可靠度。

2-3　如已知某零件的工作应力与强度均服从对数正态分布,应力为 $\bar{\sigma} = 600 MPa$,$S_\sigma = 200 MPa$;强度为 $\bar{\delta} = 1000 MPa$,$S_\delta = 100 MPa$,计算其可靠度。

2-4　已知一零件强度服从正态分布 $\bar{\delta} = 100 MPa$,$S_\delta = 10 MPa$;作用于零件上的工作应力为指数分布,其 $\lambda_\sigma = 0.02$,试求零件的可靠度。

2-5　已知一减速机传动轴,传动的扭矩 $T = 265760 N \cdot cm$,轴危险断面处承受的弯矩 $M = 101891 N \cdot cm$,轴的直径 $d = 70 mm$,材质为 20CrMoTi,其 $\bar{\sigma}_{-1} = 51485 N/cm^2$,如取 $\varepsilon = 0.66$,$\beta_1 = 0.87$,有效应力集中系数 $K = 2.38$。应力、强度均为正态分布,计算轴的可靠度。

3 疲劳强度可靠性计算

3.1 疲劳强度可靠性设计基础

疲劳强度可靠性设计基础主要包括下列几方面的资料:

(1)应力参数 直接测得的计算点的应力或根据实测的载荷推算出计算点的应力,经统计分析得出应力密度函数及其分布参数,为可靠性设计提供应力参数。

(2)材料疲劳强度分布资料 目前已有一些典型材料的试验资料,可供选用。

1)构件或零件的疲劳试验资料 如 R-S-N 曲线,或等寿命曲线。这两种情况的数据中都包括了材料的性能、应力集中、表面加工状态、尺寸效应、强化等一系列因素。

2)标准试件的疲劳试验资料,如标准试件的 R-S-N 曲线及标准试件的等寿命曲线。

3)根据经验数据或公式进行估算 实际上,根据国家的需要情况只能对部分常用的金属做疲劳试验,而不可能对所有的材料都做疲劳试验,因而也无这方面的资料,设计时只能根据已有的经验公式及数据进行估算。

(3)结构尺寸参数 机械加工的零件一般都给出了公差,该公差一般都呈正态分布,按三倍标准差原则处理。未给出公差时也可按加工方法确定的加工精度确定公差。

(4)强度修正系数的统计特性 实践证明,零件疲劳强度可靠性计算除了上述参数外还有下列一些参数应当引入计算。

1)有效应力集中系数 K_α:

$$K_\alpha = q(\alpha - 1) + 1 \tag{3-1}$$

式中 α——理论应力集中系数;

q——材料敏感系数。

如果 α、q 为相互独立的随机变量时,得:

$$\overline{K}_\alpha = \overline{q}(\overline{\alpha} - 1) + 1 \tag{3-2}$$

$$S_{K\alpha} = \left[\left(\frac{\partial K_\alpha}{\partial \alpha} \right)^2 \cdot S_\alpha^2 + \left(\frac{\partial K_\alpha}{\partial q} \right)^2 \cdot S_q^2 \right]^{\frac{1}{2}}$$

$$= \left[\overline{q}^2 \cdot S_\alpha^2 + (\overline{\alpha} - 1)^2 \cdot S_q^2 \right]^{\frac{1}{2}} \tag{3-3}$$

表 3-1 是经统计检验或试验得到的 $\overline{q}$ 及 S_4 值。由表中看出,不同材料的 $\overline{q}$、S_q 及 C_q 值相差比较大,无法给出一个统一值。有试验时可直接引用,无试验时,可按下述方法近似计算。据文献[4]推荐,对于钢:

$$q = \frac{1}{1 + (\sqrt{A}/\sqrt{r})} \tag{3-4}$$

式中 r ——圆角半径;

$\sqrt{A}$ ——材料常数,可根据 σ_b 和 σ_s/σ_b 由图 3-1 查得。正应力时:

$$\sqrt{A} = \frac{1}{2}\left[\,(\sqrt{A})_{\sigma_b} + (\sqrt{A})_{\sigma_s/\sigma_b}\,\right]\tag{3-5}$$

表 3-1　几种材料的 $\overline{q}$、S_q、C_q 值

序　号	材　料	子样容量 n	应力比 r	$\overline{q}$	S_q	C_q
1	40CrNiMoA	10	-1	0.7314	0.04686	0.06407
2	30CrMnSiA	15	-1	0.74373	0.08264	0.1111
3	42CrMnSiMoA	6	-1	0.81455	0.73480	0.1945
4	L_{C9}铝合金	10	0.1	0.5015	0.07700	0.15354

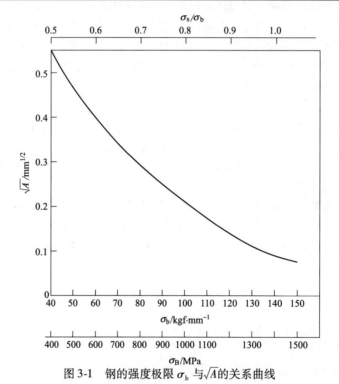

图 3-1　钢的强度极限 σ_b 与 $\sqrt{A}$ 的关系曲线

切应力时：

$$\sqrt{A} = (\sqrt{A})_{\sigma_s/\sigma_b}\tag{3-6}$$

式中，$(\sqrt{A})_{\sigma_b}$、$(\sqrt{A})_{\sigma_s/\sigma_b}$ 分别为按 σ_b 和 σ_s/σ_b 从图 3-1 上查得的材料常数。

对于铝合金：

$$q = \frac{1}{1 + 0.91\rho}\tag{3-7}$$

式中　ρ——圆角半径。

也有人认为，由于试验时几何尺寸加工得很精确，故可认为 α 是常量，即 $S_\alpha = 0$，这时计算大为简化：

$$\overline{K}_\sigma = \overline{q}(\overline{\alpha} - 1) + 1\tag{3-8}$$

$$S_K = (\alpha - 1)S_q\tag{3-9}$$

2）尺寸系数 ε：该系数是考虑零件的尺寸比试件尺寸大，从而使疲劳强度降低的系数。根据试验统计表明，ε 比较好地符合正态分布（见表3-2）。其可靠性方程可用 $\varepsilon = a_\varepsilon + b_\varepsilon Z_\varepsilon$ 表示。其中 Z_ε 为标准正态偏量，可根据可靠度查正态表求得。回归方程中的常数项 a_ε 即为均值 $\overline{\varepsilon}$，而系数 b_ε 即为分布的标准差 S_ε。通过回归方程可求得不同可靠度下的 ε 值（$\overline{\varepsilon}$、S_ε）。对于碳钢，$C_{\varepsilon\delta} = 0.0768$；对于合金钢，$C_{\varepsilon\delta} \approx 0.116$。

表3-2 尺寸系数 ε 统计检验表

钢 号	尺寸线 /mm	回归方程	计算相关系数 γ	临界相关系数 γ_α	显著度 α	子样容量 n	变差系数 C_ε
碳 钢	30~150	$\varepsilon = 0.85625 - 0.10308 Z_\varepsilon$	0.934899	0.92493	0.001	8	0.1204
	150~250	$\varepsilon = 0.80250 - 0.05818 Z_\varepsilon$	0.983396	0.92493	0.001	8	0.0725
	250~350	$\varepsilon = 0.79098 - 0.0401 Z_\varepsilon$	0.955361	0.8982	0.001	9	0.0507
	350~	$\varepsilon = 0.73000 - 0.0465 Z_\varepsilon$	0.959113	0.7800	0.001	14	0.0637
合金钢	30~150	$\varepsilon = 0.78999 - 0.08102 Z_\varepsilon$	0.988922	0.8471	0.001	11	0.1057
	150~250	$\varepsilon = 0.76670 - 0.08673 Z_\varepsilon$	0.985292	0.8233	0.001	12	0.1131
	250~350	$\varepsilon = 0.67400 - 0.08680 Z_\varepsilon$	0.954746	0.93433	0.001	5	0.1288
	350~	$\varepsilon = 0.67230 - 0.07751 Z_\varepsilon$	0.96560	0.6524	0.001	22	0.1153

3）表面加工系数 β_1：由于零部件的加工方法不同，其表面粗糙度不同于磨光试样的表面粗糙度。因此需要考虑加工表面对零部件疲劳强度的影响。对于 $\sigma_b \leqslant 1500 \text{N/mm}^2$ 的钢，其表面加工系数经统计检验，都能较好地符合正态分布，其变差系数见表3-3。对于机加工表面，$C_{\beta_1} = 0.04 \sim 0.06$，对于轧、锻、铸等表面，$C_{\beta_1} = 0.2$。

4）表面强化系数 β_2：该系数表示表面经处理后对材料疲劳强度改善的影响。表3-4列出了常用处理表面强化系数 β_2 的范围，可按三倍标准差原则选用。

表3-3 表面加工系数 β_1 统计检验得变差系数

应力状态	加工方式	回归方程	计算相关系数 γ	临界相关系数 γ_α	显著度 α	子样容量 n	变差系数 C_{β_1}	均值 $\overline{\beta_1}$
弯曲	抛光	$\beta_1 = 1.13219 + 0.04704 Z_\beta$	0.94106	0.7603	0.001	15	0.0415	1.132
	车削	$\beta_1 = 0.79326 + 0.037963 Z_\beta$	0.923181	0.7603	0.001	15	0.0479	0.793
	热轧	$\beta_1 = 0.53931 + 0.106085 Z_\beta$	0.98638	0.7603	0.001	15	0.1967	0.539
	锻造	$\beta_1 = 0.38551 + 0.07441 Z_\beta$	0.98857	0.7603	0.001	15	0.1930	0.386
拉伸	抛光	$\beta_1 = 1.12319 + 0.045108 Z_\beta$	0.96522	0.7603	0.001	15	0.0402	1.123
	车削	$\beta_1 = 0.79445 + 0.043930 Z_\beta$	0.98468	0.7603	0.001	15	0.0553	0.795
	热轧	$\beta_1 = 0.52904 + 0.10429 Z_\beta$	0.991501	0.7603	0.001	15	0.1971	0.529
	锻造	$\beta_1 = 0.37724 + 0.088267 Z_\beta$	0.988045	0.7603	0.001	15	0.2340	0.377
扭转	抛光	$\beta_1 = 1.12358 + 0.065165 Z_\beta$	0.99211	0.7603	0.001	15	0.0580	1.124
	车削	$\beta_1 = 0.803386 + 0.051030 Z_\beta$	0.94746	0.7603	0.001	15	0.0635	0.803
	热轧	$\beta_1 = 0.53484 + 0.10909 Z_\beta$	0.98199	0.7603	0.001	15	0.2040	0.535
	锻造	$\beta_1 = 0.365782 + 0.06701 Z_\beta$	0.980279	0.7603	0.001	15	0.1832	0.366

表 3-4　钢构件表面强化系数 β_2

序号	强化工艺	心部抗拉强度 σ_b/MPa	平滑试件			有应力集中试件					
			β_2	$\overline{\beta}_2$	变差系数 C_{β_2}	$K_\sigma \leq 1.5$		$C_{K\beta_2}$	$K_\sigma > 1.8 \sim 2$		$C'_{K\beta_2}$
						β_2	$\overline{\beta}_2$		β_2	$\overline{\beta}_2$	
1	高频淬火	600~800	1.5~1.7	1.6	0.022	1.6~1.7	1.65	0.010	2.4~2.8	2.6	0.026
		800~1000	1.3~1.5	1.4	0.024	1.4~1.5	1.45	0.012	2.1~2.4	2.25	0.022
2	氮化	900~1200	1.1~1.25	1.175	0.021	1.5~1.7	1.6	0.021	1.7~2.1	1.9	0.035
3	渗碳淬火	400~600	1.8~2.0	1.9	0.018	3			—		
		700~800	1.4~1.5	1.45	0.012	—			—		
		1000~1200	1.2~1.3	1.25	0.013	2			—		
4	辊压	600~1500	1.1~1.3	1.25	0.013	1.3~1.5	1.4	0.024	1.6~2.0	1.8	0.037
5	喷丸	600~1500	1.1~1.25	1.175	0.021	1.5~1.6	1.55	0.011	1.7~2.1	1.9	0.035
6	镀铬	—	0.5~0.6	0.6	0.056	（电镀锌为1.0）} 同左					
7	镀镍	—	0.5~0.9	0.7	0.095						
8	热浸镀锌	—	0.6~0.95	0.775	0.075						
9	镀铜		0.9								

3.2　稳定变应力疲劳强度可靠性计算

3.2.1　按零件实际疲劳曲线设计

　　零件实际疲劳曲线是根据实际零件做的疲劳试验而得到的曲线。因此,它包含了材料强度、应力集中、表面状况、尺寸等因素,甚至包括工况变化等因素,与实际状态基本一致,而且应力特性也一致。故计算简单,效果良好。如内燃机的连杆、曲轴等零件均可对实物进行试验。

　　3.2.1.1　按零件的 R-S-N 曲线设计

　　测得某零件实际的 R-S-N 曲线如图 3-2 所示。纵轴为疲劳强度,横轴为应力循环次数(或寿命)。如疲劳强度的概率密度函数为 $g(\delta)$,应力为 $f(\sigma)$,其干涉图形也画在该图内。

　　做无限寿命可靠性设计时,用 N_0 右侧的水平线部分,取其均值 $\overline{\sigma}_r$,标准差 $S_{\sigma r}$ 为强度指标。工作应力 σ 的均值为 $\overline{\sigma}$,标准差 S_σ 可求得,且两者均为正态分布,则可直接由联结方程求解。在机械疲劳强度可靠性设计中,做无限寿命设计时,常取 $N_0 = 10^6 \sim 10^7$ 为界限。

　　做有限寿命设计时,在指定寿命 $\lg N_e$ 处取疲劳强度均值与标准差,如图中 a,b 点之值,再与已求得的工作应力分布的均值、标准差按分布模型计算可靠度。如两者均服从正态分布,可由正态联结方程求解。在有限寿命疲劳强度可靠性设计中,通常取 $N = 10^3 \sim 10^6$(或 10^7)。

　　同理,利用该图也可进行寿命估算。

　　【例 3-1】　有一钢质心轴,实验测得该轴的 R-S-N 曲线与图 3-2 相似。要求在 $N = 10^5$ 处不产生疲劳失效,试计算其可靠度。由 R-S-N 曲线查得 $N = 10^5$ 处的 $\overline{\sigma}_{-1C} = 530\text{MPa}$, $\overline{\sigma}_{-1C} - 3S_{\sigma_{-1C}} = 450\text{MPa}$,该轴危险断面上的弯曲应力为 $\overline{\sigma} = 438\text{MPa}$, $S_\sigma = 30\text{MPa}$。

　　解　由题知,工作应力: $\overline{\sigma} = 438\text{MPa}$, $S_\sigma = 30\text{MPa}$

疲劳强度：
$$\overline{\sigma}_{-1C} = 530\text{MPa}, S_{\sigma_{-1C}} = \frac{1}{3}(\overline{\sigma}_{-1C} - \overline{\sigma}_{-C} + 3S_{\sigma_{-1C}})$$
$$= 26.67\text{MPa}$$

假设两者均服从正态分布，可靠性指数为：
$$Z_R = \frac{\overline{\sigma}_{-1C} - \overline{\sigma}}{\sqrt{S_{\sigma_{-1C}}^2 + S_{\sigma}^2}} = -\frac{530 - 438}{\sqrt{30^2 + 26.67^2}} = \frac{92}{40.14} = 2.29$$

查正态表得 $R = 0.989 = 98.9\%$。

3.2.1.2 按零件等寿命疲劳极限图设计

受任意循环(对称与非对称的)变应力的疲劳强度可靠性计算，可利用等寿命疲劳极限图(见图3-3)计算。

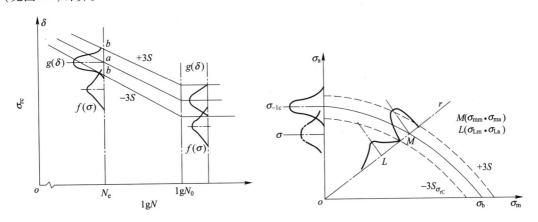

图3-2 零件的 R-S-N 曲线   图3-3 零件等寿命疲劳极限图

该图横坐标为平均应力 σ_m，纵坐标为应力幅值 σ_a。该图是以很多 R-S-N 曲线为基础求得的：

$$\sigma_m = \frac{1}{2}(\sigma_{\max} + \sigma_{\min}) = \frac{1}{2}(1 + r)\sigma_{\max} \tag{3-10}$$

$$\sigma_a = \frac{1}{2}(\sigma_{\max} - \sigma_{\min}) = \frac{1}{2}(1 - r)\sigma_{\max} \tag{3-11}$$

式中，$r = \dfrac{\sigma_{\min}}{\sigma_{\max}}$称为不对称系数；$\sigma_{\min}$为最小正应力；$\sigma_{\max}$为最大正应力。

当工作应力不对称系数 r 为某值时，该应力点为 L，其工作应力为 σ_{Lm}，σ_{La}。在该图上从原点 o 与 L 作一条给定 r 的直线，交等寿命图曲线上一点 M，则过 M 点的强度分布与 L 点的工作应力分布相干涉，此时：

强度：
$$\overline{\sigma}_{rC} = \sqrt{\overline{\sigma}_{Mm}^2 + \overline{\sigma}_{Ma}^2} \tag{3-12}$$

$$S_{\sigma_{rC}} = \left[\frac{\overline{\sigma}_{Mm}^2 \cdot S_{Mm}^2 + \overline{\sigma}_{Ma}^2 \cdot S_{Ma}^2}{\overline{\sigma}_{Mm}^2 + \overline{\sigma}_{Ma}^2}\right]^{\frac{1}{2}} \tag{3-13}$$

工作应力：
$$\overline{\sigma}_L = \sqrt{\overline{\sigma}_{Lm}^2 + \overline{\sigma}_{La}^2} \tag{3-14}$$

$$S_{\sigma L} = \left[\frac{\overline{\sigma}_{Lm}^2 \cdot S_{Lm}^2 + \overline{\sigma}_{La}^2 \cdot S_{La}^2}{\overline{\sigma}_{Lm}^2 + \overline{\sigma}_{La}^2}\right]^{\frac{1}{2}} \tag{3-15}$$

如果 σ_{rC} 及 σ_L 均为正态分布,利用联结方程即可求得可靠度 R(计算方法同前,略)。

【例 3-2】 平稳运转的轴,已知危险断面处轴径为 $d = 30 \pm 0.05\text{mm}$,该处所受弯矩 $M = 650 \pm 9.5\text{N·m}$,所受扭矩 $T = 750 \pm 112.5\text{N·m}$,通过实际已绘得轴的等寿命疲劳极限图(与图 3-3 相似,略),计算不发生疲劳失效的可靠度。

解   根据第四强度理论,合成工作应力为:

$$\sigma_c = (\sigma^2 + 3\tau_T^2)^{\frac{1}{2}}$$

对于单向稳定扭转,弯曲应力 $(\sigma_m)_a \neq 0$;

$(\sigma_m)_m = 0$ (对称循环),扭剪应力 $(\tau_T)_a = 0, (\tau_T)_m \neq 0$。

故合成应力分量

$$\sigma_a = \left[(\sigma_m)_a^2 + 3(\tau_T)_a^2 \right]^{\frac{1}{2}} = \frac{M}{0.1d^3}$$

$$\sigma_m = \left[(\sigma_m)_m^2 + 3(\tau_T)_m^2 \right]^{\frac{1}{2}} = \frac{T}{0.2d^3}\sqrt{3}$$

M 和 T 由同一力源产生,为正相关,$\rho = 1$,故其合成应力为:

$$\sigma_c = (\sigma_a^2 + \sigma_m^2)^{\frac{1}{2}} = \left[\sigma_a^2 + \left(\frac{\sigma_a}{\tan\varphi} \right)^2 \right]^{\frac{1}{2}}$$

$$= \left[1 + \frac{1}{\tan^2\varphi} \right]^{\frac{1}{2}} \sigma_a$$

又

$$\tan\varphi = \frac{\sigma_a}{\sigma_m} = \frac{\overline{\sigma_a}}{\overline{\sigma_m}} = \left(\frac{\overline{M}}{0.1\overline{d^3}} \right) \Big/ \left(\frac{\sqrt{3}}{0.2} \cdot \frac{\overline{T}}{\overline{d^3}} \right)$$

$$= \frac{2}{\sqrt{3}} \cdot \frac{\overline{M}}{\overline{T}} = \frac{2 \times 650}{\sqrt{3} \times 750} \approx 1$$

代入上式得:

$$\sigma_c = \sqrt{2}\sigma_a = \frac{\sqrt{2}M}{0.1d^3}。$$

设 M、d 均服从正态分布,则得:

$$C_M = \frac{S_M}{\overline{M}} = \frac{97.5}{3 \times 650} = 0.05$$

$$C_d = \frac{S_d}{\overline{d}} = \frac{0.05}{3 \times 30} = 0.00056$$

$$\overline{\sigma} = \frac{\sqrt{2}\ \overline{M}}{0.1\overline{d^3}} = \frac{\sqrt{2} \times 650 \times 10^3}{0.1 \times 30^3} = 340.5\text{MPa}$$

$$C_\sigma = (C_m^2 + 3^2 C_d^2)^{\frac{1}{2}} = (0.05^2 + 3^2 \times 0.00056^2)^{\frac{1}{2}} = 0.05$$

则 $S_\sigma = \overline{\sigma} \cdot C_\sigma = 340.5 \times 0.05 = 17.025\text{MPa}$

由零件等寿命疲劳极限图,当 $\tan\varphi = 1$ 时查得:

$$\overline{\sigma}_r = 396\text{MPa}, S_{\sigma r} = \frac{54}{3} = 18\text{MPa}$$

代入联结方程:

$$Z_R = \frac{\overline{\sigma}_r - \overline{\sigma}}{\sqrt{S_{\sigma r}^2 + S_\sigma^2}} = \frac{396 - 340.5}{\sqrt{18^2 + 17.025^2}} = 2.24$$

根据 Z_R 查正态分布表得 $R = 0.98746$。

3.2.2 按材料标准试件的疲劳曲线设计

通常,材料标准试件的疲劳曲线图比零件的疲劳曲线图易于得到,故可利用标准试件的疲劳极限图与修正系数来估算零件的疲劳极限,进而再进行零件疲劳强度的可靠性设计。

1. 按材料标准试件的 R-S-N 曲线设计

标准试件的 R-S-N 曲线如图 3-4 所示。该曲线可由试验得到。而零件的 R-S-N 曲线与标准试件的 R-S-N 曲线之间的主要差别有应力集中、尺寸效应、表面状态等因素影响,一般可用综合修正系数 $K_{\sigma C}$ 对标准试件的数据作必要的修正后即可。修正办法如下:

标准试件的 R-S-N 曲线如图 3-4 所示。如果把标准试件 S-N 曲线的斜线转化为零件 S-N 曲线的斜线就可得到零件的 S-N 曲线。

对于钢,当 $N_0 = 10^6$ 处,σ_{-1N6} 接近于 σ_{-1},故在 $N \geq N_0$ 时零件的疲劳极限均值、变差系数和标准差分别为:

$$\overline{\sigma}_{-1C} = \frac{\overline{\sigma}_{-1}}{\overline{K}_{\sigma C}} = \frac{\overline{\varepsilon}\,\overline{\beta}_1\overline{\beta}_2}{\overline{K}_{\sigma}} \cdot \overline{\sigma}_{-1} \tag{3-16}$$

$$C_{\sigma-1C} = (C_{\sigma-1}^2 + C_{K_\sigma}^2 + C_{\varepsilon_\sigma}^2 + C_{\beta_1}^2 + C_{\beta_2}^2)^{\frac{1}{2}} \tag{3-17}$$

$$S_{\sigma-1C} = \overline{\sigma}_{-1C} \cdot C_{\sigma-1C} \tag{3-18}$$

式中 $\overline{\sigma}_{-1}$——标准试件的疲劳极限;

    $\overline{\sigma}_{-1C}$——零件的疲劳极限;

    $\overline{K}_{\sigma}$——有效应力集中系数;

    ε_{σ}——尺寸系数;

    β_1——表面加工系数;

    β_2——表面强化系数;

    C——与上述各变量相对应的变差系数。

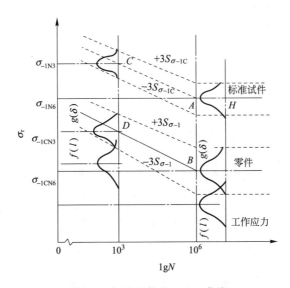

图 3-4 标准试件的 R-S-N 曲线

通过式(3-16)~式(3-18)就可把标准试件的 A 点转化为零件的 B 点。

在 $N \leq 10^3$ 处,有限疲劳极限接近于 σ_b,取 $\sigma_{-1N3} = 0.9\sigma_b$,而

$$\sigma_{-1CN3} = \frac{\sigma_{-1N3}}{K'_\sigma} = \frac{0.9\sigma_b}{K'_\sigma} \tag{3-19}$$

式中,K'_σ 为 $N = 10^3$ 时的有效应力集中系数。可用下式计算:

$$K'_\sigma = (K_\sigma - 1)q' + 1$$

式中, q' 可查图 3-5 求得。

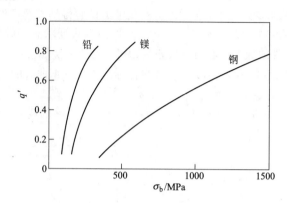

图 3-5　$N = 10^3$ 时的 q' 图

所以

$$\overline{\sigma}_{-1\mathrm{CN}3} = \frac{0.9\overline{\sigma}_\mathrm{b}}{\overline{K}'_\sigma}$$

$$C_{-1\mathrm{CN}3} \approx (C_{\sigma_\mathrm{b}}^2 + C_{K'_\sigma}^2)^{\frac{1}{2}} \approx (C_{\sigma_\mathrm{b}}^2 + C_{a_\sigma}^2)^{\frac{1}{2}} \tag{3-20}$$

$$S_{\sigma_{-1\mathrm{CN}3}} = \overline{\sigma}_{-1\mathrm{CN}3} \cdot C_{-1\mathrm{CN}3} \tag{3-21}$$

式中, $C_{a_\sigma} \approx (0.3 \sim 0.45)C_\rho$, C_ρ 为应力集中处过渡圆角半径 ρ 的变差系数。

根据式(3-19)~式(3-21)就可将 $N = 10^3$ 处标准试件 S-N 曲线上的 C 点转化成零件 S-N 曲线上的 D 点,从而连 CD 线,再过 B 点作水平线即得出零件的 S-N 曲线。由于两点处的标准差已知,故可求得零件的 R-S-N 曲线。

有了零件的 R-S-N 曲线,就可进行疲劳强度可靠性计算。同理在 $N = 10^3 \sim 10^6$ 之间可进行有限寿命可靠性计算,在 $N \geqslant 10^6$ 时进行无限寿命可靠性设计。

对于其它材料,在不同应力状态下,均可按上述步骤进行处理。

【例 3-3】　某心轴如图 3-6 所示,受旋转弯曲作用。材质 45 钢,调质后疲劳强度 $\overline{\sigma}_{-1} = 295\mathrm{MPa}$, $C_{\sigma_{-1}} = 0.08$。危险断面处 $D = 120\mathrm{mm}$, $d = 100\mathrm{mm}$, $\rho = 10 \pm 2\mathrm{mm}$, 圆角精车,喷丸处理。绘制轴的 R-S-N 曲线,并知 $N = 10^3$ 时 $\overline{\sigma}_{-1\mathrm{N}_3} = 589.5\mathrm{MPa}$,为了简化计算,略去 K_σ、ε_σ、β 等数据变差系数的影响。

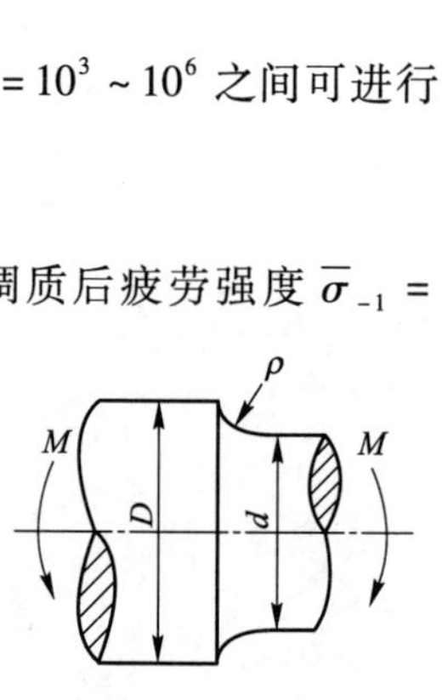

解　在 $N = 10^6$ 处:

各系数按文献[14]选取, $\dfrac{D}{d} = \dfrac{120}{100} = 1.2$; $\dfrac{\rho}{d} = \dfrac{10}{100} = 0.1$;

查得: $\overline{K}_\sigma = 1.5$; $\overline{\varepsilon}_\sigma = 0.68$; $\overline{\beta}_1 = 0.94$; $\overline{\beta}_2 = 1.55$; $\sigma_{-1} = 0.45\sigma_\mathrm{b} = 295\mathrm{MPa}$,则

图 3-6　心轴局部图

$$\overline{\sigma}_{-1\mathrm{CN}6} = \frac{\overline{\sigma}_{-1\mathrm{N}6} \cdot \overline{\varepsilon}_\sigma \cdot \beta_1\beta_2}{\overline{K}_\sigma}$$

$$= \frac{295 \times 0.68 \times 0.94 \times 1.55}{1.5} = 194.85\mathrm{MPa}$$

因　$C_{a_\sigma} = (0.3 \sim 0.45)C_\rho$, C_ρ 为理论应力集中系数的变差系数。取 $C_{a_\sigma} = 0.3C_\beta = 0.3\dfrac{S_\rho}{\rho} =$

$0.3 \times \dfrac{2}{3 \times 10} = 0.02$，则有

$$C_{\sigma_{-1N6}} = (C_{\sigma_{-1}}^2 + C_{a\sigma}^2)^{\frac{1}{2}} = (0.08^2 + 0.02^2)^{\frac{1}{2}} = 0.0825$$

$$S_{\sigma_{-1N6}} = \overline{\sigma}_{-1N6} \cdot C_{\sigma_{-1N6}} = 194.85 \times 0.0825 = 16.075\,\text{MPa}$$

$$\sigma_{-1N6+3S} = \overline{\sigma}_{-1N6} + 3S_{\sigma_{-1N6}} = 194.85 + 3 \times 16.075 = 243.075\,\text{MPa}$$

$$\sigma_{-1N6-3S} = \overline{\sigma}_{-1N6} - 3S_{\sigma_{-1N6}} = 194.85 - 3 \times 16.075 = 146.625\,\text{MPa}$$

在 $N = 10^3$ 处：

$$\overline{\sigma}_{-1CN3} = \frac{\overline{\sigma}_{-1N_3}}{\overline{K}'_{\sigma}} = \frac{589.5}{1.175} = 501.7\,\text{MPa}$$

式中 $\overline{K}'_{\sigma} = q'(\overline{K}_{\sigma} - 1) + 1 = 0.35 \times (1.5 - 1) + 1 = 1.175\,(q' = 0.35)$

$$C_{\sigma_{-1CN3}} = (C_{\sigma_b}^2 + C_{a\sigma}^2)^{\frac{1}{2}} = (0.05^2 + 0.02^2)^{\frac{1}{2}} = 0.054$$

式中，C_{σ_b} 认为是 $N = 10^3$ 处 σ_b 的变差系数，则

$$S_{\sigma_{-1CN3}} = \overline{\sigma}_{-1CN3} \cdot C_{\sigma_{-1CN3}} = 501.7 \times 0.054 = 27.09\,\text{MPa}$$

$$\sigma'_{-1CN3+3S} = \overline{\sigma}_{-1CN3} + 3S_{-1CN3} = 501.7 + 3 \times 27.09 = 582.97\,\text{MPa}$$

$$\sigma'_{-1CN3-3S} = \overline{\sigma}_{-1CN3} - 3S_{-1CN3} = 501.7 - 3 \times 27.09 = 420.43\,\text{MPa}$$

根据上述数据，在方格纸上就可做出零件的 R-S-N 曲线（与图 3-4 相似，略）。

有了此曲线与工作应力分布参数就可以进行疲劳强度可靠性设计（略）。

2. 按标准试件的等寿命疲劳极限图设计

（1）标准试件等寿命疲劳极限图　实验表明用 $\sigma_m \sim \sigma_a$ 坐标表示的标准试件的等寿命疲劳极限曲线，近似于抛物线。经修正后可得到零件的疲劳极限（见图 3-7）。转化后的曲线有的可用抛物线表示，有的只能近似的用抛物线表示。但不论哪种形式，首先须将标准试件的疲劳极限图转化为零件的疲劳极限图，然后才能用于计算。

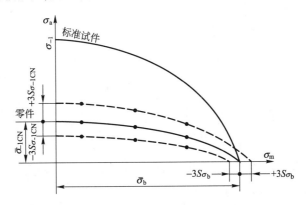

图 3-7　试件等寿命疲劳极限图

（2）零件疲劳极限图的绘制　有了标准试件的疲劳极限图，可用转化法求得零件的疲劳极限图。等寿命疲劳极限可用戈贝尔抛物线表示：

$$\frac{\sigma_a}{\sigma_{-1CN}} + \left(\frac{\sigma_m}{\sigma_b}\right)^2 = 1 \tag{3-22}$$

式中，σ_b 为材料的强度极限。

零件的疲劳极限为：
$$\sigma_{-1CN} = \frac{\varepsilon\beta_1\beta_2}{K_\sigma}\sigma_{-1}$$

由此可得三根抛物线方程：

$$\overline{\sigma}_a = \overline{\sigma}_{-1CN}\left[1 - \left(\frac{\overline{\sigma}_m}{\overline{\sigma}_b^2}\right)^2\right] \tag{3-23}$$

$$\sigma_{a+3S} = (\overline{\sigma}_{-1CN} + 3S_{\sigma_{-1CN}})\left[1 - \left(\frac{\sigma_m + 3S}{\overline{\sigma}_b + 3S_{\sigma_b}}\right)^2\right] \tag{3-24}$$

$$\sigma_{a-3S} = (\overline{\sigma}_{-1CN} - 3S_{\sigma_{-1CN}})\left[1 - \left(\frac{\sigma_m - 3S}{\overline{\sigma}_b - 3S_{\sigma_b}}\right)^2\right] \tag{3-25}$$

在 $0 \sim \overline{\sigma}_b$ 间取几个 $\overline{\sigma}_m$，用上式可求得几个相应的 $\overline{\sigma}_a$，在直角坐标纸上描点，用曲线相连，即得疲劳强度的均值线，如图 3-7 所示。在 $0 \sim \overline{\sigma}_b + 3S_{\sigma_b}$ 间取几个 σ_{m+3S} 值，用式(3-24)求得几个相应的 $\sigma_a + 3S$，在同一图上描点，描出疲劳强度的 $+3S$ 线，同理可用式(3-25)求得 $-3S$ 曲线。

有了此图与工作应力分布参数后就可进行可靠性计算(略)。

3.2.3   按经验资料设计

前述两种方法都需要作出零件的或是材料的疲劳试验曲线。但有时有的材料未作过疲劳试验而又要作计算，此时可按前人积累的经验资料进行估算零件的疲劳极限，然后再进行可靠性计算。

1. 按 $R\text{-}S\text{-}N$ 曲线设计

首先需要根据经验资料推算出材料的 $S\text{-}N$ 曲线或 $R\text{-}S\text{-}N$ 曲线，进而作出零件的 $R\text{-}S\text{-}N$ 曲线，然后才能进行可靠性计算。

(1)绘制标准试件的 $S\text{-}N$ 曲线   以钢为例：当 $N = 10^6$ 时，如果取 $\overline{\sigma}_b \le 1400\text{MPa}$，则 $\overline{\sigma}_{-1} = 0.45\,\overline{\sigma}_b$；当 $\overline{\sigma}_b > 1400\text{MPa}$ 时，取 $\sigma_{-1} = 630\text{MPa}$。当 $N = 10^3$ 时，取 $\sigma'_{-1} \approx 0.9\,\overline{\sigma}_b$，按上述数据在直角坐标纸上可作出 $S\text{-}N$ 曲线，此即为标准试件的经验 $S\text{-}N$ 曲线。

(2)绘制零件的 $R\text{-}S\text{-}N$ 曲线   标准试件的 $S\text{-}N$ 经验曲线求得后，经过修正即可得到零件的 $S\text{-}N$ 曲线。当 $N \geqslant N_0$ 时：

$$\sigma_{-1C} = \frac{\sigma_{-1}}{K_{\sigma C}} = \frac{\varepsilon_\sigma\beta_1\beta_2}{K_\sigma}\sigma_{-1}$$

即：
$$\overline{\sigma}_{-1C} = \frac{\overline{\varepsilon}_\sigma\overline{\beta}_1\overline{\beta}_2}{\overline{K}_\sigma}\cdot\overline{\sigma}_{-1}$$

$$C_{\sigma_{-1C}} = (C_{\sigma_{-1}}^2 + C_{K_{\sigma C}}^2)^{\frac{1}{2}} = (C_{\sigma_{-1}}^2 + C_{K_\sigma}^2 + C_{\varepsilon_\sigma}^2 + C_{\beta_1}^2 + C_{\beta_2}^2)^{\frac{1}{2}}$$

$$S_{\sigma_{-1C}} = \overline{\sigma}_{-1C}\cdot C_{\sigma_{-1C}}$$

根据上述公式就可确定 $N = 10^6$ 处的坐标点。

当 $N = 10^3$ 时，$\sigma_{-1C} = 0.9\sigma_b / K'_\sigma$。由此式得：

$$\overline{\sigma}'_{-1C} = \frac{0.9\overline{\sigma}_b}{\overline{K}'_\sigma}$$

$$\overline{\sigma}'_{\sigma_{-1C}} = (C_{\sigma_b}^2 + C_{K'_\sigma}^2)^{\frac{1}{2}} = (C_{\sigma_b}^2 + C_{a_\sigma}^2)^{\frac{1}{2}}$$

$$S_{\sigma_{-1C}} = \overline{\sigma}'_{-1C}\cdot C'_{\sigma_{-1C}}$$

式中，K'_σ 为钢在 $N = 10^3$ 时的有效应力集中系数，见式(3-19)。

有了这些数据就可求得 $N = 10^3, N = 10^6$ 的坐标点,近而求得零件的 R-S-N 曲线,如图 3-8 所示。

(3) 零件疲劳强度可靠性计算,根据作出的 R-S-N 曲线和工作应力分布参数,即可进行无限寿命($N > N_0 = 10^6$)与有限寿命($N = 10^3 \sim 10^6$)的可靠性计算,具体步骤同前,此不重述。

2. 按等寿命疲劳极限图设计

(1) 作标准试件的疲劳极限图,当无实验资料时,可根据经验数据估计材料的疲劳极限 σ_{-1},作出材料标准试件的等寿命疲劳极限图。仍以钢为例。在横轴上为 $\sigma_m = 0, \sigma_{-1} = 0.45\sigma_b$ 时,即可确定纵轴上的 σ_{-1} 点;式中 σ_b 为所用材料的强度极限。同理当 $\sigma_a = 0$ 时,$\sigma_m = \sigma_b$,则可确定横轴上的坐标点;其余各点可根据戈贝尔抛物线方程求得

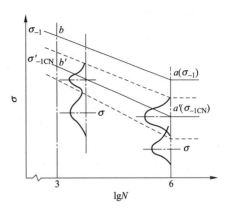

图 3-8 按经验转化的 R-S-N 曲线

$$\frac{\sigma_a}{\sigma_{-1}} + \left(\frac{\sigma_m}{\sigma_b}\right)^2 = 1$$

式中,取不同的 σ_m 值,就可求得相应的 σ_a 值,从而可作出标准试件的疲劳极限图(方法同前,略)。

(2) 作零件的疲劳图,将标准试件的疲劳极限用强度修正系数 K_σ 修正后即可得到零件的疲劳极限(与图 3-7 相似)。

(3) 强度可靠性计算,方法同前,不重述。

3. 按古德曼疲劳极限图进行计算

古德曼用直线代替戈贝尔抛物线(图 3-9),使问题大为简化。其方程为:

$$\frac{\sigma_a}{\sigma_{-1}} + \frac{\sigma_m}{\sigma_b} = 1 \tag{3-26}$$

式中,σ_{-1}、σ_b 均可求得,采取与前述类似的方法即可求得 σ_{-1CN}、$S_{\sigma_{-1CN}}$。给定不同的 σ_m,就可用式 (3-26) 求相应的 σ_a,从而可得出疲劳曲线:

$$\overline{\sigma_a} = \overline{\sigma}_{-1CN}\left(1 - \frac{\overline{\sigma}_m}{\sigma_b}\right) \tag{3-27}$$

$$\sigma_{a+3S} = (\overline{\sigma}_{-1CN} + 3S_{\sigma_{-1CN}})\left(1 - \frac{\sigma_m + 3S_m}{\sigma_b + 3S_b}\right) \tag{3-28}$$

$$\sigma_{a-3S} = (\overline{\sigma}_{-1CN} - 3S_{\sigma_{-1CN}})\left(1 - \frac{\sigma_m - 3S_m}{\sigma_b - 3S_b}\right) \tag{3-29}$$

如果工作应力点 D 的工作应力已知为 σ_{Dm}、σ_{Da},则可由下式求得 $\tan\theta = \dfrac{\sigma_{Da}}{\sigma_{Dm}}$,由坐标原点 o 及工作点 D 连线,交于直线 A、B、C 三点,从中可得出 B 点的均值与标准差。利用此图即可进行可靠性近似计算。计算方法同

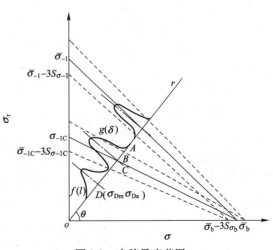

图 3-9 古德曼疲劳图

前(略)。

【例 3-4】　某心轴(如图 3-6 所示)受旋转弯曲应力,材料为 45 钢,调质后抗拉强度 $\overline{\sigma}_b$ = 655MPa,屈服极限 $\overline{\sigma}_s$ = 380MPa,危险截面处 D = 120mm, d = 100mm, ρ = 10 ± 2mm,圆角精车、喷丸处理。按经验数据绘制零件的 R-S-N 曲线。

解　(1)估计材料的疲劳极限 σ_{-1}:

由前知 $\sigma_{-1} = 0.27(\sigma_b + \sigma_s) = 0.27(655 + 380) = 279.45$MPa;

(2)计算零件的 $\overline{\sigma}_{-1C}$ 及 $S_{\sigma_{-1C}}$:

$$\overline{\sigma}_{-1C} = \frac{\overline{\varepsilon} \, \overline{\beta}_1 \cdot \overline{\beta}_2}{\overline{K}_\sigma} \cdot \overline{\sigma}_{-1} = \frac{0.68 \times 0.94 \times 1.55}{1.5} \times 279.45 = 184.58\text{MPa}$$

式中, $\overline{K}_\sigma = 1.5 \left(按 \dfrac{D}{d} = \dfrac{120}{100} = 1.2, \dfrac{\overline{\rho}}{d} = \dfrac{10}{100} = 0.1 \text{ 查表得}\right)$。又 $\overline{\varepsilon}_\sigma = 0.68, \overline{\beta}_1 = 0.94, \overline{\beta}_2 = 1.55$。

$$C_{\sigma_{-1C}} = (C_{\sigma-1}^2 + C_{a\sigma}^2)^{\frac{1}{2}} = (0.08^2 + 0.02^2)^{\frac{1}{2}} = 0.0825$$

式中, $C_{\sigma-1} = 0.08; C_a \approx 0.3C_\rho = 0.3 \times \dfrac{S_\rho}{\rho} = 0.3 \times \dfrac{2}{10 \times 3} = 0.02$。

$$S_{\sigma_{-1C}} = \overline{\sigma}_{-1C} \cdot C_{\sigma_{-1C}} = 184.58 \times 0.0825 = 15.23\text{MPa}$$

$$\sigma_{-1C+3S} = \overline{\sigma}_{-1C} + 3S_{\sigma_{-1C}} = 184.58 + 3 \times 15.23 = 230.27\text{MPa}$$

$$\sigma_{-1C-3S} = \overline{\sigma}_{-1C} - 3S_{\sigma_{-1C}} = 184.58 - 3 \times 15.23 = 138.89\text{MPa}$$

(3)计算 $N = 10^3$ 处的参数:

因为　　　　　　　　$\overline{\sigma}'_{-1C} = 0.9\overline{\sigma}_b / \overline{K}'_\sigma$,又 $\overline{K}'_\sigma = (\overline{K}_\sigma - 1)q' + 1$

$$= (1.5 - 1) \times 0.35 + 1 = 1.175 (q' \text{查图 3-5})$$

所以　　　　　　　　$\overline{\sigma}'_{-1C} = 0.9 \times 655 / 1.175 = 501.7\text{MPa}$

又　　　　$C'_{\sigma_{-1C}} = (C_{\sigma b}^2 + C_{a\sigma}^2)^{\frac{1}{2}} = (0.05^2 + 0.02^2)^{\frac{1}{2}} = 0.054 (取 C_{\sigma_b} = 0.05)$

$$S'_{\sigma_{-1C}} = \overline{\sigma}'_{-1C} \cdot C'_{\sigma_{-1C}} = 501.7 \times 0.054 = 27.09\text{MPa}$$

$$\sigma'_{-1C+3S} = \overline{\sigma}'_{-1C} + 3S'_{\sigma_{-1C}} = 501.7 + 3 \times 27.09 = 582.97\text{MPa}$$

$$\sigma'_{-1C-3S} = \overline{\sigma}'_{-1C} - 3S'_{\sigma_{-1C}} = 501.7 - 3 \times 27.09 = 420.43\text{MPa}$$

(4)作 R-S-N 曲线:根据上述数据,在方格纸上绘制零件的 R-S-N 曲线,如图 3-10 所示。

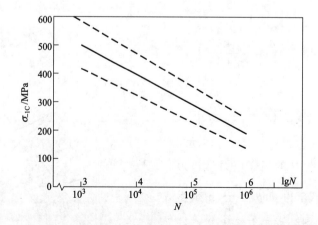

图 3-10　经验 R-S-N 曲线

如果给定工作应力的分布参数,可利用所得 R-S-N 曲线进行有限寿命、无限寿命的可靠性计算,或寿命计算。

【例 3-5】 数据同例 3-4,绘制等寿命疲劳极限图。

解 (1)计算 σ_{-1C},由前计算知:

$$\overline{\sigma}_{-1C} = 184.58 \text{MPa}, S_{\sigma_{-1C}} = 15.23 \text{MPa}$$

$$\sigma_{-1C+3S} = \overline{\sigma}_{-1C} + 3S_{\sigma_{-1C}} = 230.27 \text{MPa}$$

$$\sigma_{-1C-3S} = \overline{\sigma}_{-1C} - 3S_{\sigma_{-1C}} = 138.89 \text{MPa}$$

(2)$\overline{\sigma}_b = 655 \text{MPa}, C_{\sigma_b} = 0.05; S_{\sigma_b} = 655 \times 0.05 = 32.75 \text{MPa};$

(3)根据 $\sigma_a = \sigma_{-1C}\left[1 - \left(\dfrac{\sigma_m}{\sigma_b}\right)^2\right]$,在 $0 \sim \sigma_b$ 水平轴上取不同的 σ_m 值,可计算出相应的 σ_a 值,见表 3-5。取 σ_m 点越多,曲线越精确;

表 3-5 计算数值表(MPa)

$\overline{\sigma}_m$	100	200	400	500
$\overline{\sigma}_a$	190.31	176.08	122.18	81.31
$\overline{\sigma}_m + 3S$	100	200	400	600
$\overline{\sigma}_a + 3S$	238.79	225.94	174.53	88.85
$\overline{\sigma}_m - 3S$	100	200	400	500
$\overline{\sigma}_a - 3S$	141.89	127.70	70.94	28.37

(4)作等寿命疲劳极限图。将上列所求得的数据,按一定比例尺描在方格纸上,即可求得零件的疲劳极限图,如图 3-11a 所示。

【例 3-6】 数据同例 3-4,绘制古德曼疲劳极限图。

解 由于例 3-5 已求得 σ_{-1C} 及 σ_b 的分布参数,将其按一定的比例尺,在方格纸上很容易作出古德曼疲劳极限图(如图 3-11b 所示)。

有了这些图,就可以根据给定的工作应力分布参数,进行可靠性计算。

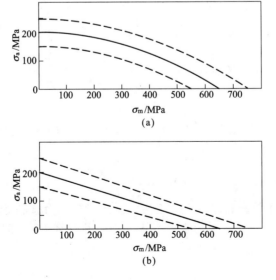

图 3-11 等寿命疲劳图

3.3　不稳定变应力疲劳强度可靠性计算

严格讲,几乎所有的机械都承受着随机不稳定载荷,故机械零件所承受的应力亦为不稳定变应力,其计算方法与前不同。

3.3.1　规律性不稳定变应力的疲劳强度可靠性计算

设某零件受规律性不稳定变应力作用,各级应力在整个寿命期内的循环次数分别为 N'_1, N'_2, $\cdots$, N'_n, 如图 3-12 所示。总的应力循环次数为

$$N_S = \sum_{i=1}^{n} N'_i$$

对于各级应力都低于疲劳极限时,与前述无限寿命计算相同。

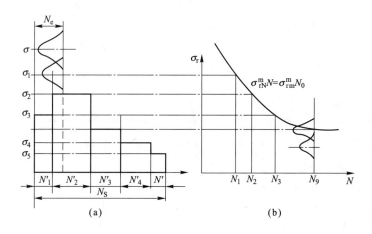

图 3-12　规律性不稳定变应力图

（a）载荷谱；（b）寿命曲线

如各级应力或部分级别的应力高于疲劳极限时,则可按下述方法计算。

设各级应力单独作用至疲劳失效的应力循环次数分别为 N_1, N_2, $\cdots$, N_n, 如图 3-12 所示。按疲劳累积损伤理论,不疲劳失效的条件为:

$$\sum_{i=1}^{n} \frac{N'_i}{N_i} \leqslant a \tag{3-30}$$

式中,a 为达到疲劳失效时的临界值,通常取为 $a \approx 1$,n 为应力的级数,建议取全部级数。

由 S-N 曲线知:$\sigma^m N_e = \sum \sigma_i^m n_i = C$,所以:

$$N_e = \sum \left(\frac{\sigma_i}{\sigma} \right)^m \cdot n_i \tag{3-31}$$

这样,由疲劳损伤等效概念,把非稳定变应力 (σ_i, n_i) 转化为稳定变应力 (σ, N_e) 的问题进行计算,N_e 为当量循环次数。若 σ_{-1N} 为疲劳寿命 N_e 对应的对称循环有限寿命疲劳极限,σ_{-1} 为无限寿命疲劳极限,则由疲劳曲线方程 $\sigma_{-1N}^m \cdot N_e = \sigma_{-1}^m \cdot N_0$ 得:

$$\left.\begin{array}{l}\sigma_{-1N} = K_N \cdot \sigma_{-1} \\ K_N = m\sqrt{\dfrac{N_0}{N_e}}\end{array}\right\} \tag{3-32}$$

式中 K_N——非稳定变应力的寿命系数。

上述各式适用于任意应力循环特性 r 的强度计算。σ_{rN_0} 是循环特性为 r、循环次数为 N_0 的疲劳强度。一般多给出对称循环的数据,有时也有脉动循环的数据。当工作应力为对称循环时,不疲劳失效的条件为:

$$\sigma_1 \leqslant \sigma_{-1CNe} = \sigma_{-1C} \cdot K_N \tag{3-33}$$

如工作应力为非对称循环,可将工作应力化为等效的对称循环变应力 σ_{e1},这时式中的 σ_1 应为 σ_{e1}。

当应力和强度为随机变量时,假定 $\dfrac{\sigma_i}{\sigma_1} = \dfrac{\overline{\sigma}_i}{\overline{\sigma}_1}$ 及 $K_N = \overline{K}_N$ 为常数,其强度条件为:

$$\overline{\sigma}_{e1} \leqslant \dfrac{\overline{\sigma}_{-1CNe}}{n_R} = \dfrac{\overline{\sigma}_{-1C} \cdot \overline{K}_N}{n_R} \tag{3-34}$$

式中,$\overline{K}_N = \left(\dfrac{\overline{N}_0}{\overline{N}_e}\right)^{\frac{1}{m}}$;$N_e = \dfrac{N_S}{a}\sum\limits_{i=1}^{n}\left(\dfrac{\overline{\sigma}_i}{\overline{\sigma}_1}\right)^m \dfrac{N'_i}{N_S}$;$n_R$ 按式(2-26)计算。

当求得 σ_{-1CNe} 及 σ_{e1} 时,也可求出此时的可靠度。如图3-13中所示的应力-强度干涉模型。

【例3-7】 一心轴,已知其危险截面上所受载荷为:$M_1 \sim N(21000, 1200\text{N} \cdot \text{m})$,$M_2 = 0.85M_1$,$M_3 = 0.75M_1$,$M_4 = 0.3M_1$,$M_5 = 0.2M_1$。总应力循环次数 $N_0 = 2.25 \times 10^7$,各级应力循环次数 $N'_1 = 0.001N_S$,$N'_2 = 0.003N_S$,$N'_3 = 0.02N_S$,$N'_4 = 0.5N_S$,$N'_5 = 0.476N_S$。其它条件同例3-3,试计算疲劳强度可靠度。

解 由例3-3计算知:$\sigma_{-1CN6} = 194.85\text{MPa}$,$C_{\sigma-1CN6} = 0.0825$,$S_{\sigma-1CN6} = 16.075\text{MPa}$,据强度条件知:

$$\overline{\sigma}_{e1} \leqslant \dfrac{\overline{\sigma}_{-1CNe}}{n_R} = \dfrac{\overline{\sigma}_{-1CN6} \cdot \overline{K}_M}{n_R}$$

而

$$\overline{\sigma}_{e1} = \overline{\sigma}_1 = \dfrac{\overline{M}_1}{0.1\overline{d}^3} = \dfrac{21000 \times 10^3}{0.1 \times 100^3} = 210\text{MPa}$$

$$C_{\sigma1} = (C_K^2 + C_m^2 + 3^2 C_d^2)^{\frac{1}{2}} = (0.05^2 + 0.057^2 + 0)^{\frac{1}{2}} = 0.076$$

式中,取 $C_K = 0.05$,$C_M = \dfrac{S_M}{\overline{M}} = \dfrac{1200}{21000} = 0.057$,$C_d = 0$。

又

$$N_e = \dfrac{N_S}{a}\sum\limits_{i=1}^{n}\left(\dfrac{\overline{\sigma}_i}{\overline{\sigma}_1}\right)^m \dfrac{N'_i}{N_S}$$

$$= \dfrac{2.25 \times 10^7}{1}(1^{7.297} \times 0.001 + 0.85^{7.297} \times 0.003 + 0.75^{7.297} \times$$

$$0.02 + 0.3^{7.297} \times 0.5 + 0.2^{7.297} \times 0.476)$$

$$= 100074$$

式中,取 $a = 1$,$m = 7.297$,$\dfrac{\sigma_i}{\sigma_1} = \dfrac{M_i}{M_1}$。

因为

$$N_0 = 10^6$$

所以

$$\overline{K}_N = \left(\dfrac{\overline{N}_0}{\overline{N}_e}\right)^{\frac{1}{m}} = \left(\dfrac{10^6}{100074}\right)^{\frac{1}{7.297}} = 1.371$$

所以
$$\overline{\sigma}_{-1CNe} = \overline{\sigma}_{-1CN6} \cdot \overline{K}_N = 194.85 \times 1.371 = 267.14\text{MPa}$$
$$C_{\sigma-1CNe} = C_{\sigma-1CN6} = 0.0825$$

又
$$S_{\sigma1} = \overline{\sigma}_1 \cdot C_{\sigma1} = 210 \times 0.076 = 15.96\text{MPa}$$
$$S_{\sigma-1CNe} = \overline{\sigma}_{-1CNe} \cdot C_{\sigma-1CNe} = 267.14 \times 0.0825 = 22.04\text{MPa}$$

则
$$Z_R = \frac{\overline{\sigma}_{-1CNe} - \overline{\sigma}_1}{\sqrt{S_{\sigma-1CNe}^2 + S_{\sigma1}^2}} = \frac{267.14 - 210}{\sqrt{22.04^2 + 15.96^2}} = 2.1$$

查正态表得 $R = 0.982$。

3.3.2　随机性不稳定变应力疲劳强度可靠性计算

经对某零件工作点处的随机不稳定变应力测试或推算,再经统计推断,得出概率密度函数或频率直方图形式如图 3-13a 所示。为了进行计算,需将 a 图逆转 90°,使其 σ 坐标与 S-N 图中的 σ 相对应,如图 3-13b 所示。这时图 3-13b 类似于图 3-12a 的应力方块图。经此处理后,就可运用前节规律性不稳定变应力的算法求解。

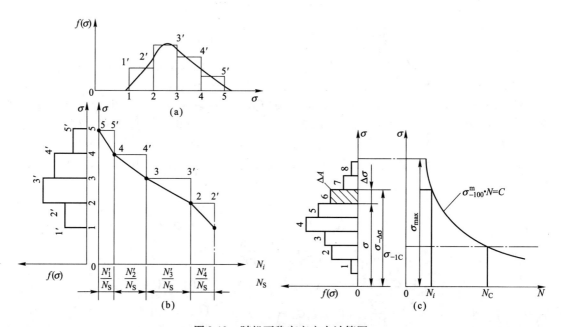

图 3-13　随机不稳定变应力计算图

通常经整理后得出分布密度函数形式,无论是频率直方图或是概率密度函数形式(注意此处的概率密度函数是经处理后得出的概率密度函数,与前边用过的应力概率密度函数 $f(\sigma)$ 不同),均可直接求得相应的 N_e。计算时将处理后得到的应力密度直方图逆转 90°,使其与 S-N 曲线相对应,如图 3-13c 所示。该图右部是强度的 S-N 曲线,左图是处理后得到的应力频率直方图。由频率直方图可看出,第 i 个直方图的面积为 ΔA_i,而总面积则为 A,

且
$$A = \sum_{i=1}^n \Delta A_i$$

由应力频率直方图可看出,当应力 σ_i 增加 $\Delta\sigma_i$ 时,与之相对应的频率为 $\dfrac{N_i'}{N_S} = f(\sigma)$,其概率为:

$$P_{i} = f(\sigma) \cdot \Delta\sigma = \frac{\Delta A}{A} = \frac{N'_{i}}{N_{S}}$$

式中,ΔA_{i} 即为 $\Delta\sigma_{i}$ 处直方图的面积, $A = \sum_{i=1}^{n} \Delta A_{i}$ 为直方图的总面积;N_{S} 为总的循环次数;N'_{i} 为 $\Delta\sigma$ 处的循环次数。由前知:

$$N_{e} = \frac{N_{S}}{a} \sum_{i=1}^{n} \left(\frac{\sigma_{i}}{\sigma_{1}}\right)^{m} \cdot \frac{N'_{i}}{N_{S}} \left(\text{式中的} \frac{N'_{i}}{N_{S}} \text{可换成} \frac{\Delta A_{i}}{A}\right) \text{于是得:}$$

$$N_{e} = \frac{N_{S}}{a} \sum_{i=1}^{n} \left(\frac{\sigma_{i}}{\sigma_{1}}\right)^{m} \cdot \frac{\Delta A_{i}}{A} \tag{3-35}$$

式中,$\frac{\Delta A_{i}}{A}$ 可由频率直方图确定,a 一般为1。求得 N_{e} 后,就可确定 R-S-N 曲线上的位置,从而可得出零件的疲劳极限分布参数,根据工作应力 σ_{e} 就可进行可靠性计算。

【例 3-8】 已知一扭力杆危险断面处 $d = 12\text{mm}$,受对称循环剪应力,经统计得载荷分布直方图如图 3-14 所示。载荷变差系数 $C_{\tau} = 0.08$,应力变化频率为 $f = 1\text{s}^{-1}$,按实物试验得强度数据为 $\tau_{b} = 600\text{MPa}$,$\tau_{-1} \sim N(250, 20)\text{MPa}$,$N_{0} = 10^{7}$,$m_{2} = 6$,$a = 1$。求工作寿命为1000h的可靠度。

解
$$N_{e} = \frac{N_{S}}{a} \sum_{i=1}^{n} \left(\frac{\overline{\tau_{i}}}{\tau_{1}}\right)^{m\tau} \cdot \frac{\Delta A_{i}}{A}$$

式中,$N_{S} = 1000\text{h} \times 60 \times 60\text{s/h} \times 1 = 3.6 \times 10^{6}$ 次

$$\Delta A = \Delta T \cdot P_{i}(T_{i})$$

$$A = \Delta T \cdot \sum_{i=1}^{n} P_{i}(T_{i}) = \Delta T(30 + 25 + 18 + 13 + 10 + 7 + 9 + 7 + 5 + 4) = 128 \cdot \Delta T$$

由于扭剪应力 τ 与扭矩 T 成正比,故 $\frac{\overline{\tau_{i}}}{\tau_{1}} = \frac{T_{i}}{T_{1}}$,代入 N_{e} 式得:

$$N_{e} = \frac{3.6 \times 10^{6}}{1} \left[\left(\frac{100}{100}\right)^{6} \frac{4}{128} + \left(\frac{90}{100}\right)^{6} \frac{5}{128} + \left(\frac{80}{100}\right)^{6} \frac{7}{128} \right.$$

$$+ \left(\frac{70}{100}\right)^{6} \cdot \frac{9}{128} + \left(\frac{60}{100}\right)^{6} \cdot \frac{7}{128} + \left(\frac{50}{100}\right)^{6} \cdot \frac{10}{128}$$

$$\left. + \left(\frac{40}{100}\right)^{6} \frac{13}{128} + \left(\frac{30}{100}\right)^{6} \frac{18}{128} + \left(\frac{20}{100}\right)^{6} \frac{25}{128} + \left(\frac{10}{100}\right)^{6} \cdot \frac{30}{128} \right]$$

$$= 0.284 \times 10^{6} \text{ 次}$$

又 $K_{N} = \left(\frac{N_{0}}{N_{e}}\right)^{\frac{1}{m\tau}} = \left(\frac{10^{7}}{0.28 \times 10^{6}}\right)^{\frac{1}{6}} = 1.81$

则

$$\overline{\tau}_{-1CN} = K_{N} \cdot \overline{\tau}_{-1C} = 1.81 \times 250 = 425.57\text{MPa}$$

$$C_{\tau-1CN} = C_{\tau-1C} = \frac{S_{\tau-1C}}{\overline{\tau}_{-1C}} = \frac{20}{250} = 0.08$$

$$\overline{\tau}_{1} = \frac{\overline{K} \, T_{1}}{0.2 d^{3}} = \frac{1.1 \times 100 \times 10^{3}}{0.2 \times 12^{3}} = 318.29\text{MPa}$$

式中,取 $\overline{K} = 1.1$,考虑计算粗糙情况系数。

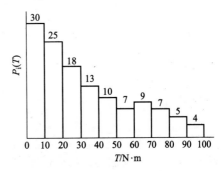

图 3-14 载荷分布直方图

又取　　$C_K = 0.05, C_d = 0$：

则

$$C_{\tau 1} = (C_K^2 + C_{T1}^2 + 3^2 C_d^2)^{\frac{1}{2}} = (0.05^2 + 0.08^2)^{\frac{1}{2}} = 0.0943$$

$$S_{\tau 1} = \overline{\tau}_1 \cdot C_{\tau 1} = 318.29 \times 0.0943 = 30.027 \text{MPa}$$

$$Z_R = \frac{\overline{\tau}_{-1CN} - \overline{\tau}_1}{\sqrt{S_{\tau-1CN}^2 + S_{\tau 1}^2}} = \frac{425.57 - 318.29}{\sqrt{34.05^2 + 30.027^2}} = 2.3631$$

查正态分布表得 $R = 0.99094$。

练　习　题

3-1　某心轴如图 3-6 所示,受旋转弯曲应力。材质为 45# 钢,调质后,$\overline{\sigma_b} = 655 \text{MPa}, \overline{\sigma_s} = 380 \text{MPa}$。危险断面处 $D = 120 \text{mm}, d = 100 \text{mm}, \rho = 10 \pm 2 \text{mm}$,圆角精车,喷丸处理。如已知 $N = 10^5$ 处的工作应力 $\overline{\sigma} = 200 \text{MPa}, S_\sigma = 50 \text{MPa}$,计算此处的可靠度(取 $N_0 = 10^6$)。

3-2　某心轴如图 3-6 所示,已知危险断面处受 $M_1 \sim N(22000, 1200^2) \text{N} \cdot \text{m}, M_2 = 0.80 M_1, M_3 = 0.70 M_1, M_4 = 0.4 M_1, M_5 = 0.3 M_1$。总应力循环次数 $N_S = 3.0 \times 10^7$。各级应力循环次数 $N'_1 = 0.001 N_S, N'_2 = 0.003 N_S, N'_3 = 0.02 N_S, N'_4 = 0.5 N_S, N'_5 = 0.45 N_S$。且知 $a = 1, m = 7.3, \sigma_{-1C} = 194.85 \text{MPa}, S_{\sigma-1C} = 16.1 \text{MPa}$,试计算疲劳强度可靠度。

3-3　某心轴如图 3-6 所示,且取 $N_0 = 10^6, m = 7.3$,工作应力 $\sigma = 360 \text{MPa}$,可靠度 $R = 0.999$,求可靠寿命 N_R(设寿命服从对数正态分布)。

4 机械零件的可靠性设计

4.1 概　述

机械零件常规设计的原理、准则及计算方法中所使用的各种公式,在解决可靠性设计时也是适用的。只是在进行可靠性设计时将这些公式中的设计变量作为服从某种分布规律的随机变量,运用概率论与数理统计方法和强度理论相结合,推导出在给定的设计条件下零件不产生破坏概率的设计公式。应用这样的公式,就可以在给定可靠度下确定零件的参数和结构尺寸;或已知零件参数和结构尺寸时确定安全寿命或可靠度。

4.1.1　机械产品的可靠性设计指标

设计是根据一定的需要或目的,运用分析和综合的科学思维方法将构思变成满足一定功能要求的机器或系统。一个结构用什么样的可靠性指标(可靠度、平均寿命或其他指标)这取决于设计要求,可靠性指标的大小则取决于它们的重要性。

机器的工作无故障性是由最重要的零件和系统的工作情况所决定的。而有些零件即使发生了故障,也不至于造成不可允许的后果。例如,飞机在飞行时,起落架发生了故障,其后果将是极其严重的;如果发动机的效率降低了其后果是经济损失问题;如果是乘客座椅损坏,实际上没有什么了不起的后果。表 4-1 列出了按照机器故障后果粗略地分类及其允许可靠度的估计值。

表 4-1　故障后果及可靠度

故障后果		允许可靠度	机器类别
灾难性	失　事 事　故 完不成任务	$R(t) \geqslant 0.99999 \sim 1.0$	飞行器、军事装备、化工设备、医疗器械、起重机械等
经济性	修理停歇时间增加	损失重大时,$R(t) \geqslant 0.99$	工艺设备、农业机械、家用生活机械
	降低工况,输出参数恶化	损失不大时 $R(t) \geqslant 0.9$	
无后果(修理费用在规定的标准范围)		$R(t) < 0.9$	机器中的一般零部件

为了判断系统和零部件的重要性及可靠性的质量指标,通常将可靠度分成六个等级,见表 4-2。零级是不重要的零部件,其故障后果是不严重的,对于这些零部件,平均使用期限、故障前实际工作时间或故障参数均可作为可靠性指标。1 级至 4 级相当于可靠性要求较高的零部件,最末一级(5 级)相当于很高可靠性的产品,在规定使用时期内是不允许发生故障的。表 4-3 列出了国外 80 年代的一些机械产品的可靠性指标,可供参考和比较。

应该指出:1)这些概率值都是对应于一定的使用寿命 T 的;2)在规定无故障概率的同时,还应严格地规定产品的使用工作规范和使用条件。

在确定可靠度的允许值及对应的寿命值时要重视经济分析,还要对可能发生故障的后果作出估计。因为提高产品可靠性一般都要付出代价,使机器的生产成本提高,而用于修理和维修保养的费用会下降,所以存在一个最佳可靠度,即在机器的制造和使用中保证最少的总费用。

表 4-2　可靠度等级

可靠性等级	0	1	2	3	4	5
可靠度 $R(t)$	<0.9	≥0.9	≥0.99	≥0.999	≥0.9999	≥0.99999

表 4-3　机械产品的可靠性指标(80 年代)

机械产品＼可靠性指标	可靠度	平均寿命	有效度	大修期	备　注
小汽车	$R(t=1a)$ $=0.9967$				(美)
推土机行走机构		4000~5000h			卡特皮勒公司 (美)
Volvo 载重车				60 万 km	(瑞典)
汽车变速箱		20000h			
斯贝发动机		800h			(英)
锅　炉		1400~1700h			(欧洲)
汽轮机			97.5%~98%	4~5a	(日)
军用汽车		12 年	$A(1200km)$ $=0.92~0.95$		(美)
自卸车发动机				16000~23000h	
滚动轴承	$R(N=10^6)$ $=0.90$				(ISO)
摩擦离合器	$R(S=10$ 万 km)				
机器人	$=0.95$	几百小时			
塔式起重机		65000 次			(法)
柴油机活塞		20000~30000h			(新加坡)
军用汽车				30 万 km	(苏)
汽车底盘传动系统		12 万 km 8.5 万 km			
铲土运输机	$R(t=10000~$ $12000h)$ $=0.90~0.93$				(美)
履带式液压挖掘机		10000h			(美)

当结构(或系统)的可靠度确定后,零部件的可靠度就可按照要求进行合理的分配。如果确定可靠度水平在使用期限内的破坏概率 $F = 10^{-2} \sim 10^{-4}$ 范围内,一般能求出更换损坏零部件的周期,并在使用过程中加以控制。可根据本章所介绍的方法和设计公式,在已知载荷、材料强度、要求的可靠度下对机械零部件进行参数和结构尺寸的设计计算。然而,设计能否达到预期的可靠性目标,取决于设计时是否掌握可靠的设计数据信息的准确性。当要求可靠度较高时,必须控制产品质量和进行必要的可靠性试验,以取得真实的数据信息,这样才能保证可靠性设计结果的可信性。

4.1.2　关于机械零件可靠性设计公式简化处理的分析

机械可靠性设计的基础是实际的统计数据,需要知道有关设计变量的确切分布。但是,在现实情况中要了解长寿命的机械零部件的应力、强度等随机变量在整个使用寿命期内的真实分布是很困难的。因为机械零部件的失效,一般地总不是由单一原因引起的。如滚动轴承,是按照滚动体发生点蚀作为设计计算的准则,但它还会因润滑不良造成的过度磨损、套圈破损、保持架断裂、滚动体烧伤而失效。因此,为使可靠性设计方法能用于一般机械设计中,必须借助于先验的同类零部件的统计资料,寻求具有一定精确度的简化计算方法,这往往要比复杂而费时的、精确的、严格的数学分析更有实用价值。所以,本章主要是讨论如何利用已有的统计资料和设计手册等进行近似的简化处理的方法对各类机械零部件进行可靠性设计,所举示例具有一定的实用性,在实际设计时可作为参考。

(1)根据实践经验和试验证明,静载荷、静强度(钢的抗拉极限、屈服极限、硬度和其它机械性能)以及尺寸偏差等都能较好地服从正态分布。抗剪强度与抗拉强度是线性关系也服从正态分布。在固定循环寿命下疲劳强度试验表明,疲劳强度服从对数正态分布或威布尔分布,其分布参数往往也近似正态分布。因此,在没有新的统计数据时,可确认设计手册中所列数据为统计量的均值。根据大量的试验数据的分析,各种机械性能的最小值 M_{min} 与平均值 M_m 之间有如下关系:

$$M_{min} \approx 0.8 M_m \tag{4-1}$$

标准差为

$$S_M = \frac{M_m - M_{min}}{3} \tag{4-2}$$

变差系数为

$$C_M = \frac{S_M}{M_m} \tag{4-3}$$

如利用常规设计公式时,式中修正系数 K 的变差系数可按下式处理:

$$C_K = \frac{K-1}{3K} \tag{4-4}$$

综合影响的变差系数为:

$$C_{Kn}^2 \approx \sum_{i=1}^{n} C_{Ki}^2 \tag{4-5}$$

当机械零部件按静强度设计时,可以利用正态强度和正态应力的干涉模型,其可靠度指数为:

$$Z_R = \frac{\overline{\sigma}_\delta - \overline{\sigma}}{\sqrt{S_\delta^2 + S_\sigma^2}}$$

$$= \frac{\overline{n}_R - 1}{\sqrt{\overline{n}_R C_\delta^2 + C_\sigma^2}} \tag{4-6}$$

为了简化计算,根据上式绘制的算图,见图 4-1。

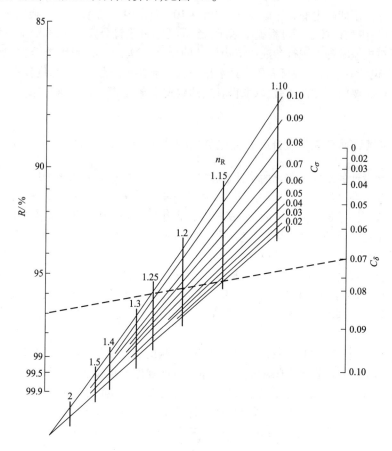

图 4-1　正态强度与正态应力算图

【例 4-1】　设计静载抗拉螺栓,已知应力 $\bar{\sigma} = 74.3\text{N/mm}^2$,变差系数 $C_\sigma = 0.08$,强度变差系数 $C_\delta = 0.07$,求可靠度 $R = 97\%$ 时的强度均值。

解　由图 4-1 的算图求得:

连线　　　　　　　$C_\delta = 0.07$——$R = 97\%$;$C_\sigma = 0.08$——$\bar{n}_R = 1.22$

强度均值　　　　　$\bar{\sigma}_\delta = \bar{n}_R \cdot \bar{\sigma} = 1.22 \times 74.3 = 90.6\text{N/mm}^2$

（2）表 4-4 和表 4-5 列出了均值安全系数 $\bar{n}_R = 1.25$ 和 $\bar{n}_R = 1.43$ 时的几种不同分布的可靠度值。由表 4-4 中可看出:当强度、应力的变差系数 $C \leqslant 0.07$ 时,各种分布都能以实际上足够精确地给出非常相近的计算结果。这是因为,强度与应力分布干涉模型对于任何一种分布规律,都只利用了分布密度函数 $f(t)$ 的尾部一小段,属于小概率事件区,并远离集中点,在这个范围内分布规律往往失去了各自的特性。因此,可以利用正态分布强度与正态分布应力干涉模型进行计算,一般将给出偏保守的设计结果。

（3）设计时,往往不知道强度、应力等随机变量的确切分布形式。一般来说,在强度、应力的计算过程中包含有固有的误差、专业设计公式简化的误差、载荷分布的误差、结构及几何尺寸的误差、制造厂的产品质量、工作环境和条件的变化等许多不定因素的影响。即使这些设计变量分布为已知,它们的积、商联合分布往往也是未知的。概率中心极限定理指出:若有多种因素影响,而每种因素都不能起主导作用时,则这些因素综合作用的极限分布近似为正态分布。因此,当强度、应力分布为未知时,假定均值安全系数服从正态分布的简化处理的设想是较合理的。由表4-4和表4-5中看出,当强度、应力变差系数大于0.10时,按均值安全系数服从正态分布计算所提供的可靠性信息偏于保守,是可信的。

表4-4 $\bar{n}_R = 1.25$ 时的可靠度

强度 变差系数 C_δ	应力 变差系数 C_σ	可 靠 度 R			
		强度正态 应力正态	强度威布尔 $\beta = 2.5$ 应力正态	强度对数正态 应力对数正态	均值安全系数 $\bar{n}_R$ 正态
0.05	0.05	0.9991	0.9942	0.9992	0.9977
0.07	0.07	0.9869	0.9828	0.9879	0.9817
0.10	0.10	0.9408	0.9587	0.9427	0.9210
0.15	0.15	0.8511	0.9230	0.8535	0.8271
0.20	0.20	0.7825	0.8648	0.7849	0.7602
0.25	0.25	0.7340	0.8227	0.7361	0.7143

表4-5 $\bar{n}_R = 1.43$ 时的可靠度

强度 变差系数 C_δ	应力 变差系数 C_σ	可 靠 度 R			
		强度正态 应力正态	强度正态应力 γ	强度正态 应力对数正态	均值安全系数 $\bar{n}$ 正态
0.05	0.10	0.9997	0.9971	0.9955	0.9963
	0.17	0.9886	0.9798	0.9784	0.9545
	0.20	0.9782	0.9680	0.9593	0.9257
	0.25	0.9504	0.9404	0.9232	0.8804

均值安全系数 $\bar{n}_R$ 服从正态分布时的可靠度指数为

$$Z_R = \frac{\bar{n}_R - 1}{\bar{n}_R \cdot C_n}; C_n^2 = C_\delta^2 + C_\sigma^2 \tag{4-7}$$

【例4-2】 根据例4-1数据,求均值安全系数服从正态分布时强度均值。

解 由附表1查 $R(t) = 97\%$ 时, $Z_R = 1.88$,则

$$\bar{n}_R = \frac{1}{1 - Z_R \sqrt{C_\delta^2 + C_\sigma^2}} = \frac{1}{1 - 1.88 \sqrt{(0.07)^2 + (0.08)^2}} = 1.249$$

强度均值 $\qquad \bar{\sigma}_\delta = \bar{n}_R \cdot \bar{\sigma} = 1.249 \times 74.3 = 92.8 \text{N/mm}^2$

(4) 正态强度与对数正态应力干涉模型是机械零部件可靠性设计中较常用的一种,这是因为强度近似正态分布,而工作应力的计算式中常含有多个随机变量的乘除关系,对工作应力取对数后变为加减关系,根据概率中心极限定理,当随机变量数目 $Z \geq 3 \sim 6$ 时,工作应力的对数将趋近于正态分布。因为对数正态分布是偏态分布(图4-2),其干涉模型的可靠度计算相当复杂。现用数值积分法近似计算的步骤和计算程序列在表4-6中,当 $\mu_\delta = 10$, $S_\delta = 1.0$; $\mu_\sigma = 8$, $S_\sigma = 0.8$ 时,计算区间取 $\pm 3 S_\delta$,间距为0.5,其不可靠度 $F = \sum \bar{F}_{\delta i} \cdot \Delta F_{\sigma i} = 0.06537$,可靠度 $R = 1 - F = 0.93463$ 。如取 C_σ 、 C_δ 、 $\bar{n}_R = \mu_\delta / \mu_\sigma$ 的不同值,采用上述方法计算可靠度并绘制出算图如图4-3所示。图中示例为 $C_\sigma = 0.086$, $C_\delta = 0.06$, $\bar{n}_R = \mu_\delta / \mu_\sigma = 1.20$,求得可靠度 $R = 0.9670$ 。

表 4-6　正态强度与对数正态应力模型不可靠度

δ_i	$Z_{\delta_i} = \dfrac{\delta_i - \mu_\delta}{S_\delta}$	$\phi(Z_{\delta i}) = F_{\delta i}$	$\dfrac{1}{2}(F_{\delta i} + F_{\delta i+1})$	$Z_{\sigma i} = \dfrac{\ln\delta_i - \ln\mu_\delta + \dfrac{S_L^2}{2}}{S_L}$	$\phi Z_{\sigma i} = F_{\sigma i}$	$\Delta F_{\sigma i} = F_{\sigma i+1} - F_{\sigma i}$	$\lvert \bar{F}\delta \cdot \Delta F_{\sigma i} \rvert$
7	-3	0.00135		-1.289	0.09853		
7.5	-2.5	0.00621	0.00378	-0.597	0.2743	0.17577	0.000664
8	-2	0.02275	0.01448	0.05	0.5199	0.2456	0.003556
8.5	-1.5	0.06681	0.04478	0.658	0.7454	0.2255	0.010098
9	-1.0	0.1587	0.11276	1.231	0.8907	0.1453	0.016384
9.5	-0.5	0.3085	0.2336	1.773	0.96164	0.07094	0.016572
10	0	0.5000	0.40425	2.289	0.98899	0.02735	0.011056
10.5	0.5	0.6915	0.59575	2.776	0.9972	0.00821	0.004826
11	1.0	0.8413	0.7664	3.242	0.99940	0.0022	0.001606
11.5	1.5	0.93319	0.88725	3.688	0.99988	0.00048	0.000426
12	2	0.97725	0.95522	4.115	0.99998	0.0001	0.000096
12.5	2.5	0.99379	0.98552	4.524	0.99999	0.00001	0.000009
13	3	0.99865	0.99622	4.917	~1	0.000001	0.000001
				$\sum F_\delta \cdot \Delta F_\sigma = 0.06537$			

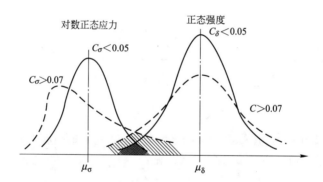

图 4-2　正态强度与对数正态应力模型

（5）当变差系数 $C > 0.25$ 时，说明数据相当分散，各种不同分布可能给出较大的误差。根据切贝雪夫不等式求出可靠度下限值：

$$R_L \geqslant 1 - \frac{\bar{n}_R^2 C_n^2}{\bar{n}_R^2 C_n^2 + (\bar{n}_R - 1)^2}; \quad C_n^2 = C_\delta^2 + C_\sigma^2 \qquad (4\text{-}8)$$

根据上式绘制的算图见图 4-4。

【例 4-3】　强度、应力分布为未知，根据经验知道强度变差系数 $C_\delta = 0.125$，应力变差系数 $C_\sigma = 0.23$，如取均值安全系数 $\bar{n}_R = 2.5$ 时，求可靠度下限值。

解　由图 4-4 得：

$$C_n = \sqrt{(0.125)^2 + (0.23)^2} = 0.26 - \bar{n}_R = 2.5 - R_L = 84.2\%$$

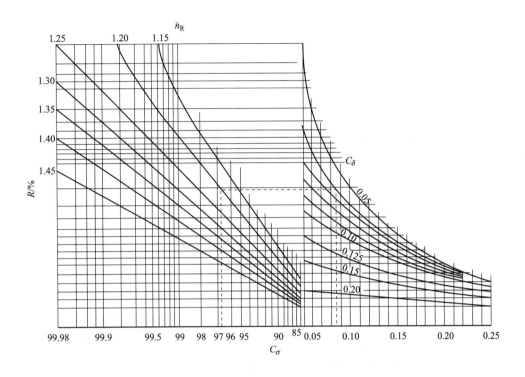

图 4-3 正态强度与对数正态应力可靠度算图

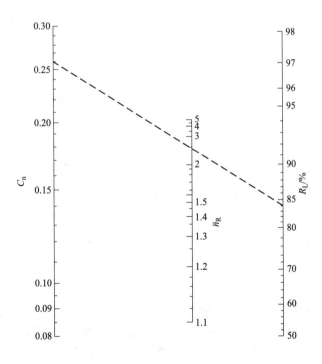

图 4-4 可靠度下限算图

用上述算图可估计所设计零件的固有可靠度,研究可靠度与均值安全系数、应力、强度等随机变量之间的关系。如将算图绘制在 A3 号坐标纸上,其计算精度不低于 $10^{-2} \sim 10^{-4}$,能够满足一般机械的可靠性设计要求。

综上所述,在机械可靠性设计问题上,尽管介绍了计算可靠度的各种数学模型供我们对负载、强度、工作应力等随机变量和可靠度进行理论分析,但是,当联合分布未知时,一般用途的机械设计用正态强度与正态应力、或均值安全系数服从正态分布的模型计算可靠度是能够满足要求的,具有实用性和一定的可信性。如果要进行很高精度的可靠性设计,需要工程技术人员能对具体的设计对象进行实际的现场实验取得真实数据和完善已有资料,求出确切的失效分布密度函数和概率分布函数,以及建立新的失效物理状态模型才能精确地作出计算结果的分析和判断。

4.2　螺纹联接件的可靠性设计

4.2.1　静载荷松螺栓联接的可靠度

承受静载荷螺栓的损坏多为螺纹部分的塑性变形和断裂。试验表明,在轴向静载作用下螺栓强度分布近于正态。螺栓强度均值及变差系数的估算值见表 4-7。表中的变差系数与国产螺栓的试验数据相近,故设计时可选用。

表 4-7　螺栓强度均值及变差系数估算值

强度级别	抗拉强度极限最小值 $\sigma_{\beta min}$/MPa	均值 $\bar{\sigma}_B$ /MPa	变差系数 $C_{\sigma B}$	屈服极限最小值 $\sigma_{s\,min}$/MPa	均值 $\bar{\sigma}_s$/MPa	变差系数 $C_{\sigma s}$	推荐材料
4.6	400	475	0.053	240	272.5	0.06	15、A3
4.8				320	387.5	0.074	10、A2
5.6	500	600	0.055	300	341.5	0.052	25、35
5.8				400	483.7	0.074	15、A3
6.6	600	700	0.048	360	408.8	0.051	45
6.9				540	580	0.074	35
8.8	800	900	0.037	640	774.9	0.075	35 45
10.9	1000	1100	0.03	900	1008	0.077	40Cr
12.9	1200	1300	0.026	1080	1382	0.094	20CrMnSi 15MnVB

松螺栓在工作时只受拉力 F,常规设计时螺纹部分的强度条件为:

$$\frac{4F}{\pi d_c^2} \leqslant [\sigma] \qquad (4-9)$$

式中,$[\sigma]$——许用应力,MPa;

　　　　d_c——螺纹部分的抗拉危险截面的当量直径,对于滚压螺纹 $d_c = d - 0.72t$,(d 为公称直径,t 为螺距);对于车制螺纹 $d_c = d_1$(螺纹内径)。

进行可靠性设计时,F、d_c 是互相独立的随机变量,均为正态分布,当变差系数不大时,应力亦可能近似为正态分布,其均值和标准差分别为:

$$\bar{\sigma} = \frac{4\bar{F}}{\pi \bar{d}_c^2}\left[1 + \frac{S_d^2}{\bar{d}_c^2}\right] \approx \frac{4\bar{F}}{\pi \bar{d}_c^2} \qquad (4-10)$$

$$S_\sigma = \frac{4\overline{F}}{\pi \overline{d}_c^2}\sqrt{\frac{S_d^2}{\overline{d}_c^2} + \frac{S_F^2}{\overline{F}^2}} = \overline{\sigma}\sqrt{C_d^2 + C_F^2} \tag{4-11}$$

【例 4-4】 设计一松联接螺栓。已知作用于螺栓上的载荷近于正态分布,其均值和标准差分别为 $\overline{F} = 30000\text{N}$, $S_F = \dfrac{0.2\overline{F}}{3}$,求可靠度 $R = 99.5\%$ 时的螺栓直径。

解 (1)因螺栓可靠度要求较高,由表 4-7 中选螺栓 4.8 级,材料为 A3 钢,屈服极限均值 $\overline{\sigma}_s = 387.5\text{N/mm}^2$,变差系数 $C_{\sigma s} = 0.074$,则标准差为:

$$S_{\sigma s} = C_{\sigma s} \cdot \overline{\sigma}_s = 0.074 \times 387.5 = 28.7\text{N/mm}^2$$

(2)工作应力均值和标准差:考虑到制造中半径的公差,螺纹当量半径差 $\Delta r = \pm 0.02\overline{r}_c$,因为尺寸偏差是正态分布,公差 $= 3 \times S_r$,所以

$$S_r = \frac{0.02\overline{r}_c}{3} = 0.0067\overline{r}_c \text{。}$$

螺栓计算截面积的标准差:

$$\Delta A = \pi(\overline{r}_c + \Delta r_c)^2 - \pi\overline{r}_c^2 \approx 2\pi\overline{r}_c \cdot \Delta\overline{r}_c$$

则有

$$S_A = \frac{\Delta A}{3} = \frac{2\pi\overline{r}_c \times (3S_r)}{3} = 2\pi\overline{r}_c \cdot S_r$$

工作应力的均值 $\overline{\sigma}$ 和标准差 S_σ 为:

$$\overline{\sigma} = \frac{30000}{\pi\overline{r}_c^2} = 9549/\overline{r}_c^2$$

$$S_\sigma = \sqrt{\frac{S_r^2}{\overline{r}_c^2} + \frac{S_F^2}{\overline{F}^2}} = \frac{9549}{\overline{r}_c^2}\sqrt{\frac{(0.0067\overline{r}_c)^2}{\overline{r}_c^2} + \frac{(0.067\overline{F})^2}{\overline{F}^2}} = 639.8/\overline{r}_c^2$$

(3)因强度、应力均为正态分布,查附表 1,当 $R = 0.995$ 时,可靠性指数 $Z_R = 2.575$,则有

$$2.575 = \frac{\overline{\sigma} - \overline{\sigma}}{\sqrt{S_{\sigma s}^2 + S_\sigma^2}} = \frac{387.5 - 9549/\overline{r}_c^2}{\sqrt{(28.7)^2 + (639.8/\overline{r}_c^2)^2}}$$

解得

$$\overline{r}_c^4 - 51.15\overline{r}_c^2 + 611.4 = 0$$

$$\overline{r}_c^2 = 32.1\text{mm}^2 ; \overline{r}_c = 5.67\text{mm}$$

(4)螺栓直径(滚压螺纹):

$$d = d_c + 0.72t = 2 \times 5.67 + 0.72 \times 2 = 12.78\text{mm}$$

取标准直径 M14 × 2 ± 0.12mm,其实际可靠度 $R > 0.995$,满足设计要求,可用。

4.2.2 承受变载荷紧螺栓联接的可靠性设计

受变载荷的紧螺栓联接的主要失效形式是螺栓的疲劳断裂。应力幅及应力集中是导致螺栓疲劳断裂的主要原因。螺栓联接的疲劳试验证明,螺栓的对数疲劳寿命服从正态分布。表 4-8 为试验得到的螺栓联接的疲劳极限应力幅值。当缺少试验数据时,极限应力幅均值可按下式确定:

表 4-8 螺栓螺母联接的极限应力幅 $\sigma_m = (0.4 \sim 0.5)\sigma_s$

螺栓螺母材料	抗拉强度极限 σ_B/MPa	拉伸疲劳极限 $\sigma_{-1\text{lim}}$	极限应力幅 $\sigma_{\text{alim}}/\text{MPa}$	
			切削螺纹	滚压螺纹
A_3	400	140	30/35	35/40

螺栓螺母材料	抗拉强度极限 σ_B/MPa	拉伸疲劳极限 $\sigma_{-1\text{lim}}$	极限应力幅 σ_{alim}/MPa	
			切削螺纹	滚压螺纹
35	500 ~ 600	200	45/55	55/65
45	900 ~ 950	250	50/60	65/75
40Cr	1000 ~ 1200	300	55/70	75/85
30CrMnSi	1200 ~ 1300	300	65/75	75/85
40CrNiMo	1050 ~ 1150	300	50/65	60/70
钛合金钢	1150 ~ 1250	350	45/60	40/60

注:分子数字用于螺纹加工后再热处理的螺栓;分母数字用于热处理后加工螺纹的螺栓。

$$\overline{\sigma}_{\text{alim}} = \frac{\overline{\sigma}_{-1\text{lim}} \cdot \varepsilon \cdot k_m k_u}{k_\sigma} \tag{4-12}$$

式中,$\overline{\sigma}_{-1\text{lim}}$ 为光滑试件的拉伸疲劳极限均值(MPa),见表4-9;ε 为尺寸系数(表4-10);k_m 为制造工艺系数,对于切削螺纹及滚压螺纹后热处理的螺纹,$k_m = 1.0$;对于热处理后再滚压的螺纹,$k_m = 1.25$;k_u 为螺纹牙受力不均匀系数,对于受压螺母 $k_u = 1.0$;对受拉螺母 $k_u = 1.5 \sim 1.6$;k_σ 为螺纹应力集中系数(表4-11)。

表 4-9   螺纹联接件常用材料的机械性能(GB38 – 76)

材 料	抗拉强度极限 σ_B/MPa	屈服极限 σ_s/MPa	疲劳极限均值/MPa	
			$\overline{\sigma}_{-1}$	$\overline{\sigma}_{-1\text{lim}}$
10	340 ~ 420	210	160 ~ 200	120 ~ 150
A3	410 ~ 470	240	170 ~ 220	120 ~ 160
35	540	320	220 ~ 300	170 ~ 220
45	610	360	250 ~ 340	190 ~ 250
40Cr	750 ~ 1000	650 ~ 900	320 ~ 440	240 ~ 340

表 4-10   尺寸系数

d/mm	< 12	16	20	24	30	36	42	48	56	64
ε	1.0	0.87	0.80	0.74	0.65	0.64	0.60	0.57	0.54	0.53

表 4-11   应力集中系数

σ_B/MPa	400	600	800	1000
K_σ	3	3.9	4.8	5.2

对于变载荷螺栓,当工作载荷在 $0 \sim F$ 之间变化时,螺栓拉力在 $F' \sim F_0$ 之间变化(图4-5)。计算螺栓联接的疲劳强度时,主要考虑轴向力引起的拉伸变应力。在轴向变载荷作用下,由于预紧力而产生的扭矩实际上完全消失,螺杆不再受扭矩作用,因此可以不考虑扭应力。螺栓的拉力变化幅度为:

$$\frac{F_0 - F'}{2} = \frac{1}{2} \frac{C_1}{C_1 + C_2} F \tag{4-13}$$

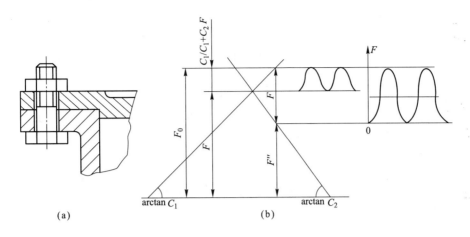

图 4-5 变载荷螺栓

应力幅为

$$\sigma_\mathrm{a} = \frac{C_1}{C_1 + C_2} \times \frac{2F}{\pi d_\mathrm{c}^2} \tag{4-14}$$

式中,$\dfrac{C_1}{C_1 + C_2}$ 为相对刚度(表 4-12)。

表 4-12 相对刚度值

垫片类别	金属的	皮革的	铜皮石棉的	橡胶的
$\dfrac{C_1}{C_1 + C_2}$	0.2 ~ 0.3	0.7	0.8	0.9

【例 4-5】 已知气缸内径 $D = 380\mathrm{mm}$,缸内的工作压力 $p = 0 \sim 1.7\mathrm{MPa}$,最大压力波动偏差为 $\pm 15\%$,螺栓数目 $Z = 10$,采用金属垫片,试设计此气缸盖螺栓。要求螺栓联接的可靠度 $R \geqslant 0.995$。

解 (1) 计算螺栓的工作应力幅均值和标准差,气缸盖的最大压力为:

$$Q = \frac{\pi D^2}{4} P_{\max} = \frac{\pi \times (380)^2}{4} \times 1.7 = 192800\mathrm{N}$$

假设螺栓载荷均匀分布,每个螺栓的工作载荷为:

$$F = \frac{Q}{Z} = \frac{192800}{10} = 19280\mathrm{N}$$

压力波动可以认为近似正态分布,则载荷变差系数为:

$$C_\mathrm{F} = \frac{\Delta F}{3F} = \frac{0.15 \times 19280}{3 \times 19280} = 0.05$$

试选用 M12 × 2 的螺栓,当量直径 $d_\mathrm{c} = 10.56\mathrm{mm}$,工作应力幅均值为:

$$\overline{\sigma}_\mathrm{a} = \frac{C_1}{C_1 + C_2} \cdot \frac{2F}{\pi d_\mathrm{c}^2} = 0.8 \times \frac{2 \times 19280}{\pi (10.56)^2} = 88.1\mathrm{MPa}$$

因 $C_{\sigma\mathrm{a}} = C_\mathrm{F} = 0.05$,标准差为:

$$S_{\sigma\mathrm{a}} = C_{\sigma\mathrm{a}} \cdot \overline{\sigma}_\mathrm{a} = 0.05 \times 88.1 = 4.41\mathrm{N/mm}^2$$

(2) 计算螺栓的极限应力幅均值及标准差,查表 4-7 选用 35 钢、5.8 级,螺栓的疲劳极限均值为：

$$\overline{\sigma}_{-1} = 0.23(\overline{\sigma}_B + \overline{\sigma}_S) = 0.23(600 + 483.7) = 249\text{MPa}$$

查表 4-10、表 4-11 得 $\varepsilon = 1.0, k_\sigma = 3.9, k_m = 1.25, k_u = 1.5$，极限应力幅均值为：

$$\overline{\sigma}_{\text{alim}} = \frac{\varepsilon \cdot k_m \cdot k_u}{k_\sigma} \cdot \overline{\sigma}_{-1} = \frac{1.0 \times 1.25 \times 1.5}{3.9} \times 249 = 119.7\text{MPa}$$

根据有关资料介绍，对 M10×1.5 螺栓成组试验的 $P - \sigma - N$ 曲线统计，螺栓联接的极限应力幅的变差系数为：滚压螺纹 $C_{\text{alim}} = 0.08 \sim 0.09$，切削螺纹 $C_{\text{alim}} = 0.11 \sim 0.13$，对合金钢取上限值，对碳钢取下限值。

在螺栓联接的实际计算中，无论是有限寿命设计或无限寿命设计，建议都采用相同的标准差。因选用的螺栓直径 M12×2 与试件尺寸接近，取滚压螺纹 $C_{\text{alim}} = 0.08$。标准差为：

$$S_{\text{alim}} = C_{\text{alim}} \cdot \overline{\sigma}_{\text{alim}} = 0.08 \times 119.7 = 9.6\text{MPa}$$

（3）计算安全系数和可靠度：

均值安全系数　$\overline{n}_R = \dfrac{\overline{\sigma}_{\text{alim}}}{\overline{\sigma}_a} = \dfrac{119.7}{88.1} \approx 1.36$

因 $C_{\text{alim}} = 0.08 < 0.10$；$C_{\sigma a} = 0.05 < 0.10$，故可用正态—正态模型计算可靠度：

$$Z_R = \frac{\overline{\sigma}_{\text{alim}} - \overline{\sigma}_a}{\sqrt{S_{\text{alim}}^2 + S_{\sigma a}^2}} = \frac{119.7 - 88.1}{\sqrt{(9.6)^2 + (4.41)^2}} = 2.99$$

查附表 1 得　　　　　　　　$R = 0.9986 > 0.995$

满足设计要求。

4.3　V 带传动能力的可靠性计算

带是在变应力状态下工作的，带的工作寿命与变应力大小和循环次数有关，所以疲劳破坏是其主要失效形式。然而，如果功率过大，即实际传动功率大于带所能传递的功率时，带和带轮之间将出现滑动现象，使带传动丧失正常工作能力。因此，带传动的设计准则应为：在保证带传动不打滑的条件下，具有一定的疲劳强度和寿命。

下面通过例题说明带传动可靠性设计的方法。

【例 4-6】 设计某鼓风机用 V 带传动。电动机功率 $P = 10\text{kW}$，转速 $n_1 = 1450\text{r/min}$；鼓风机转速 $n_2 = 630\text{r/min}$，每天工作 16h。希望中心距不超过 850mm，可靠度 $R \geqslant 90\%$。

解　（1）根据已知要求传递功率 $P = 10\text{kW}$，$n_1 = 1450\text{r/min}$，由设计手册中查得，应选 B 型 V 带；

（2）自定小带轮直径 $D_1 = 160\text{mm}$，取滑差率 $\varepsilon = 0.01$，则大带轮直径：

$$D_2 = (1 - \varepsilon)\frac{D_1 \cdot n_1}{n_2} = (1 - 0.01)\frac{160 \times 1450}{630} = 331.4\text{mm}$$

取 $D_2 = 330\text{mm}$；

（3）单根 V 带能传递的功率均值 P_s：

$$v_1 = \frac{\pi D_1 n_1}{60 \times 1000} = \frac{\pi \times 160 \times 1450}{60 \times 1000} = 12.15\text{m/s}$$

由机械设计教材中查得 $P_0 = 3.08\text{kW}$；$\Delta T = 2.9\text{N} \cdot \text{m}$；传递功率增量：

$$\Delta P_0 = 0.0001 \times \Delta T n_1 = 0.0001 \times 2.9 \times 1450 = 0.42\text{kW}$$

则

$$\overline{P}_s = P_0 + \Delta P_0 = 3.08 + 0.42 = 3.5\text{kW}$$

（4）能传递功率的标准差：编者曾查阅了几本通用的设计手册和机械设计教材，所列 P_0 数据不尽相同，相差约 $10\% \sim 20\%$，故标准差可取：

$$S_{P_s} = \frac{0.2\overline{P}_s}{3} = \frac{0.2 \times 3.5}{3} = 0.233\text{kW}$$

（5）实际传递功率的均值 $\overline{P}_\sigma$，当初定中心距 $a = 800\text{mm}$ 时，V 带节线长度：

$$L_d \approx \pi \frac{D_1 + D_2}{2} + 2a + \frac{D_2 - D_1}{2a}$$

$$= \pi \frac{160 + 330}{2} + 2 \times 800 + \frac{330 - 160}{2 \times 800} = 2369.8\text{mm}$$

取标准值，内周长 $L_i = 2240\text{mm}$，基准长度 $L_d' = 2280\text{mm}$，实际中心距 $a' = 755\text{mm}$。包角

$$\alpha_1 \approx 180° - \frac{D_2 - D_1}{a} \times 60° = 180° - \frac{330 - 160}{755} \times 60° = 166.5°$$

查机械设计教材取各修正系数为：$k_A = 1.20$，$k_a = 0.97$，$k_L = 1.0$，$k_Z = 1.0$，选 V 带根数 $Z = 4$ 代入，实际传递功率均值为：

$$\overline{P}_\sigma = \frac{k_A \cdot P}{Z \cdot k_a \cdot k_L \cdot k_Z} = \frac{1.2 \times 10}{4 \times 0.97 \times 1 \times 1} = 3.09\text{kW}$$

（6）实际传递功率的标准差：目前尚无综合变差系数的统计量资料，可按式（4-4），分别求各修正系数的变差系数：

$$C_{kA} = \frac{1.2 - 1}{3 \times 1.2} = 0.056 \text{;} C_{kL} = 0$$

$$C_{ka} = \frac{0.97 - 1}{3 \times 0.97} = 0.010 \text{;} C_{kZ} = 0$$

综合变差系数

$$C_{P\sigma} = \sqrt{C_{kA}^2 + C_{ka}^2} = \sqrt{(0.056)^2 + (0.01)^2} = 0.057$$

标准差

$$S_{P\sigma} = C_{P\sigma} \cdot \overline{P}_\sigma = 0.057 \times 3.09 = 0.176\text{kW}$$

（7）可靠性指数：因 $C_{Ps} = 0.067$；$C_{P\sigma} = 0.057$ 均小于 0.10，可用正态—正态模型计算可靠度：

$$Z_R = \frac{\overline{P}_s - \overline{P}_\sigma}{\sqrt{S_{Ps}^2 + S_{P\sigma}^2}} = \frac{3.50 - 3.09}{\sqrt{(0.233)^2 + (0.176)^2}} = 1.678$$

查附表 1 得 $R = 95.33\% > 90\%$，满足设计要求。

4.4 链传动能力的可靠性计算

链传动的主要失效形式有：1）链条元件的疲劳损坏；2）链节变长导致脱链传动失效；3）链轮牙齿的过度磨损而失效。实验证明，链条的拉断强度呈威布尔分布。但是，链条传动工作能力失效往往是综合因素造成的，如无实验数据说明确切分布时，可仿效 V 带传动设计法。

图 4-6 给出了 GB 1243—76 所规定的国产十种型号单列套筒滚子链的功率曲线图。图中 I 为人工润滑；II 为滴油润滑；III 为浴或飞溅润滑；IV 为压力油润滑。这个线图是在避免出现上述各种失效形式的原则下，按实验求得的数据绘制而成的。实验条件：$z_1 = 19$，$i = 3$，$a = 40t$（t 链节）、单列、水平布置、载荷平稳、工作环境正常、符合图示润滑条件、使用寿命 15000h 等情况。如

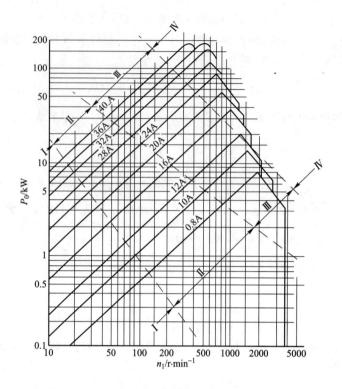

图 4-6　A 系列滚子链的额定功率曲线($v > 0.6\text{m/s}$)

实际使用与上述条件不同时,需作适当修正,由此得出链传动的常规设计计算公式:

$$\frac{k \cdot P}{k_z \cdot k_i \cdot k_a \cdot k_t} \leqslant P_0 \tag{4-15}$$

式中,k 为载荷系数,平稳载荷 $k = 1.2 \sim 1.5$,冲击载荷 $k = 1.3 \sim 1.8$;k_i 为传动比系数;k_a 为中心距系数;k_Z 为齿数系数;k_P 为列数系数,各系数值见表 4-13。不能按图式方式润滑时,许用功率应当降低:$v \leqslant 1.5\text{m/s}$ 润滑不良时降至$(0.3 \sim 0.6)P_0$;无润滑时降至 $0.15P_0$;$1.5 \leqslant v \leqslant 7\text{m/s}$ 时,润滑不良降至$(0.15 \sim 0.3)P_0$。对于 $v > 7\text{m/s}$ 的链传动,必须采用充分、完善的润滑。

表 4-13　链传动修正系数

z_1	9	11	13	15	17	19	21	23	25	27	29	31	33	35	37
k_z	0.45	0.56	0.67	0.78	0.89	1.0	1.12	1.23	1.35	1.46	1.58	1.70	1.81	1.94	2.12
i	1	2	3	5	≥7	a	$\leqslant 25p$	$(30 \sim 50)p$	$(60 \sim 80)p$		P	1	2	3	4	5
k_i	0.82	0.93	1	1.09	1.15	K_a	0.8	1.0	1.1		K_P	1.0	1.7	2.5	3.5	4.1

【例 4-7】　设计一压气机用链传动,电动机转速 $n_1 = 970\text{r/min}$,压气机转速 $n_2 = 330\text{r/min}$,传动功率 $P = 10\text{kW}$,两班制工作,传动中心距不得超过 800mm,传动倾角小于 40°,中心距可以调节,可靠度 $R \geqslant 0.99$。

解　(1)能传递的功率均值和标准差:当 $n_1 = 970\text{r/min}$,$P = 10\text{kW}$ 时,由图 4-6 中知,可选用 12A(TG190),即链节距 $t = 19.05\text{mm}$,单列链所能传递功率均值 $\overline{P}_0 \approx 16\text{kW}$。考虑到制造工艺等综合因素的影响,取变差系数 $C_{P0} = 0.10$,则标准差:

$$S_{P0} = C_{P0} \cdot \overline{P}_0 = 0.10 \times 16 = 1.6\text{kW}$$

（2）实际传递的功率均值和标准差,根据表 4-13 查得 $k_A = 1.3$;$k_Z = 1.23$(取 $z_1 = 23$);$k_a = 1.0(a \approx 40t)$;$k_i = 1.0$,$k_P = 1.0$,实际传递的功率均值

$$\overline{P}_\sigma = \frac{k_A \cdot P}{k_P \cdot k_Z \cdot k_a \cdot k_i} = \frac{1.3 \times 10}{1 \times 1.23 \times 1 \times 1} = 10.57 \text{kW}$$

在无有实测的统计数据时,可利用综合变差系数 $C_{P\sigma}^2 = C_{kA}^2 + C_{ki}^2 + C_{kZ}^2 + C_{ka}^2$ 来分析和判断,各变差系数值为:

$$C_{kA} = \frac{1.3 - 1}{3 \times 1.3} = 0.077 ; C_{ki} = 0 ; C_{ka} = 0$$

$$C_{kZ} = \frac{1.23 - 1}{3 \times 1.23} = 0.062$$

则

$$C_{P\sigma} = \sqrt{(0.077)^2 + (0.062)^2} = 0.099$$

标准差

$$S_{P\sigma} = C_{P\sigma} \cdot \overline{P}_\sigma = 0.099 \times 10.57 = 1.046 \text{kW}$$

（3）可靠度:因 $C_{P0} = 0.1$;$C_{P\sigma} = 0.099 \approx 0.1$,为安全起见,可按均值安全系数服从正态分布模型计算:

$$\overline{n}_R = \frac{\overline{P}_0}{\overline{P}_\sigma} = \frac{16}{10.57} = 1.514 ; C_n = \sqrt{(0.1)^2 + (0.099)^2} = 0.14$$

可靠性指数

$$Z_R = \frac{\overline{n}_R - 1}{C_n \cdot \overline{n}_R} = \frac{1.514 - 1}{0.14 \times 1.514} = 2.425$$

查附表 1 得 $R = 99.23\% > 99\%$,满足设计要求。

【例 4-8】 已知套筒滚子链的拉断强度呈威布尔分布,并知强度的最小值 $\delta_0 = 50 \text{N/mm}^2$,形状参数 $\beta \approx 2.0$,尺度参数 $\theta \approx 64 \text{N/mm}^2$。又知链条的工作应力呈正态分布,其分布参数为:均值 $\overline{\sigma} = 50 \text{N/mm}^2$,标准差 $S_\sigma = 3.5 \text{N/mm}^2$。试计算此链条的可靠度。

解 （1）由题中知,链条强度服从三参数威布尔分布,其均值为:

$$\overline{\delta} = \delta_0 + (\theta - \delta_0) \cdot \Gamma\left(\frac{1}{\beta} + 1\right)$$

$$= 50 + (64 - 50) \times 0.886 = 62.4 \text{N/mm}^2$$

方差
$$V(\delta) = S_\delta^2 = (\theta - \delta_0)^2 \left[\Gamma\left(\frac{2}{\beta} + 1\right) - \Gamma^2\left(\frac{1}{\beta} + 1\right) \right]$$

$$= (64 - 50)^2 [1 - 0.785] = 42.14 (\text{MPa})^2$$

标准差 $\qquad S_\delta = \sqrt{V(\delta)} = \sqrt{42.14} = 6.49 \text{MPa}$

变差系数 $\qquad C_\delta = S_\delta / \overline{\delta} = \frac{6.49}{62.4} \approx 0.104$

（2）链条工作应力的变差系数 $\quad C_\sigma = S_\sigma / \overline{\sigma} = \frac{3.5}{50} = 0.07$;

（3）计算可靠度:根据已知条件,按强度威布尔分布和应力正态分布的数学模型计算可靠度时要用数值积分法,计算很繁,如利用编者绘制的算图(图 4-7)估算可靠度简便易行。因

$$\frac{\delta_0}{\overline{\delta}} = \frac{50}{62.4} = 0.801$$

与图 4-7a 上条件 0.8 相近,则由图 4-7a 求得:

$$C_\sigma = 0.07 \underline{\quad\quad} \beta = 2.0 \underline{\quad\quad} \bar{n}_R = \frac{62.4}{50} = 1.248 \underline{\quad\quad} R = 97.2\%$$

（用数值积分法计算 $R = 0.9718$）。

因为影响链条工作的因素很多，也可以近似地用均值安全系数服从正态分布的模型估计可靠度。

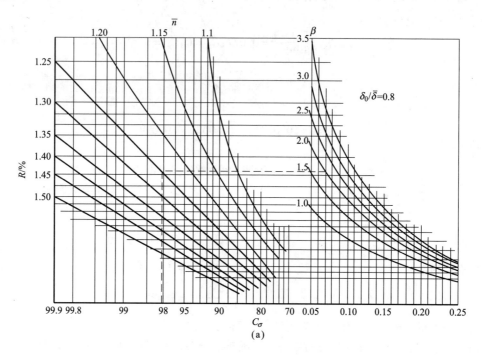

(a)

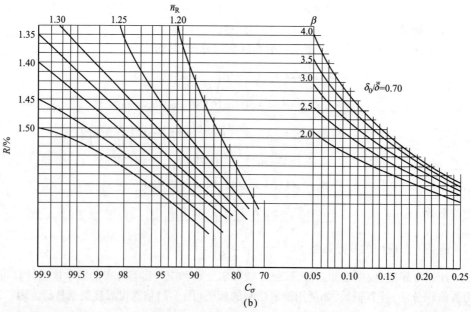

(b)

图 4-7　强度威布尔分布与应力正态分布模型算图

综合变差系数

$$C_n = \sqrt{(0.104)^2 + (0.07)^2} = 0.125$$

可靠性指数

$$Z_R = \frac{\bar{n}_R - 1}{C_n \cdot \bar{n}_R} = \frac{1.248 - 1}{0.125 \times 1.248} \approx 1.59$$

查附表 1 得 $R = 94.41\%$。

由上面的计算可以看出,在无有试验证明确切分布或无统计资料时,假定均值安全系数服从正态分布的模型计算出的可靠度所提供的可靠性信息是偏于安全的。

4.5 圆柱齿轮承载能力的可靠性设计

在齿轮的可靠性设计中,判断齿轮失效的基本准则与常规设计是一致的。如果能够通过对实际工作的齿轮进行试验,取得工作应力 σ、强度极限 σ_{lim} 的概率密度函数 $f(\sigma)$、$g(\sigma_{lim})$,则应用应力、强度干涉理论可推导出齿轮可靠性设计的表达式,是最为理想的方法。但是,由于影响齿轮工作应力和强度极限的因素很多,齿轮的工作寿命又较长,往往很难用实际工作齿轮进行试验来求概率密度函数。所以,在目前缺少新的统计数据的情况下,仍是将常规设计公式中的设计参量作为随机变量,借助于先验的经验由设计手册中查出的数据按统计量来处理进行简化是适宜的方法。这样,所设计的齿轮参数一般来说也是偏于安全的,但所提供的可靠性信息还是很有实用意义的。

4.5.1 接触疲劳强度的可靠性计算

4.5.1.1 接触疲劳强度极限均值 $\overline{\sigma}_{lim}$

实用的齿轮接触疲劳强度极限受齿面粗糙度、润滑、齿面间相对滑动速度等因素的影响,其均值为:

$$\overline{\sigma}_{Hlim} = \sigma'_{Hlim} \cdot Z_N \cdot Z_R \cdot Z_V \cdot Z_W \tag{4-16}$$

(1)接触疲劳强度极限 σ_{Hlim} 是指某种材料的齿轮经长期持续的重复载荷作用下(一般 $N \geq 5 \times 10^7$ 次)失效概率 $F = 0.01$ 的极限应力。在国标中采用 ISO 疲劳极限区域图(图 4-8)的形式表示。经对合金钢调质齿轮的疲劳试验证明,齿轮接触疲劳强度服从对数正态分布。对数正态分布是偏态分布,其均值和方差分别为:

$$E(\sigma_{Hlim}) = \overline{\sigma}_{Hlim} = e^{\mu_{\sigma H} \cdot \frac{1}{2} S_{\sigma H}^2} \tag{4-17}$$

$$V(\sigma_{Hlim}) = [E(\sigma_{Hlim})]^2 (e^{S_{\sigma H}^2} - 1) \tag{4-18}$$

变差系数

$$C_{\sigma_H} = \frac{\sqrt{V(\sigma_{Hlim})}}{E(\sigma_{Hlim})} = \sqrt{e^{S_{\sigma H}^2} - 1} \tag{4-19}$$

则有

$$S_{\sigma_H}^2 = \ln(C_{\sigma_H}^2 + 1) \approx C_{\sigma_H}^2 \tag{4-20}$$

利用正态分布数表时的可靠性指数为:

$$Z_R = \frac{\ln(\sigma_{Hlim}) - \mu_{\sigma_H}}{S_{\sigma_H}}; \mu_{\sigma_H} = \ln(\sigma_{Hlim})_{0.5} \tag{4-21}$$

当失效概率 $F = 0.01$ 时,可靠性指数 $Z_R = -2.33$,则有

$$(\sigma_{Hlim})_{0.5} = \exp[2.33 \times C_{\sigma_H} + \ln\sigma_{Hlim}] \tag{4-22}$$

当变差系数 $C_{\sigma_H} \leq 0.10$ 时,σ_{Hlim} 分布图形相当对称,可取区域图的中值;当 $C_{\sigma_H} > 0.10$ 时,应

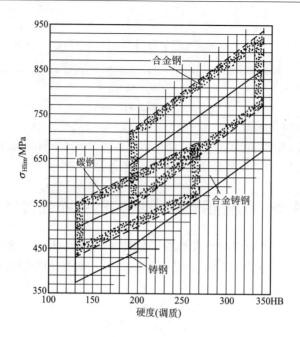

图 4-8   接触疲劳极限

按偏态处理,在无有统计资料说明时,为安全起见,取区域图中偏下之值。

(2)考虑应力循环次数影响的寿命系数 Z_N 按图 4-9 选取,变差系数 $C_{ZN} = 0.03$。

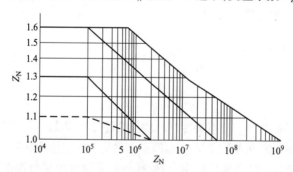

图 4-9   寿命系数 Z_N

(3)齿面粗糙度系数 Z_R 和速度系数 Z_V 查表 4-14。

(4)冷作硬化系数 Z_W 由图 4-10 查取,变差系数 $C_{ZW} = 0.03$。

接触疲劳强度的综合变差系数为:

表 4-14   粗糙度和速度系数

粗糙度	$\overset{3.2}{\triangledown}$	$\overset{1.6}{\triangledown}$	$\overset{0.8}{\triangledown}$	速度(m/s)	≤5	调 质		淬 火		变差系数 C_{ZV}
Z_R	0.9	0.95	1.0			10	20	10	20	
变差系数 C_{ZR}	0.02			Z_V	1.0	1.06	1.15	1.03	1.07	0.02

$$C_{Hlim}^2 = C_H^2 + C_{ZN}^2 + C_{ZR}^2 + C_{ZV}^2 + C_{ZW}^2$$

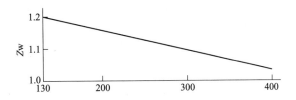

图 4-10 工作硬化系数 Z_W

也可以按表 4-15 选取,该表为前苏联和东欧一些国家的统计资料。

表 4-15 试验齿轮接触疲劳极限变差系数值

精度等级	C_{Hlim}		
	单件、小批	成批生产	大批生产
6	0.08	0.07	0.06
7	0.09	0.08	0.07
8	0.10	0.09	0.08
9	0.11	0.10	0.09

4.5.1.2 接触疲劳强度极限的标准差

$$S_{Hlim} = C_{Hlim} \cdot \overline{\sigma}_{Hlim}$$

4.5.1.3 计算接触应力的均值

$$\overline{\sigma}_H = Z_E \cdot Z_H \cdot Z_\varepsilon \sqrt{\frac{F_t}{b \cdot d_1} \frac{u \pm 1}{u}} \cdot \sqrt{K_{HA} \cdot K_{H\beta} \cdot K_{HV}} \qquad (4\text{-}23)$$

式中,各系数的均值可按国标方法计算或查线图(机械设计手册),变差系数在无统计资料时可按式(4-4)计算(见表4-16)。

表 4-16 各系数的均值和变差系数

符 号	名 称	均 值	变差系数
Z_E	材料系数	按国标方法计算或查线图	$C_{ZE} = 0.03 \sim 0.04$
Z_H	节点啮合系数		$C_{ZH} = 0$
Z_ε	接触线长度系数		按式(4-4)计算
K_{HA}	工况系数		
$K_{H\beta}$	载荷分布不匀系数		
K_{HV}	动载系数		

4.5.1.4 接触应力的标准差

$$S_{\sigma H} = C_{\sigma H} \cdot \overline{\sigma}_H$$

接触应力的综合变差系数为

$$C_{\sigma H}^2 = C_{ZE}^2 + C_{Z\varepsilon}^2 + C_{KA}^2 + C_{K\beta}^2 + C_{KV}^2$$

4.5.1.5 可靠度

试验证明,接触疲劳强度为对数正态分布;对式(4-23)取对数,则 $\ln\overline{\sigma}_H$ 为各随机变量对数之和,根据概率中心极限定理知 $\ln\overline{\sigma}_H$ 渐近于正态分布,即接触应力均值 $\overline{\sigma}_H$ 服从对数正态分布。所以,应按对数正态强度与对数正态应力模型计算可靠度,可靠性指数为:

$$Z_R \approx \frac{\ln\overline{\sigma}_{Hlim} - \ln\overline{\sigma}_H}{\sqrt{C_{Hlim}^2 + C_{\sigma H}^2}}$$

当 $C_{Hlim} > 0.10, C_{\sigma H} > 0.10$ 时,为了安全起见可以按均值安全系数服从正态分布模型计算可靠度,可靠性指数为:

$$Z_R = \frac{\overline{n}_R - 1}{C_n \overline{n}_R}; \quad C_n^2 = C_{Hlim}^2 + C_{\sigma H}^2$$

【例4-9】 设计一带式运输机的二级直齿圆柱齿轮减速器的高速级齿轮传动,已知功率 P_1 = 5.5kW,小齿轮转速 n_1 = 960r/min,传动比 u = 4.6,运输机每天工作8h,预期寿命10年,每年工作300天,载荷平稳,要求可靠度 $R \geqslant 99\%$。

解 设计步骤如下:

(1)选择材料、热处理、精度等级及齿数　运输机为一般工作机器,查设计手册选用常用的材料及热处理;小齿轮用45钢,调质 HB_1 = 217~255,取中间值 HB_1 = 236,变差系数 C_{HB1} = 0.027;大齿轮用45钢、正火、HB_2 = 162~217,取中间值 HB_2 = 190,变差系数 C_{HB2} = 0.049。$HB_1 - HB_2$ = 236 - 190 = 46(符合经验数据 >40)。

齿轮精度等级定为8级精度(JB179—83)。

选小齿轮齿数 z_1 = 23,大齿轮齿数 $z_2 = u \cdot z_1$ = 4.6×23 = 105.8,圆整取 z_2 = 106。实际传动比 u = 106/23 = 4.61,齿数比误差为(4.6 - 4.61)/4.6 = 0.22% 在允许的范围内。

因是闭式传动,故按接触疲劳强度进行可靠性设计计算。

(2)接触疲劳强度极限均值、变差系数和标准差　由图4-8查得:HB_1 = 236,σ_{Hlim1} = 570N/mm²;HB_2 = 190,σ_{Hlim2} = 530N/mm²。

计算应力循环次数:N_1 = 960×60×(10×300×8) = 1.38×10⁹ 次;$N_2 = N_1/u$ = 1.38×10⁹/4.61 = 2.99×10⁸ 次。由图4-9得 Z_{N1} = 1.0,Z_{N2} = 1.06,C_{ZN} = 0.03。由表4-14取 Z_R = 1.0,C_{ZR} = 0.02,Z_V = 1.0(估计 $V \leqslant 5$m/s),C_{ZV} = 0.02。

接触疲劳极限的变差系数和均值:

$$C_{Hlim1} = \sqrt{C_{HB1}^2 + C_{ZN1}^2 + C_{ZR}^2 + C_{ZV}^2} = \sqrt{(0.027)^2 + (0.03)^2 + (0.02)^2 + (0.02)^2}$$
$$= 0.049$$

$$C_{Hlim2} = \sqrt{(0.049)^2 + (0.03)^2 + (0.02)^2 + (0.02)^2}$$
$$= 0.064$$

均值

$$\overline{\sigma}_{Hlim1} = \exp[2.33 \times C_{Hlim1} + \ln\sigma_{Hlim1}] = \exp[2.33 \times 0.049 + \ln570]$$
$$= 638.9\text{N/mm}^2$$

$$\overline{\sigma}_{Hlim2} = \exp[2.33 \times 0.064 + \ln530] \times 1.06 = 652.1\text{N/mm}^2$$

标准差

$$S_{Hlim1} = C_{Hlim1} \cdot \overline{\sigma}_{Hlim1} = 0.049 \times 638.9 = 31.3\text{N/mm}^2$$

$$S_{Hlim2} = C_{Hlim2} \cdot \overline{\sigma}_{Hlim2} = 0.064 \times 652.1 = 60.9\text{N/mm}^2$$

(3)接触工作应力、变差系数和标准差　查设计手册得:Z_H = 2.5,Z_E = 189.3,C_{ZE} = 0.03。按常规设计时需要的中心距 a = 145.125mm;b = 57.5mm,m = 2.25mm。重合度为:

$$\varepsilon_a = 1.88 - 3.2\left(\frac{1}{23} + \frac{1}{106}\right) = 1.71$$

接触线长度系数为:

$$Z_\varepsilon = \sqrt{\frac{4 - \varepsilon_a}{3}} = \sqrt{\frac{4 - 1.71}{3}} = 0.874\,; C_{Z\varepsilon} = 0$$

各修正系数及变差系数为:

$$K_{HA} = 1.25\,; C_{KA} = \frac{1.25 - 1}{3 \times 1.25} = 0.067$$

$$K_{HV1} = K_{HV2} = 1.225\,; C_{KV} = \frac{1.225 - 1}{3 \times 1.225} = 0.061$$

$$K_{H\beta} = 1.03\,; C_{K\beta} = \frac{1.03 - 1}{3 \times 1.03} = 0.001$$

工作应力的变差系数为:

$$C_{\sigma H} = \sqrt{(0.03)^2 + (0.067)^2 + (0.061)^2 + (0.001)^2} = 0.095$$

工作应力均值为:

$$\overline{\sigma}_H = Z_H \cdot Z_E \cdot Z_\varepsilon \sqrt{\frac{K_{HA} \cdot K_{H\beta} \cdot K_{HV} \cdot F_t}{b \cdot d_1} \frac{u + 1}{u}}$$

$$\left(F_t = 1.91 \times 10^7 \times \frac{5.5}{960 \times 23 \times 2.25} = 2114.5\right)$$

$$= 2.5 \times 0.874 \times 189.3 \sqrt{\frac{1.25 \times 1.225 \times 1.03 \times 2114.5}{57.5 \times 23 \times 2.25} \times \frac{4.61 + 1}{4.61}}$$

$$= 484.3 \text{N/mm}^2$$

标准差

$$S_{\sigma_H} = C_{\sigma_H} \cdot \overline{\sigma}_H = 0.095 \times 484.3 = 46 \text{N/mm}^2$$

(4) 求可靠度　因变差系数 $C_{Hlim1} = 0.049 < 0.10\,; C_{Hlim2} = 0.064 < 0.10\,; C_{\sigma_H} = 0.095 < 0.10$,可以按对数正态强度与对数正态应力模型计算可靠度:

$$Z_{R1} \approx \frac{\ln 638.9 - \ln 484.3}{\sqrt{(0.049)^2 + (0.095)^2}} = 2.592$$

查附表 1 得: $R_1 = 0.9952$。

$$Z_{R2} \approx \frac{\ln 652.1 - \ln 484.3}{\sqrt{(0.064)^2 + (0.095)^2}} = 2.598$$

查附表 1 得: $R_2 = 0.9953$。满足设计要求。

也可利用图 4-11 求可靠度:

$$C_{n1} = \sqrt{(0.049)^2 + (0.095)^2} = 0.107 \text{——} \overline{n}_{R1} = \frac{638.9}{484.3}$$

$$= 1.32 \text{——} R_1 = 99.51\%$$

$$C_{n2} = \sqrt{(0.064)^2 + (0.095)^2} = 0.115 \text{——} \overline{n}_{R2} = \frac{652.1}{484.3}$$

$$= 1.346 \text{——} R_2 = 99.52\%$$

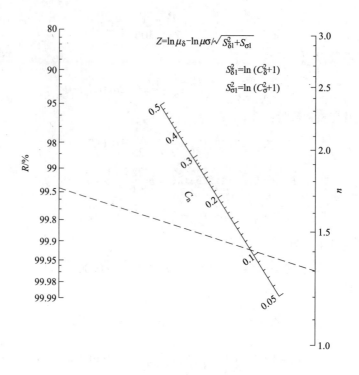

图 4-11   强度、应力均为对数正态算图

4.5.2   弯曲疲劳强度的可靠度计算

在齿轮传动中,由于轮齿多次重复受载,因而齿根处会产生疲劳裂纹,导致轮齿弯曲疲劳折断。齿根折断是其极限状态,是非正常故障。

4.5.2.1   弯曲疲劳强度极限均值、变差系数和标准差

工作齿轮齿根弯曲疲劳极限的计算公式为:

$$\overline{\sigma}_{Flim} = \sigma_{Flim} \cdot Y_S \cdot Y_N \cdot Y_r \cdot Y_R \cdot Y_x \tag{4-24}$$

公式中的各参量按国标方法确定。

(1)试验证明,弯曲疲劳强度极限服从对数正态分布,可采用失效概率 $F = 0.01$ 的弯曲疲劳强度极限区域框图查取,见图4-12。于是,可以采用与接触疲劳极限应力相同的处理方法计算,其均值为:

$$\overline{\sigma}_{Flim} = \exp\left[2.33 \cdot C_{Flim} + \ln\sigma_{Flim}\right] \tag{4-25}$$

式中,σ_{Flim} 由图4-12查得,取中偏下之值。

(2)各系数的均值和变差系数:均值就是按国标规定方法计算或查线图得到的数值,变差系数值见表4-17。弯曲疲劳极限的综合变差系数为:

$$C_{Flim}^2 = C_{YS}^2 + C_{YN}^2 + C_{Yr}^2 + C_{YR}^2 + C_{Yx}^2 + C_{HB}^2$$

标准差为

$$S_{Flim} = C_{Flim} \cdot \overline{\sigma}_{Flim}$$

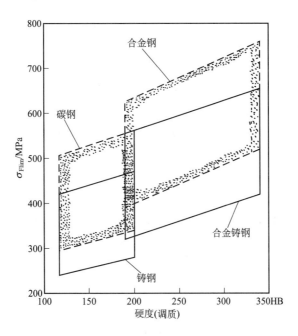

图 4-12 弯曲疲劳极限

表 4-17 变差系数

符 号	名 称	变差系数
Y_S	应力修正系数	$C_{YS} \approx 0.033$
Y_N	寿命系数	$C_{YN} \approx 0.04$
Y_r	齿根圆角敏感系数	$C_{Yr} \approx 0.03$
Y_R	齿根表面状况系数	$C_{YR} \approx 0.033$
Y_x	尺寸系数	$C_{Yx} \approx 0.02$

4.5.2.2 疲劳弯曲工作应力的均值、变差系数和标准差

关于齿根弯曲应力的分布规律有不同的解释：有的认为服从 Γ 分布；有的认为服从对数正态分布；有的为了安全起见，认为服从正态分布，但都缺少足够的试验数据。这里仍以综合变差系数的大小判断选用合适的模型。

常规设计时齿根弯曲工作应力均值为：

$$\bar{\sigma}_F = \frac{2T_1}{bd_1 m^2} \cdot Y_{Fa} \cdot Y_{Sa} \cdot K_{FA} \cdot K_{F\alpha} \cdot K_{F\beta} \cdot K_{FV} \tag{4-26}$$

式中，齿形系数 Y_{Fa} 和齿根应力集中系数 Y_{Sa} 见表 4-18。其它各系数均值按国标计算法或线图（见机械设计教材或机械设计手册），变差系数按式(4-4)计算。

表 4-18 齿形系数 Y_{Fa} 和齿根应力集中系数 Y_{Sa}

$Z(Z_V)$	17	18	19	20	21	22	23	24	27	28
Y_{Fa}	2.97	2.91	2.85	2.80	2.76	2.72	2.69	2.62	2.57	2.55
Y_{Sa}	1.52	1.53	1.54	1.55	1.56	1.57	1.575	1.59	1.60	1.61

$Z(Z_V)$	30	35	40	45	50	60	70	80	100	∞
Y_{Fa}	2.52	2.45	2.40	2.35	2.32	2.28	2.24	2.22	2.18	2.06
Y_{Sa}	1.625	1.65	1.67	1.68	1.70	1.73	1.75	1.77	1.79	1.97

弯曲应力的综合变差系数为：

$$C_{\sigma F}^2 = C_{YFa}^2 + C_{YSa}^2 + C_{AF}^2 + C_{\alpha F}^2 + C_{\beta F}^2 + C_{VF}^2$$

标准差为：

$$S_{\sigma F} = C_{\sigma F} \cdot \overline{\sigma}_F$$

4.5.2.3　可靠度

可根据强度、应力的综合变差系数值的大小来选用合适的可靠度干涉模型计算公式。

【**例 4-10**】　校核例 4-9 数据的弯曲疲劳强度的可靠度。

解　计算步骤如下：

（1）由弯曲疲劳强度极限区域图（图 4-12）查得：

$$HB_1 = 236; \sigma_{Flim1} = 470\text{N/mm}^2; C_{HB1} = 0.027$$

$$HB_2 = 190; \sigma_{Flim2} = 420\text{N/mm}^2; C_{HB2} = 0.049$$

由表 4-17 查各系数的变差系数为：

$$C_{YS} = 0.033; C_{YN} = 0.04; C_{Yr} = 0.03; C_{Yx} = 0.02; C_{YR} = 0.033$$

综合变差系数：

$$C_{Flim1} = \sqrt{C_{YS}^2 + C_{YN}^2 + C_{Yr}^2 + C_{Yx}^2 + C_{YR}^2 + C_{HB1}^2}$$

$$= \sqrt{(0.033)^2 + (0.04)^2 + (0.03)^2 + (0.02)^2 + (0.033)^2 + (0.027)^2}$$

$$= 0.076$$

$$C_{Flim2} = \sqrt{(0.033)^2 + (0.04)^2 + (0.03)^2 + (0.02)^2 + (0.033)^2 + (0.049)^2}$$

$$= 0.0865$$

弯曲疲劳强度极限均值为：

$$\overline{\sigma}_{Flim1} = \exp\left[2.33 \cdot C_{Flim1} + \ln\sigma_{Flim}\right]$$

$$= \exp\left[2.33 \times 0.076 + \ln470\right] = 561.1\text{N/mm}^2$$

$$\overline{\sigma}_{Flim2} = \exp\left[2.33 \times 0.0865 + \ln420\right] = 513.8\text{N/mm}^2$$

标准差

$$S_{Flim1} = C_{Flim1} \cdot \overline{\sigma}_{Flim1} = 0.076 \times 561.1 = 42.6\text{N/mm}^2$$

$$S_{Flim2} = C_{Flim2} \cdot \overline{\sigma}_{Flim2} = 0.0865 \times 513.8 = 44.4\text{N/mm}^2$$

（2）工作弯曲应力均值、变差系数和标准差。由表 4-18 查得：

$$Y_{F1} = 2.69, Y_{F2} = 2.18, C_{YF} = 0.03$$

$$Y_{S1} = 1.575, Y_{S2} = 1.79, C_{YS} = 0.033$$

由设计手册查得各修正系数及变差系数为：

$$K_{AF} = 1.25 ; C_{KA} = \frac{1.25 - 1}{3 \times 1.25} = 0.067$$

$$K_{VF} = 1.35 ; C_{KV} = \frac{1.35 - 1}{3 \times 1.35} = 0.086$$

$$K_{\alpha F} = 1.0 ; \quad C_{K\alpha} = 0$$

$$K_{\beta F} = 1.03 ; C_{K\beta} = \frac{1.03 - 1}{3 \times 1.03} = 0.0097$$

弯曲工作应力的综合变差系数为:

$$C_{\sigma F} = \sqrt{(0.03)^2 + (0.033)^2 + (0.067)^2 + (0.086)^2 + (0.0097)^2} = 0.118$$

弯曲工作应力的均值为:

$$\bar{\sigma}_{F1} = \frac{2T_1}{b \cdot d_1 m^2} Y_{Fa} \cdot Y_{Sa} \cdot K_{AF} \cdot K_{\alpha F} \cdot K_{\beta F} \cdot K_{VF}$$

$$= \frac{2 \times 5.47 \times 10^4}{57.5 \times 23 \times 2.25^2} \times 2.69 \times 1.575 \times 1.25 \times 1.35 \times 1.03$$

$$= 120.3 \text{N/mm}^2$$

$$\bar{\sigma}_{F2} = \frac{2 \times 5.47 \times 10^4}{57.5 \times 23 \times 2.25^2} \times 2.18 \times 1.79 \times 1.25 \times 1.35 \times 1.03$$

$$= 110.8 \text{N/mm}^2$$

标准差为:

$$S_{\sigma F1} = C_F \times \bar{\sigma}_{F1} = 0.118 \times 120.3 = 14.2 \text{N/mm}^2$$

$$S_{\sigma F2} = C_F \times \bar{\sigma}_{F2} = 0.118 \times 110.8 = 13.1 \text{N/mm}^2$$

（3）可靠度。因工作应力的变差系数 $C_F = 0.118 > 0.10$，为安全起见，建议用均值安全系数服从正态分布模型计算可靠度为宜。

$$\bar{n}_{R1} = \frac{561.1}{120.3} = 4.66$$

$$\bar{n}_{R2} = \frac{513.8}{110.8} = 4.637$$

$$C_n = \sqrt{C_{Flim}^2 + C_{\sigma F}^2} = \sqrt{(0.076)^2 + (0.118)^2} = 0.140$$

$$Z_{R1} = \frac{\bar{n}_{R1} - 1}{C_n \cdot \bar{n}_{R1}}$$

$$= \frac{4.66 - 1}{0.140 \times 4.66} = 5.61$$

$$Z_{R2} = \frac{4.637 - 1}{0.140 \times 4.637} = 5.60$$

查附表 1 得 $R_1 > 0.99999$；$R_2 > 0.99999$，说明弯曲疲劳强度很安全。也就是说，闭式传动齿轮一般不会出现弯曲疲劳折断，这与多年的使用经验是一致的。

上述所介绍的方法不仅是一种供学习用参考，而所提供的可靠性信息具有一定的实用价值。

4.6 蜗杆传动承载能力的可靠度下限计算

蜗杆传动主要失效形式是蜗轮齿面产生胶合、点蚀及磨损。实践证明，在一般情况下蜗轮齿因弯曲疲劳强度不足而失效的情况是很少的。常规设计接触疲劳工作应力为：

$$\bar{\sigma}_H = Z_E \sqrt{\frac{9 \cdot K \cdot T_2}{m^3 q \cdot z_2^2}} \tag{4-27}$$

式中，Z_E 为弹性影响系数，对于青铜或铸铁蜗轮与钢蜗杆配对时，取 $Z_E = 160 (MPa)^{\frac{1}{2}}$；$K$ 为修正系数；T_2 为蜗轮扭矩；m 为模数；q 为蜗杆特性系数；z_2 为蜗轮齿数。

常规设计公式是条件性的，有误差的近似公式。这是因为推导设计公式的准则与实际的失效形式不相吻合。它是按照先验的经验，用降低许用应力的方法加以修正。工作实践表明，影响蜗杆传动能力的因素很多：如蜗杆速度、蜗杆蜗轮的相对滑动速度、润滑情况、温度、安装及制造误差、蜗杆的变形、蜗杆齿廓形状等都是很敏感的，所以工作应力的分布是未知的，且离散性很大。

碳钢、合金钢的接触疲劳强度试验证明是近似对数正态分布，但对蜗轮的常用材料锡青铜等尚缺少实践或试验的证明其分布规律。因此，精确的计算蜗杆传动的可靠度是很困难的。但是，根据以往的经验，按强度和应力均为未知分布模型推断其可靠度下限值对设计和使用还是有参考意义的。

【例 4-11】 按常规设计一混料机用的闭式蜗杆减速器中的普通圆柱蜗杆传动。已知蜗杆输入功率 $P_1 = 9.6kW$，蜗杆转速 $n_1 = 1450r/min$，传动比 $u = 20$，单向转动，载荷稳定、润滑良好，蜗杆减速器每天工作 8h，工作寿命 10a。其设计参数如下：蜗杆选用 40Cr 表面淬火，$HRC = 45 \sim 55$；蜗轮用铸锡青铜 ZQSn10 – 1，砂模铸造，$\sigma_B = 216MPa$。$Z_E = 160 (MPa)^{\frac{1}{2}}$，模数 $m = 10$，$q = 8$，$T_2 = 1.012 \times 10^6 N \cdot mm$，$z_2 = 40$，$K = K_A \cdot K_\beta \cdot K_V = 1.21$。试推断该设计的可靠度下限值。

解 （1）计算接触疲劳工作应力均值

$$\bar{\sigma}_H = Z_E \sqrt{\frac{9 \cdot K \cdot T_2}{m^3 q \cdot z_2^2}} = 160 \sqrt{\frac{9 \times 1.21 \times 1.012 \times 10^6}{10^3 \times 8 \times 40^2}} = 148.5MPa$$

（2）判别离散性 根据经验或查设计手册得：$C_E = 0.04$；$C_{\sigma H} = 0.043$（蜗轮估计值）；$C_\delta = 0.05$（蜗杆估计值）；$C_x = 0.067$（工艺及尺寸偏差引起的变差系数估计值）；$C_K = \frac{1.21 - 1}{3 \times 1.21} = 0.058$，则综合变差系数为：

$$C_n = \sqrt{C_E^2 + C_{\sigma H}^2 + C_\delta^2 + C_x^2 + C_K^2}$$
$$= \sqrt{(0.04)^2 + (0.043)^2 + (0.05)^2 + (0.067)^2 + (0.058)^2} = 0.1175$$

（3）求可靠度下限值 均值安全系数：

$$\bar{n}_R = \frac{216}{148.5} = 1.455$$

可靠度下限 $R_L \geq 1 - \dfrac{\bar{n}_R^2 \cdot C_n^2}{\bar{n}_R^2 C_n^2 + (\bar{n}_R - 1)^2} = 1 - \dfrac{(1.455)^2 (0.1175)^2}{(1.455)^2 \cdot (0.1175)^2 + (1.455 - 1)^2}$
$$= 0.8763$$

说明原设计是相当安全可靠的。

4.7 转轴承载能力的可靠性设计

当转轴同时承受弯曲和扭转载荷时，强度计算要采用弯扭合成的强度理论。转轴不仅需要满足疲劳强度要求，同时还要满足静强度要求和刚度要求。

在进行可靠性设计和预测时,假设:1)忽略轴本身质量和离心力;2)认为啮合力沿齿宽度上均匀分布,而传递给轴又视为集中力;3)将轴心线与滚动轴承外圈内表面中点法线的交点作为轴承的支承点;4)忽略滚动轴承的摩擦力矩的影响。这样,进行转轴强度计算时,先按常规设计法估算轴径、作转轴的结构设计、最后进行可靠性预测。

4.7.1 转轴强度可靠性设计举例

【例 4-12】 图 4-13 所示为某减速装置的传动轴,其结构尺寸是按常规设计计算的。该轴传递的功率 $P = 120\text{kW} \pm 5\%$,转速 $n = 145\text{r/min}$。功率由直齿圆锥齿轮传入,由直齿圆柱齿轮传出。轴的材料为 30CrMnSiA,调质处理后硬度 HB 不低于 270。由结构分析可判断剖面 $A-A$ 和 $B-B$ 的载荷较大,其校核结果见下表:

计算项目	M	T	W	W_T	σ	τ	σ_a	σ_m	τ_a	τ_m	n_s
	N·m		cm³		MPa						
剖面 $A-A$	10455	7903	110.2	220	94.87	35.92	94.87	0	17.95	17.95	1.15
剖面 $B-B$	10172	0	89.2	0	113.65	0	113.65	0	0	0	1.36

当材料质地均匀,计算比较精确时,常规设计的安全系数可取 $[n_s] = 1.5$。但剖面 $A-A$ 处 $n_s = 1.15 < [n_s] = 1.5$,认为不够安全。剖面 $B-B$ 处 $n_s = 1.36 < [n_s] = 1.5$,也认为不安全。现用可靠性设计方法核验该轴的可靠度能否满足 $R \geq 0.999$ 的要求。

解 (1)由图 4-13 知,剖面 $A-A$ 处的合成弯矩均值和标准差为:

$$\overline{M}_s = 10455\text{N·m}; S_{MS} = \frac{\overline{M}_s \times 5\%}{3} = \frac{10455 \times 0.05}{3} = 174.3\text{N·m}$$

扭矩均值及标准差为:

$$\overline{T}_s = 7903\text{N·m}; S_{TS} = \frac{T_s \times 5\%}{3} = \frac{7903 \times 0.05}{3} = 131.7\text{N·m}$$

(2)求弯曲应力均值 $\overline{\sigma}$ 和扭转应力均值 $\overline{\tau}$。考虑到在制造中轴径的偏差 $\Delta d = 0.010\overline{d}$,因轴径尺寸为正态分布,其偏差为标准差的 3 倍,故得剖面 $A-A$ 处轴径均值 $\overline{d} = 108\text{mm}$,其标准差为:

$$S_d = \frac{0.01\overline{d}}{3} = \frac{0.01 \times 108}{3} = 0.36\text{mm}$$

弯曲截面模量的均值 $\overline{W}_s = 110200\text{mm}^3$,其标准差为:

$$S_{WS} = \frac{\pi}{32}(3 \times d^2 \cdot S_d)$$

$$= \frac{\pi}{32}(3 \times 108^2 \times 0.36) = 1237\text{mm}$$

代入弯曲应力公式得均值和标准差为:

$$\overline{\sigma} = \frac{\overline{M}_s}{\overline{W}_s} = \frac{10455000}{110200} = 94.9\text{MPa}$$

$$S_\sigma = \overline{\sigma} \cdot \sqrt{C_{MS}^2 + C_{WS}^2} = 94.9\sqrt{(0.017)^2 + (0.011)^2} = 1.93\text{MPa}$$

扭转截面模量均值 $\overline{W}_T = 220000\text{mm}^3$,其标准差为:

$$S_{WT} = \frac{\pi}{16}(3 \times 108^2 \times 0.36) = 2474\text{mm}$$

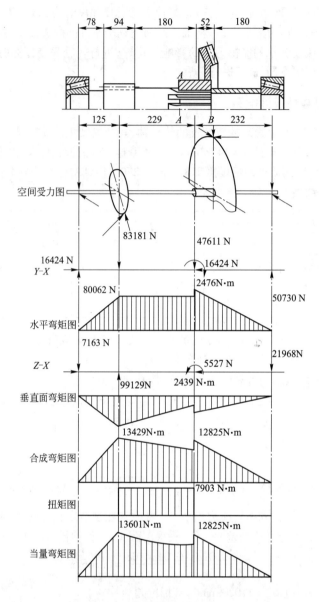

图 4-13　轴的弯矩图

扭转应力均值 $\bar{\tau}$ 和标准差为：

$$\bar{\tau} = \frac{\overline{T}_S}{\overline{W}_T} = \frac{7903000}{220000} = 35.9\,\mathrm{MPa}$$

$$S_\tau = \bar{\tau}\,\sqrt{C_{WT}^2 + C_{TS}^2} = 35.9 \times \sqrt{(0.011)^2 + (0.017)^2} = 0.73\,\mathrm{MPa}$$

（3）求弯扭合成应力均值 $\overline{\sigma}_f$ 和标准差 $S_{\sigma f}$。应用变形能强度理论求弯扭合成应力的公式为：

$$\sigma_f = \sqrt{\sigma^2 + 3\tau^2}$$

在本例题中，弯曲应力为对称循环应力，而扭转应力是数值不变的静应力，按照合成应力公式：

$$\sigma_f = \sqrt{\sigma_a^2 + \sigma_m^2}$$

即 σ_a 等于弯曲应力 $\overline{\sigma} = 94.9\text{MPa}$；$\sigma_m = \sqrt{3}\tau = \sqrt{3} \times 35.9 = 62.2\text{MPa}$，代入得合成应力均值和标准差分别为：

$$\overline{\sigma}_f = \sqrt{(94.9)^2 + (62.2)^2} = 113.5\text{MPa}$$

$$S_{\sigma f} = 113.5\sqrt{(0.017)^2 + (0.011)^2} = 2.3\text{MPa}$$

（4）画出光滑标准试件的疲劳极限线图，见图4-14。

由附表8查得 $N = 10^7$ 时30CrMnSiA钢的疲劳极限均值和标准差如下：

$r = -1, a_\sigma = 1$ 时，$\overline{\sigma}_{-1} = 637.7\text{MPa}, S_{\sigma-1} = 18.64\text{MPa}, C_{\sigma-1} = \dfrac{18.64}{637.7} \approx 0.03$

$r = 0.1, a_\sigma = 1$ 时，$\overline{\sigma}_{0.1} = 1087.8\text{MPa}, S_{\sigma 0.1} = 39.9\text{MPa}, C_{\sigma 0.1} = \dfrac{39.9}{1087.8} \approx 0.037$

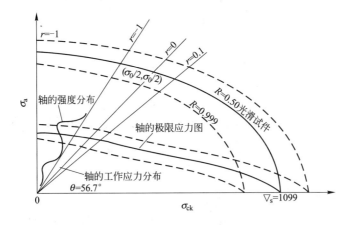

图4-14 轴的疲劳线图

$$\overline{\sigma}_0 = \frac{2\overline{\sigma}_{-1}}{1 + \Psi_\sigma} = \frac{2 \times 637.7}{1 + 0.2} = 1063\text{MPa}(\Psi_\sigma = 0.2)$$

查附表5得：$\overline{\sigma}_s = 1099\text{MPa}, S_{\sigma S} = 51\text{MPa}, C_{\sigma S} = \dfrac{51}{1099} \approx 0.046$

当可靠度 $R = 0.999$ 时，由附表1查得 $Z_R = 3.091$，则有

$$Z_R \cdot S_{\sigma-1} = 3.091 \times 18.6 = 57.5\text{MPa}$$

$$Z_R \cdot S_{\sigma 0.1} = 3.091 \times 39.9 = 123\text{MPa}$$

$$Z_R \cdot S_{\sigma S} = 3.091 \times 51 = 157.6\text{MPa}$$

根据实验，弯扭联合作用下的疲劳破坏规律可用一条抛物线曲线来表示。因此，可以画出30CrMnSiA钢标准试件在 $N = 10^7$ 时的疲劳极限均值和 $R = 0.999$ 的疲劳极限线图，如图4-14所示。

（5）画轴的疲劳极限线图。由设计手册中查得 $r/d = 4/108 \approx 0.037, D/d = 128/108 \approx 1.19$，$\sigma_B = 1185\text{MPa}$ 时理论应力集中系数 $K_\sigma^1 = 2.15, K_\tau^1 = 1.71$。由表3-1查30CrMnSiA钢，当 $r = -1$ 时的应力集中敏感系数 $\overline{q} = 0.744, S_q = 0.083$，则有效应力集中系数 $\overline{K}_\sigma$ 和标准差 $S_{K\sigma}$ 分别为：

$$\overline{K}_\sigma = 1 + \overline{q}(K_\sigma^1 - 1) = 1 + 0.744 \times (2.15 - 1) = 1.856$$

$$S_{K\sigma} = S_q(K_\sigma^1 - 1) = 0.083 \times (2.15 - 1) = 0.095$$

由于是磨光轴，表面状态系数 $\beta = 1.0$。由表3-2查得合金钢当 $d = 30 \sim 150\text{mm}$ 时的尺寸系

数 $\bar{\varepsilon} = 0.79, S_{\varepsilon} = 0.069$。这样,将标准试件的疲劳极限转化为轴的疲劳极限时的降低系数为:

$$\bar{K} = \frac{\bar{\varepsilon}}{\bar{K}_{\sigma}} = \frac{0.79}{1.856} \approx 0.426$$

$$S_K = \bar{K} \sqrt{C_{\varepsilon}^2 + C_{K\sigma}^2} = 0.426 \sqrt{(\frac{0.069}{0.79})^2 + (\frac{0.095}{1.856})^2} = 0.043$$

将上面求得的强度降低系数直接乘疲劳极限,则有

$$\bar{\sigma}_{-1\lim} = \bar{K} \cdot \bar{\sigma}_{-1} = 0.426 \times 637 = 271.4\text{MPa}$$

$$S_{\sigma-1\lim} = \bar{\sigma}_{-1\lim} \sqrt{C_K^2 + C_{\sigma-1}^2} = 271.4 \sqrt{(0.10)^2 + (0.029)^2} = 28.3\text{MPa}$$

$$Z_R \cdot S_{\sigma-1\lim} = 3.091 \times 28.3 = 87.5\text{MPa}$$

$$\bar{\sigma}_{0.1\lim} = \bar{K} \cdot \bar{\sigma}_{0.1} = 0.426 \times 1087.8 = 463.4\text{MPa}$$

$$S_{\sigma0.1\lim} = \bar{\sigma}_{0.1\lim} \sqrt{C_K^2 + C_{\sigma0.1}^2} = 463.4 \sqrt{(0.10)^2 + (0.037)^2} = 49.4\text{MPa}$$

$$Z_R \cdot S_{\sigma0.1\lim} = 3.091 \times 49.4 = 152.7\text{MPa}$$

根据上面的数值可近似的画出轴的疲劳极限线图,见图 4-14。

(6) 确定工作应力的不对称系数 r:

最大应力均值　　　　$\bar{\sigma}_{\max} = \bar{\sigma}_m + \bar{\sigma}_a = 62.2 + 94.9 = 157.1\text{MPa}$

最小应力均值　　　　$\bar{\sigma}_{\min} = \bar{\sigma}_m - \bar{\sigma}_a = 62.2 - 94.9 = -32.7\text{MPa}$

特性系数　　　　　　$r = \frac{\bar{\sigma}_{\min}}{\bar{\sigma}_{\max}} = \frac{-32.7}{157.1} = -0.208$

$$\tan\theta = \frac{\bar{\sigma}_a}{\bar{\sigma}_m} = \frac{94.9}{62.2} = 1.5257; \theta = 56.76°$$

(7) 确定强度分布。在图 4-14 上,作 $r = -0.208$ 的直线与轴的疲劳极限曲线相交,交点坐标值表示轴的疲劳极限的均值。因抛物线的作图误差较大,可以近似的写出疲劳极限曲线的抛物线方程与直线方程联立求解,即有

$$\begin{cases} \dfrac{\sigma'_a}{271.4} + \dfrac{\sigma'^2_m}{(109a)^2} = 1 \\[3mm] \dfrac{\sigma'_a}{\sigma'_m} = 1.5257 \end{cases}$$

解得:$\sigma'_m = 173.5\text{MPa}; \sigma'_a = 265\text{MPa}$。

轴的疲劳极限分布带的方程与直线交点为:

$$\begin{cases} \dfrac{\sigma''_a}{271.4 - (3 \times 18.6)} + \dfrac{\sigma''^2_m}{(1099 - 3 \times 51)^2} = 1 \\[3mm] \dfrac{\sigma''_a}{\sigma''_m} = 1.5257 \end{cases}$$

解得:$\sigma''_m = 138.3\text{MPa}, \sigma''_a = 211\text{MPa}$。

标准差为　　　　　　$S_{\sigma'a} = \frac{\sigma'_a - \sigma''_a}{Z_R} = \frac{265 - 211}{3.091} = 17.5\text{MPa}$

$$S_{\sigma'm} = \frac{\sigma'_m - \sigma''_m}{Z_R} = \frac{173.5 - 138.3}{3.091} = 11.4\text{MPa}$$

求 $r = -0.208$ 的疲劳极限均值及标准差:

$$\bar{\sigma}'_f = \sqrt{\sigma'^2_a + \sigma'^2_m} = \sqrt{(265)^2 + (173.5)^2} = 316.7\text{MPa}$$

$$S'_{\sigma f} = 316.7 \sqrt{\left(\frac{17.5}{265}\right)^2 + \left(\frac{11.4}{173.5}\right)^2} = 29.5\text{MPa}$$

（8）校核可靠度。当 $r = -0.208$ 时的工作应力均值及强度极限均值和标准差分别为：

工作应力　　$\overline{\sigma}_f = 113.5\text{MPa}, S_{\sigma f} = 2.3\text{MPa}$

强度极限　　$\overline{\sigma}'_f = 316.7\text{MPa}, S_{\sigma'_f} = 29.5\text{MPa}$

考虑到各种因素的变差系数的综合影响,则有：

$$C_\beta = 0 ; C_\varepsilon = \frac{0.069}{0.79} = 0.087 ; C_{K\sigma} = \frac{0.095}{1.856} = 0.051$$

$$C_d = \frac{0.01}{3} = 0.003 ; C_{\sigma_f} = \frac{2.3}{113.5} = 0.02 ; C'_{\sigma f} = \frac{29.5}{316.7} = 0.094$$

$$C_n = [C_\varepsilon^2 + C_{K\sigma}^2 + C_d^2 + C_{\sigma_f}^2 + C_{\sigma'_f}^2]^{1/2}$$

$$= [(0.087)^2 + (0.051)^2 + (0.003)^2 + (0.02)^2 + (0.094)^2]^{1/2} = 0.139$$

因 $C_n = 0.139 > 0.10$,为安全起见,按均值安全系数服从正态模型计算可靠度是适宜的。

$$\overline{n}_R = \frac{\overline{\sigma}'_f}{\overline{\sigma}_f} = \frac{316.7}{113.5} = 2.79$$

$$Z_R = \frac{\overline{n}_R - 1}{C_n \overline{n}_R} = \frac{2.79 - 1}{0.139 \times 2.79} = 4.616 > 3.091$$

原设计满足 $R > 0.999$ 的要求,可用。

4.7.2 轴的刚度可靠性设计

在轴的刚度可靠性设计中,可将挠度曲线方程表示为：

$$y = f(F, l, a, E, I, x) \tag{4-28}$$

式中,F 为外载荷;l 为轴的支承距离;a 为 F 作用点到坐标原点的距离;E 为材料的弹性模量;I 为轴剖面的惯性矩;x 为计算剖面到坐标原点的距离,见图 4-15。

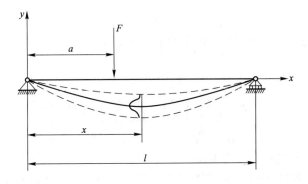

图 4-15　轴的刚度

设式（4-28）中的各物理量为独立的随机变量,则挠度 y 的均值和标准差分别为：

$$\overline{y} = f(\overline{F}, \overline{l}, \overline{a}, \overline{E}, \overline{I}, \overline{x}) \tag{4-29}$$

$$S_y = \left[\left(\frac{\partial y}{\partial F}\right)^2 \cdot S_F^2 + \left(\frac{\partial y}{\partial l}\right)^2 \cdot S_l^2 + \left(\frac{\partial y}{\partial a}\right)^2 \cdot S_a^2 + \left(\frac{\partial y}{\partial E}\right)^2 \cdot S_E^2 + \left(\frac{\partial y}{\partial I}\right)^2 \cdot S_I^2 + \left(\frac{\partial y}{\partial x}\right)^2 \cdot S_x^2\right]^{1/2}$$

$$\tag{4-30}$$

挠度许用值$[y]$。对于一般轴$[y]=(0.0001\sim0.0003)l$;对于齿轮轴$[y]=(0.01\sim0.03)m$,m 为齿轮模数。

当无实验证明其确切分布时,可判断综合变差系数 C_n 的大小,然后选择适宜的模型计算可靠度。仿照上述方法,可计算偏转角 θ 的可靠度。

4.8 滚动轴承的可靠性计算

滚动轴承的主要失效形式为疲劳点蚀、磨损和塑性变形。滚动轴承的寿命将直接影响着机械的性能。因而,在选择滚动轴承时,常以额定寿命作为计算标准。根据寿命试验和理论分析证实,滚动轴承的寿命 t 服从威布尔分布,其失效概率为:

$$F(t)=1-\exp\left[-\left(\frac{t}{\eta}\right)^{\beta}\right]$$

可靠度
$$R(t)=\exp\left[-\left(\frac{t}{\eta}\right)^{\beta}\right]$$

式中,t 为轴承寿命;η 为尺度参数;β 为形状参数,对球轴承 $\beta=10/9$,滚子轴承 $\beta=3/2$,圆锥滚子轴承 $\beta=4/3$。

当 $R(t)=0.90$ 时,轴承的寿命 $t=L_{10}$,L_{10} 表示失效概率为 10% 的寿命,即
$$L_{10}=\eta[-\ln0.90]^{1/\beta}$$

对应不同可靠度的滚动轴承寿命有:

$$t=L_{10}\left[\frac{\ln R(t)}{\ln0.90}\right]^{1/\beta}$$

设计手册中给出的数据是在额定动载荷 C 的作用下,滚动轴承可以工作 10^6 转而不发生点蚀失效的可靠度 $R=90\%$。根据疲劳寿命曲线导出的滚动轴承额定动载荷与其寿命之间的关系为:

$$L_{10}=\left(\frac{C}{P}\right)^{\varepsilon} \tag{4-31}$$

式中,C 为额定动载荷(N);P 为当量动载荷(N);ε 为疲劳寿命系数,对球轴承 $\varepsilon=3$,对滚子和圆锥滚子轴承 $\varepsilon=10/3$。

为了使用方便,滚动轴承的寿命一般用给定转速下的小时数表示,则有

$$L_h=\frac{10^6}{60\cdot n}\left(\frac{C}{P}\right)^{\varepsilon}\left[\frac{\ln R(t)}{\ln0.90}\right]^{1/\beta}(h) \tag{4-32}$$

式中,L_h 为用小时数表示的使用寿命;n 为滚动轴承的工作转速(r/min)。

根据式(4-32)绘制的算图,见图 4-16。

【例 4-13】 已知轴径 $D=90mm$,当量动载荷 $P=107430N$,选用 7618 型锥轴承,要求寿命 $L_h=1000h$,$n=145r/min$,求该轴承的可靠度。如要求 $R(t)=99\%$ 时,滚动轴承的寿命是多少?

解 查设计手册,7618 型的额定动载荷 $C=300000N$,将已知数据代入式(4-32),则有

(1)
$$1000=\frac{10^6}{60\times145}\left(\frac{300000}{107430}\right)^{\frac{10}{3}}\left[\frac{\ln R(t)}{\ln0.90}\right]^{\frac{3}{4}}$$

解得 $R_{(1000)}=98.06\%$

(2)
$$L_{0.99}=\frac{10^6}{60\times145}\left(\frac{300000}{107430}\right)^{\frac{10}{3}}\left[\frac{\ln0.99}{\ln0.90}\right]^{\frac{3}{4}}=605h$$

用算图(图4-16)解得:

① $\dfrac{C}{P}=\dfrac{300000}{107430}=2.79$——$n=145$——交 M 线于 A 点

② $L_{\mathrm{h}}=1000$——$M(A)$——$R(t)=98.06\%$

③ $R(t)=99\%$——$M(A)$——$L_{0.99}=605\mathrm{h}$

与计算结果相符。

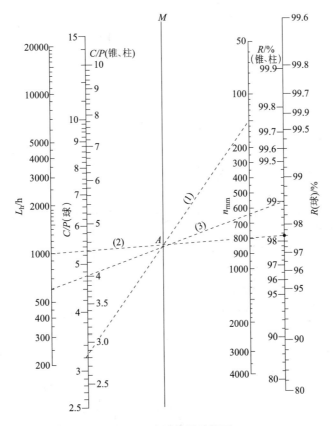

图4-16　滚动轴承计算图

4.9　圆柱螺旋弹簧的可靠性设计

在常规设计中,圆柱压缩(拉伸)螺旋弹簧的主要设计公式有:

$$\tau=\frac{8KFD}{\pi d^{3}} \tag{4-33}$$

$$\lambda=\frac{8FD^{3}n}{Gd^{4}} \tag{4-34}$$

$$K=\frac{4C-1}{4C-4}+\frac{0.615}{C} \tag{4-35}$$

式中,τ 为弹簧丝内侧的最大扭应力$(\mathrm{N/mm^{2}})$;K 为弹簧的曲度系数,其中 $C=D/d$;F 为作用在弹簧上的轴向载荷(N);D 为弹簧的中径(mm);d 为弹簧丝直径(mm);λ 为弹簧受载后的轴向变形量(mm);G 为弹簧材料的剪切弹性模量$(\mathrm{N/mm^{2}})$,n 为弹簧的有效圈数。

在弹簧的可靠性设计时,应将上述各参量假设为相互独立的随机变量,以便简化计算。

应用泰勒级数将式(4-33)展开,求得扭应力的均值、标准差及变差系数:

$$\bar{\tau} = \frac{8\bar{K}\bar{F}\bar{D}}{\pi\bar{d}^3} \tag{4-36}$$

$$S_\tau = \left[\left(\frac{\partial\bar{\tau}}{\partial F}\right)^2 \cdot S_F^2 + \left(\frac{\partial\tau}{\partial K}\right)^2 \cdot S_K^2 + \left(\frac{\partial\tau}{\partial D}\right)^2 \cdot S_D^2 + \left(\frac{\partial\tau}{\partial d}\right)^2 \cdot S_d^2 \right]^{1/2}$$

$$= \frac{8}{\pi}\left[\left(\frac{KD}{d^3}\right)^2 \cdot S_F^2 + \left(\frac{FD}{d^3}\right)^2 \cdot S_K^2 + \left(\frac{KF}{d^3}\right)^2 \cdot S_D^2 + \left(\frac{3KFD}{d^4}\right)^2 \cdot S_d^2 \right]^{1/2}$$

$$\tag{4-37}$$

$$C_\tau = \frac{S_\tau}{\bar{\tau}} = (C_F^2 + C_K^2 + C_D^2 + qC_d^2)^{1/2} \tag{4-38}$$

各变量的均值、标准差和变差系数的确定:

(1)轴向载荷 F。按载荷的允许偏差 $\pm\Delta F$ 确定标准差 $S_F = \Delta F/3$;变差系数 $C_F = \Delta F/(3F)$;

(2)曲度系数 K。根据弹簧丝直径 d 和弹簧中径 D 的公差估算出标准差,平均可取 $S_K \approx 0.045$;

(3)弹簧中径 D。根据弹簧质量检验标准(GB1239—76),对于一般机械和重型机械常用的弹簧精度等级,标准差估计值见表4-19;

(4)弹簧丝直径 d。簧丝直径的标准差 S_d 按规定的公差确定,标准差 S_d 和变差系数 C_d 的估计值见表4-20;

(5)有效圈数 n。拉压圆柱螺旋弹簧有效圈数 n 的允差见表4-21;

(6)剪切弹性模量 G。剪切弹性模量 G 的变差系数 $C_G = C_E = 0.03$。

表 4-19

精度等级	标准差	弹簧指数 C		变形量公差
		4~8	>8~16	
1		0.0033D	0.005D	10%
2	S_D	0.005D	0.0066D	20%
3		0.0066D	0.01D	30%

表 4-20

弹簧丝直径 d/mm	0.7~1.0	1.2~3.0	3.5~6.0	8~12
标准差 S_d/mm	0.01	0.01	0.013	0.133
变差系数 C_d	0.014~0.01	0.008~0.0033	0.0037~0.002	0.016~0.007

表 4-21

有效圈数,n	允许偏差(圈)	
	压缩弹簧	拉伸弹簧
≤10	±1/4	±1
>10~20	±1/2	±1
>20~50	±1	±2

当各随机变量的变差系数都比较小时,扭应力近似于正态分布。倘若某一随机变量出现较大的变化,分布可能出现畸变,不再是对称的正态分布,这时最好通过实验确定其分布规律。

4.9.1 圆柱压缩(拉伸)螺旋弹簧的静强度设计

(1)剪切极限强度均值和标准差。在静强度设计中,剪切极限强度就是扭转屈服极限 τ_s。对弹簧丝直径 $d \leqslant 6mm$ 的螺旋弹簧试验表明,钢、不锈钢及磷青铜弹簧的扭转屈服极限 τ_s 与抗拉强度极限 σ_B 的关系为:

$$\tau_s \approx 0.4535\sigma_B \tag{4-39}$$

常用的 65Mn 弹簧钢丝的抗拉强度极限见表 4-22。同一捆钢丝抗拉强度 σ_B 的波动范围一般不得超过 $75N/mm^2$,可以估算出同一捆钢丝的标准差 $S_1 = 75/3 = 25MPa$。考虑不同捆钢丝性能的差异,则钢丝的变差系数为:

表 4-22 65Mn 冷拔弹簧钢丝的抗拉强度

簧丝直径 d/mm	1.0~1.2	1.4~1.6	1.8~2.0	2.2~2.5	2.8~3.4	3.5	3.8~4.2	4.5	4.8~5.3	5.5~6
σ_B/MPa	1800 ~2150	1750 ~2050	1700 ~2000	1650 ~1950	1600 ~1850	1500 ~1750	1450 ~1700	1400 ~1650	1350 ~1600	1300 ~1550

$$C_{\tau s} = \sqrt{C_1^2 + C_2^2} \tag{4-40}$$

式中,$C_1 = S_1/\overline{\sigma}_B$;$C_2 = (\sigma_{Pmax} - \sigma_{Bmin})/6\overline{\sigma}_B$。

(2)工作应力的均值和标准差。弹簧工作应力均值可按式(4-33)计算,标准差为 $S_\tau = C_\tau \cdot \overline{\tau}$。

(3)根据综合变差系数值的大小选用适宜的模型计算可靠度。

【**例 4-14**】 设计一机械手用的圆弹簧丝圆柱形压缩螺旋弹簧。最大的轴向载荷 $F_{max} = 700N$,最大轴向变形量 $\lambda_{max} = 50 \pm 1.5mm$。该弹簧套在一直径为 28mm 的轴上工作。由于结构的限制,弹簧外径不得超过 42mm。要求弹簧的可靠度 $R \geqslant 0.99$。

解 (1)根据结构限制,试选 $d = 5mm$,65Mn 冷拔弹簧钢丝,由表 4-22 查得 $\sigma_B = 1350 \sim 1600MPa$;

(2)计算弹簧丝扭转强度极限均值和标准差:

$$\overline{\sigma}_B = \frac{1350 + 1600}{2} = 1475MPa$$

$$\overline{\tau}_s = 0.4537\overline{\sigma}_B = 0.4537 \times 1475 = 669.2MPa$$

变差系数

$$C_1 = \frac{25}{1475} = 0.017; \quad C_2 = \frac{1600 - 1350}{6 \times 1475} = 0.028$$

$$C_{\tau s} = \sqrt{C_1^2 + C_2^2} = \sqrt{(0.017)^2 + (0.028)^2} = 0.033$$

标准差 $S_{\tau s} = C_{\tau s} \cdot \overline{\tau}_s = 0.033 \times 669.2 \approx 22.08N/mm^2$

(3)计算弹簧丝工作扭应力均值和标准差。为了满足设计提出的结构要求,取旋绕比 $C = 6.8$,则曲度系数均值为:

$$\overline{K} = \frac{4C-1}{4C-4} + \frac{0.615}{C} = \frac{4 \times 6.8 - 1}{4 \times 6.8 - 4} + \frac{0.615}{6.8} = 1.22$$

变差系数

$$C_K = \frac{S_K}{K} = \frac{0.045}{1.22} = 0.037$$

工作扭应力均值：

$$\bar{\tau} = \frac{8\bar{K} \cdot \bar{F} \cdot \bar{D}}{\pi \bar{d}^3} = \frac{8 \times 1.22 \times 700 \times 6.8}{\pi \times 25^2} = 591.5\text{MPa}$$

因 $F = F_{\max}, S_F = 0, C_F = 0$；查表4-19、表4-20 得 $C_D = 0.005$；$C_d = 0.0026$，则综合变差系数为：

$$C_\tau = \sqrt{C_K^2 + C_D^2 + 9C_d^2} = \sqrt{(0.037)^2 + (0.005)^2 + 9 \times (0.0026)^2} = 0.038$$

标准差 $S_\tau = C_\tau \cdot \bar{\tau} = 0.038 \times 591.5 = 22.5\text{N/mm}^2$

（4）计算可靠度。因 $C_\tau = 0.038 < 0.07$；$C_{\tau s} = 0.033 < 0.07$，则可以利用正态强度与正态应力干涉模型计算可靠度：

$$Z_R = \frac{\bar{\tau}_s - \bar{\tau}}{\sqrt{S_{\tau s}^2 + S_\tau^2}} = \frac{669.2 - 591.5}{\sqrt{(22.08)^2 + (22.5)^2}} = 2.465$$

查附表1得 $R = 0.9931 > 0.99$，满足设计要求。

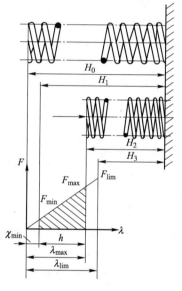

图 4-17   压缩弹簧

4.9.2   圆柱压缩(拉伸)螺旋弹簧的疲劳强度设计

在实际应用中，多数弹簧是在变载荷条件下工作的，其主要失效形式是疲劳断裂。对于承受变载荷的弹簧，其载荷一般是从 $F_{\min}$ 到 $F_{\max}$ 作周期性变化，如图4-17所示。由图中知，弹簧应力的变化规律是属于最小扭应力 $\tau_{\min} = $ 常数的情况。通过下面算例说明可靠性设计的方法。

【例4-15】 已知一气门弹簧钢丝直径 $d = 4.5\text{mm}$，弹簧中径 $D = 32\text{mm}$，工作圈数 $n = 9$，弹簧安装压力 $F_{\min} = 200\text{N}$，最大工作压力 $F_{\max} = 420\text{N}$，变形量公差不大于 20%。弹簧材料为 50CrVA，$\sigma_B = 1500 \sim 1800\text{N/mm}^2$。凸轮轴转速 $n = 1400\text{r/min}$。若最大工作压力允许偏差为 $\pm 15\%$，工作寿命 $N = 10^7$ 时，试预测弹簧的可靠度能否满足 $R \geq 0.999$ 的要求。

解 （1）弹簧工作扭应力均值和标准差：

弹簧指数 $C = \dfrac{D}{d} = \dfrac{32}{4.5} = 7.1$

曲度系数

$$K = \frac{4C - 1}{4C - 4} + \frac{0.615}{C} = \frac{4 \times 7.1 - 1}{4 \times 7.1 - 4} + \frac{0.615}{7.1} = 1.21, S_K = 0.045, C_K = 0.037$$

最大工作扭应力 $\tau_{\max} = \dfrac{8KF_{\max}D}{\pi d^3} = \dfrac{8 \times 1.21 \times 420 \times 32}{\pi (4.5)^3} = 454.5\text{MPa}$

最小工作扭应力 $\tau_{\min} = \dfrac{8KF_{\min}D}{\pi d^3} = \dfrac{8 \times 1.21 \times 200 \times 32}{\pi (4.5)^3} = 216.4\text{MPa}$

变差系数 $C_{F\max} = \dfrac{0.15F_{\max}}{3F_{\max}} = 0.05$

安装载荷的偏差主要由于弹簧几何尺寸 d 和 D 的偏差引起的。根据普通圆柱螺旋弹簧标准可以估计最小载荷 $F_{\min}$ 的变差系数见表4-23。现取 $C_{F\min} = 0.033, C_D = 0.005, C_d = 0.003$。

表 4-23

精度等级	变差系数	有 效 圈 数		
		2 ~ 4	> 4 ~ 10	> 10
2	$C_{F\min}$	0.04	0.033	0.026
3		0.06	0.05	0.03

工作扭应力的综合变差系数：

$$C_{\tau\max} = \sqrt{C_K^2 + C_{F\max}^2 + C_D^2 + 9C_d^2} = \sqrt{(0.037)^2 + (0.05)^2 + (0.005)^2 + 9 \times (0.003)^2} = 0.063$$

$$C_{\tau\min} = \sqrt{(0.037)^2 + (0.033)^2 + (0.005)^2 + 9 \times (0.003)^2} = 0.05$$

标准差　　　　　　$S_{\tau\max} = C_{\tau\max} \cdot \tau_{\max} = 0.063 \times 454.5 = 28.6\text{MPa}$

　　　　　　　　$S_{\tau\min} = C_{\tau\min} \cdot \tau_{\min} = 0.05 \times 216.4 = 10.8\text{MPa}$

（2）确定弹簧材料的极限应力均值和标准差。弹簧材料为50CrVA，其强度极限均值为：

$$\overline{\sigma}_B = \frac{\sigma_{B\max} + \sigma_{B\min}}{2} = \frac{1800 + 1500}{2} = 1650\text{MPa}$$

变差系数　　　　　$C_{\sigma B} = \frac{\sigma_{B\max} - \sigma_{B\min}}{6 \times \overline{\sigma}_B} = \frac{1800 - 1500}{6 \times 1650} = 0.03$

由试验统计知，脉动循环疲劳极限 $\tau_0 = 0.3\sigma_B$（$N = 10^7$ 时），则扭应力极限均值为：

$$\overline{\tau}_{\lim} = \tau_0 + \left(\frac{\tau_0 - \tau_{-1}}{\tau_{-1}}\right) \cdot \tau_{\min}$$

对卷制的压缩弹簧可取 $\tau_{-1} = 0.75\tau_0$，则

$$\overline{\tau}_{\lim} = \tau_0 + 0.75\tau_{\min} = 0.3 \times 1650 + 0.75 \times 216.4 = 657.3\text{MPa}$$

螺旋弹簧的疲劳试验结果表明，弹簧的疲劳强度存在明显的离散性。如缺乏直接试验数据时，可取变差系数 $C_{\tau0} \approx 0.096$。

$$C_{\tau\lim} = \sqrt{C_{\tau0}^2 + C_{\tau\min}^2} = \sqrt{(0.096)^2 + (0.05)^2} = 0.108$$

标准差　　　　　$S_{\tau\lim} = C_{\tau\lim} \cdot \tau_{\lim} = 0.108 \times 657.3 = 71\text{MPa}$

（3）求可靠度。因 $C_{\tau\lim} = 0.108 > 0.07$，$C_{\tau\max} = 0.063$，为安全起见，可用均值安全系数服从正态模型计算可靠度：

$$\overline{n}_R = \frac{\overline{\tau}_{\lim}}{\tau_{\max}} = \frac{657.3}{454.5} = 1.446$$

$$C_n = \sqrt{C_{\tau\lim}^2 + C_{\tau\max}^2} = \sqrt{(0.108)^2 + (0.063)^2} = 0.125$$

$$Z_R = \frac{\overline{n}_R - 1}{C_n \overline{n}_R} = \frac{1.446 - 1}{0.125 \times 1.446} = 2.47; R = 0.9932 \quad \text{不满足要求。}$$

4.10　可靠性优化设计

　　机械零部件的最优化设计就是寻求设计结果的最优方案。采用可靠性最优化设计将在产品的功能安全性、重量、体积以及经济成本方面都能显示出明显的经济效益。下面以图 4-18 所示的 2t 电动葫芦减速器为例，说明可靠性优化设计方法的应用。

　　常规设计与可靠性最优化设计主要参数比较见表 4-24。

　　经可靠性优化设计之后，齿宽之和 $\sum b_i = 15 + 24 + 44 = 83\text{mm}$，比原设计减小（107 - 83）/107

=22.4%;中心距之和减小13.4%。此外,减速器凸出半径减小11%,这样既便于整机装配,外形也美观。

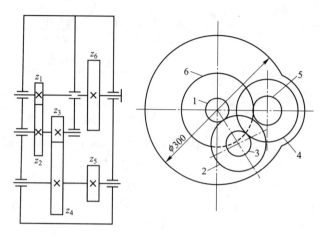

图 4-18　减速器示意图

表 4-24　减速器的主要设计参数

名　　称	常规设计参数			可靠性优化设计参数		
输入功率/kW	3			3		
输入转速/r·min^{-1}	1386			2830		
工作寿命/h	800					
级	Ⅰ	Ⅱ	Ⅲ	Ⅰ	Ⅱ	Ⅲ
齿数 z	12　59	12　44	14　47	18　96	13　67	13　54
法面模数 m_n	2.0	3.0	4.0	1.25	2.0	3.0
螺旋角	8°6′34″			9°22′		
传动比 u	4.917	3.67	3.357	5.33	5.154	4.154
中心距 a/mm	71.7	100	123	72.48	81.077	101.853
端面变位系数 x_i				+0.20　-0.20	+0.40　-0.40	+0.40　-0.40
齿宽 b	25	30	52	15　13	24　22	44　40
总传动比	60.5			114.1745		
起升速度/m·min^{-1}	7.57			8.176		

　　两台样机的寿命试验(一台样机在超载1.25倍条件下作加速寿命试验;另一台样机按起重机试验规范进行起吊试验)结果表明:
　　(1)减速器安全运行800h,无任何故障发生,置信度大于90%;
　　(2)各齿轮具有较高的超载能力,连续6h超载1.45倍,无任何故障发生;
　　(3)试验后的齿轮齿面光洁,无任何损伤痕迹,公法线长度基本不变;
　　(4)减速器无其它零件损坏。
　　由此可见,在输出转速、扭矩基本相同的条件下,尽管传动比增大了近一倍,但应用可靠性优化设计方法,仍可得到比原减速器更紧凑的结构,显示了可靠性优化设计的效益。

练　习　题

4-1　松螺栓常规设计参数为:材料 $A3$、4.6 级,$d = 12\text{mm}$,承受轴向载荷 $F = 7800\text{N}$,求此螺栓的可靠度是多少?

4-2　某压力机的拉紧螺栓联接,螺栓所受的应力服从对数正态分布,均值 $\overline{\sigma} = 157.8\text{N/mm}^2$,标准差 $S_{\sigma} = 15.7\text{N/mm}^2$。强度亦服从对数正态分布,$\overline{\sigma}_{-1} = 191\text{N/mm}^2$,$S_{\sigma-1} = 14.7\text{N/mm}^2$,试计算螺栓的可靠度。如要求可靠度 $R \geqslant 0.999$ 时,应选用什么样材料(变差系数不变)。

4-3　试验证明某钛合金制件的疲劳强度服从威布尔分布,其参数为 $\delta_{\min} = 50\text{N/mm}^2$,$\beta = 2.8$,$\theta = 70.4\text{N/mm}^2$。而应力服从正态分布,其均值 $\overline{\sigma} = 60\text{N/mm}^2$,变差系数 $C_{\sigma} = 0.09$,求制件的可靠度。

4-4　某减速箱高速级齿轮传动常规设计参数如下:$P_1 = 5\text{kW}$,$n_1 = 960\text{r/min}$,$u = 4.8$,每天 8h,寿命 15a。$z_1 = 24$,45 钢调质 $HB_1 = 240$,$z_2 = 115$,45 钢常化,$HB_2 = 200$;$m = 2.5$,齿宽 $b = 48\text{mm}$,求该对齿轮的可靠度是多少? 如齿轮 $R = 0.99$ 时能否再减小尺寸?

4-5　某传动轴根据工作条件和结构要求采用 46000 型轴承"背靠背"地安装,轴径 $d \leqslant 70\text{mm}$。知该对轴承承受轴向载荷 $F_a = 1900\text{N}$,径向载荷 $F_r = 9000\text{N}$,转速 $n = 400\text{r/min}$,预计寿命 $L_h = 2000\text{h}$,中等冲击,可靠度 $R \geqslant 0.999$,选轴承型号。

4-6　某卡车的钢板弹簧的疲劳强度为威布尔分布;$\delta_0 = 500\text{N/mm}^2$;$\beta \approx 3.0$,$\theta = 640\text{N/mm}^2$。作用在该弹簧上随机载荷所引起的应力近似正态分布,其变差系数 $C_{\sigma} = 0.120$,求可靠度 $R = 0.99$ 时的应力均值。

5 系统可靠性设计

系统是一个能够完成规定功能的综合体。它是由零、部件、子系统等组成,这些组成系统的相对独立的单元我们通称为元件。系统的可靠性不仅取决于组成系统的元件的可靠性,而且也取决于组成元件的相互组合方式。

系统可靠性设计的目的,就是要系统满足规定的可靠性指标,同时使系统的技术性能、重量、成本等达到最优化的结果。在进行系统可靠性设计时,一方面要进行可靠性预测,根据所选元件的可靠度,计算或预测出系统是否能满足规定的可靠性指标,若不能满足,则要再进行可靠性分配,即把系统规定的可靠性指标分配到组成系统的各个元件。

对可修系统还应进行维修性设计,确定维修周期以达到有效度与花费最佳。

5.1 系统可靠性预测

系统的可靠性与组成系统的元件数量、元件的可靠性以及元件之间的相互关系有关。为便于对系统进行可靠性预测,先讨论各元件在系统中的相互关系。

必须指出,这里所说的元件相互关系主要是指功能关系,而不是元件之间的结构装配关系。

5.1.1 系统中元件的功能关系——逻辑图

在可靠性工程中,常用系统图表示系统中各元件的结构装配关系,用逻辑图表示系统各元件间的功能关系。逻辑图包含一系列方框,每个方框代表系统的一个元件,方框之间用短线连接起来,表示各元件功能之间的关系,所以也称可靠性方框图。

最简单的逻辑图如图 5-1 所示。A 和 B 各代表一个元件,只要其中一个元件失效,该系统就不能工作(即失效),这种功能关系称为 A 和 B 之间的串联关系。

为了减少系统功能失效的概率,即提高系统的可靠度,往往采用贮备法——使用两个以上相同功能的元件来完成同一任务,当其中一个元件失效后,其余的元件仍然能完成这一功能,即系统不失效;只要还有一个元件在工作,系统功能仍可完成,一直到所有元件均失效后,才使系统失效。例如:某飞机采用两个发动机同时工作,当其中有一个发动机发生故障时,另一发动机仍然工作,直至返回基地。这种贮备法的逻辑图如图 5-2 所示(属于并联系统)。

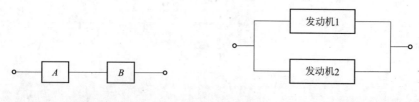

图 5-1　两元件的逻辑图　　　　图 5-2　两个发动机的逻辑图

值得注意的是有的元件在系统结构图中是并联的,而它们功能关系在逻辑图中却是串联关系。例如在电气系统中将几个电容器并联使用(如图 5-3a 所示),由于电容器主要失效为短路,任何一个电容器短路都会使系统短路而失效,所以其逻辑图应为电容器功能的串联系统,如图5-3b 所示。

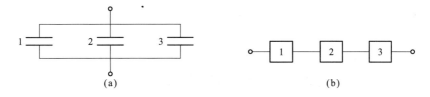

图5-3 电容器系统
(a) 系统图;(b) 逻辑图

同样,有一些元件,在系统结构图中是串联的,而它们的功能关系却是并联系统。例如:为防止液体倒流,在液压系统中装有两个单向阀如图5-4a 所示。从功能关系看用一个单向阀就可以,用两个是贮备法。图5-4b 为并联系统。

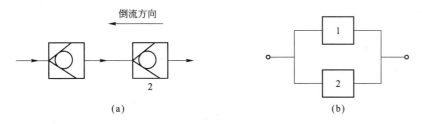

图5-4 单向阀系统
(a) 系统图;(b) 逻辑图 – 并联系统

逻辑图的作用,一是反映元件之间的功能关系;二是为计算系统的可靠度提供数学模型。

5.1.2 串联系统的可靠度

图5-5 为由 n 个元件组成的串联系统逻辑图。在组成系统的元件中,只要有一个失效,则系统就失效。

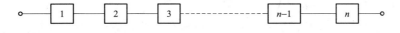

图5-5 n 个元件的串联系统逻辑图

设系统的失效时间随机变量为 t,组成该系统的 n 个元件的失效时间随机变量为 t_i($i=1,2,\cdots,n$),则系统的可靠度为:

$$R_s(t) = P[(t_1 > t) \cap (t_2 > t) \cap \cdots \cap (t_n > t)]$$

上式说明,在串联系统中,要使系统可靠地运行,就必须要求每一元件的失效时间都大于系统规定的失效时间。假定各元件的失效时间 $t_1, t_2, \cdots, t_n$ 之间互相独立,根据概率乘法定理,上式可写成:

$$R_s(t) = P(t_1 > t) P(t_2 > t) \cdots P(t_i > t) \cdots P(t_n > t)$$

式中,$P(t_i > t)$——第 i 个元件的可靠度 $R_i(t)$。故:

$$R_s(t) = R_1(t)R_2(t)\cdots R_n(t) = \prod_{i=1}^{n}R_i(t)\Bigg\}$$

$$\text{或简写成：}\qquad R_s = R_1R_2\cdots R_i\cdots R_n = \prod_{i=1}^{n}R_i \tag{5-1}$$

串联系统的可靠度 R_s 与串联元件的数量 n 及元件可靠度 R_i 有关。图 5-6 中曲线表示串联系统中各元件的可靠度相同时 $(R_1 = R_2 = \cdots = R_n = R)$，$R_s$ 与 R 及 n 之间的关系。由图可见，随着元件可靠度的减小和元件数量的增加，串联系统的可靠度将迅速降低。

设各元件的失效率分别为 $\lambda_1(t), \lambda_2(t), \cdots, \lambda_n(t)$，则可靠度为：

$$\left.\begin{array}{l} R_1(t) = \exp\left[-\int_0^t \lambda_1(t)\,\mathrm{d}t\right] \\[2mm] R_2(t) = \exp\left[-\int_0^t \lambda_2(t)\,\mathrm{d}t\right] \\[2mm] \vdots \\[2mm] R_n(t) = \exp\left[-\int_0^t \lambda_n(t)\,\mathrm{d}t\right] \end{array}\right\} \tag{5-2}$$

代入式(5-1)得：

$$\begin{aligned} R_s(t) &= \exp\left\{-\int_0^t\left[\lambda_1(t) + \lambda_2(t) + \cdots + \lambda_n(t)\right]\mathrm{d}t\right\} \\[2mm] &= \exp\left[-\int_0^t\lambda_s(t)\,\mathrm{d}t\right] \end{aligned} \tag{5-3}$$

于是：

$$\lambda_s(t) = \lambda_1(t) + \lambda_2(t) + \cdots + \lambda_n(t) = \sum_{i=1}^{n}\lambda_i(t) \tag{5-4}$$

上式说明，对串联系统来说，系统失效率 $\lambda_s(t)$ 是各元件失效率之和。

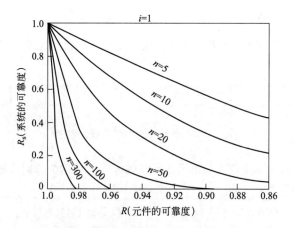

图 5-6　n 个可靠度相同的元件串联后的 R_s

由于可靠性预测主要是针对系统的正常工作期，一般可认为各元件的失效率基本上为常数：$\lambda_i(t) = \lambda_i$，这时元件平均寿命为：$T_i = \dfrac{1}{\lambda_i}$，则系统也是失效率 $\lambda_s(t)$ 为常数 λ_s 的指数分布，所以系统工作的平均寿命为：

$$T_s = \frac{1}{\lambda_s} = \frac{1}{\lambda_1 + \lambda_2 + \cdots + \lambda_n} = \frac{1}{\sum_{i=1}^{n} \lambda_i} \tag{5-5}$$

系统可靠度：

$$R_s = e^{-\lambda_s t} = \exp\left[-\frac{t}{T_s}\right] = \exp\left[-t\sum_{i=1}^{n} \lambda_i\right] \tag{5-6}$$

5.1.3　并联系统的可靠度

并联系统——组成系统的元件，只有在全部发生故障后，则系统才失效。由于并联系统有重复的元件，而且只要还有一个元件不失效就能使系统工作，所以又称为工作贮备系统。并联系统的逻辑图如图 5-7 所示。

设并联系统失效时间随机变量为 t，系统中第 i 个元件失效时间随机变量为 t_i，则对于由 n 个元件所组成的并联系统的失效概率为：

$$F_s(t) = P[(t_1 \le t) \cap (t_2 \le t) \cap \cdots \cap (t_n \le t)]$$

这就是说，在并联系统中，只有在每个元件的失效时间都达不到系统所要求的工作时间时（即每个元件同时都失效），系统才可能失效。因此，系统的失效概率就是元件全部同时失效的概率。设各元件的失效时间随机变量互为独立，则根据概率乘法定理得：

$$F_s(t) = P(t_1 \le t)P(t_2 \le t)\cdots P(t_i \le t)\cdots P(t_n \le t)$$

式中　$P(t_i \le t)$——第 i 个元件本身的失效概率，即

$$P(t_i \le t) = F_i(t) = 1 - R_i(t)$$

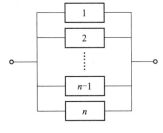

图 5-7　并联系统逻辑图

故：

$$F_s(t) = [1 - R_1(t)][1 - R_2(t)]\cdots[1 - R_n(t)] = \prod_{i=1}^{n}[1 - R_i(t)]$$

于是，并联系统的可靠度为：

$$\left.\begin{array}{l} R_s(t) = 1 - F_s(t) = 1 - \prod_{i=1}^{n}[1 - R_i(t)] \\[4mm] R_s = 1 - F_s = 1 - \prod_{i=1}^{n}(1 - R_i) \end{array}\right\} \tag{5-7}$$

或简写成：

当 $R_1 = R_2 = \cdots = R_n = R$ 时，则：

$$R_s = 1 - (1 - R)^n \tag{5-8}$$

表 5-1 列出了不同的 R 值及 $n = 2,3,4$ 时按式(5-8)计算求得的 R_s 值。由表可知，R_s 随 n 及 R 的增加而增加，在提高元件的可靠度受到限制的情况下（由于技术上不可能或成本过高），采用低可靠度的元件并联，即可提高系统的可靠度。不过这时系统结构复杂了。在机械系统中，实际应用较多的是 $n = 2$ 的情况。在 $n = 2$ 时，并联系统的可靠度为：

$$R_s = 1 - (1 - R)^2 = 2R - R^2 \tag{5-9}$$

如元件为指数分布，$R(t) = e^{-\lambda t}$，则：

$$R_s = 2e^{-\lambda t} - e^{-2\lambda t} \tag{5-10}$$

系统的失效率 $\lambda_s(t)$ 为：

$$\lambda_s(t) = \frac{-1}{R_s(t)} \cdot \frac{\mathrm{d}R_s(t)}{\mathrm{d}t} = 2\lambda \frac{1 - e^{-\lambda t}}{2 - e^{-\lambda t}} \tag{5-11}$$

表 5-1　并联系统可靠度 R_s 与元件 R 及元件数 n 的关系

n	R_s				
	$R = 0.6$	$R = 0.7$	$R = 0.8$	$R = 0.9$	$R = 0.95$
2	0.8400	0.9100	0.9600	0.9900	0.9975
3	0.9360	0.9730	0.9920	0.9990	0.999875
4	0.9744	0.9919	0.0084	0.9999	0.99999375

系统失效率曲线如图 5-8 所示。由图可见,在元件失效率为常数时,并联系统的失效率不是常数,但随时间 t 的增加,λ_s 将趋于 λ。

由前面求数学期望(即平均寿命)公式(1-9),用 $f(t) = -\dfrac{\mathrm{d}R(t)}{\mathrm{d}t}$ 代入得:

$$T = \int_0^\infty tf(t)\,\mathrm{d}t = \int_0^\infty t\left[-\frac{\mathrm{d}R(t)}{\mathrm{d}t}\right]\mathrm{d}t = \int_0^\infty -t\,\mathrm{d}R(t)$$

用分部积分法积分得:

$$T = -\left[tR(t)\right]_0^\infty + \int_0^\infty R(t)\,\mathrm{d}t$$

因为　　$t \to \infty$ 时,$R(\infty) = 0$,则:

$$-\left[tR(t)\right]_0^\infty = -t \times 0 + 0 \times R(t) = 0$$

所以　　　　　　　　　　$T = \int_0^\infty R(t)\,\mathrm{d}t$ 　　　　　　　　　　(5-12)

利用式(5-12)可求出 $n = 2$ 时并联系统工作的平均寿命 T_s:

$$T_\mathrm{s} = \int_0^\infty R_\mathrm{s}(t)\,\mathrm{d}t = \int_0^\infty \left[2\mathrm{e}^{-\lambda t} - \mathrm{e}^{-2\lambda t}\right]\mathrm{d}t$$

$$= \frac{2}{\lambda} - \frac{1}{2\lambda} = \frac{3}{2\lambda} = 1.5T \tag{5-13}$$

一般情况下,$\lambda_1 \neq \lambda_2$(即 $R_1 \neq R_2$)时:

$$R_\mathrm{s} = 1 - (1 - R_1)(1 - R_2) = R_1 + R_2 - R_1 R_2$$

$$= e^{-\lambda_1 t} + e^{-\lambda_2 t} - e^{-(\lambda_1 + \lambda_2)t} \tag{5-14}$$

把上式代入式(5-12)可以求得:

$$T_\mathrm{s} = \frac{1}{\lambda_1} + \frac{1}{\lambda_2} - \frac{1}{\lambda_1 + \lambda_2} \tag{5-15}$$

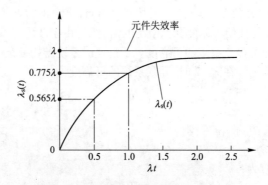

图 5-8　并联系统失效率 $\lambda_\mathrm{s}(t)$

5.1.4　贮备系统的可靠度

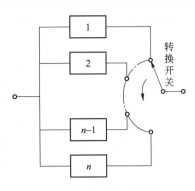

贮备系统也属于并联系统,它与上述一般并联系统不同,当只有一个元件工作时,其他元件不工作而作贮备。当工作元件出现故障后,贮备元件立即工作,使系统工作不致中断。故也称非工作贮备系统或后备系统,如图5-9所示。

由 n 个元件组成的贮备系统,如果故障检查器与转换开关可靠度很高(即接近 100%,它不影响系统可靠度),在给定的时间内,只要失效元件数不多于 $(n-1)$ 个,系统均不会失效。设元件的失效率都相等:$\lambda_1(t)=\lambda_2(t)=\cdots=\lambda_n(t)=\lambda$,则系统的可靠度按泊松分布的部分求和公式:

图 5-9　贮备系统逻辑图

$$R_s(t)=\mathrm{e}^{-\lambda t}\left[1+\lambda t+\frac{(\lambda t)^2}{2!}+\frac{(\lambda t)^3}{3!}+\cdots+\frac{(\lambda t)^{n-1}}{(n-1)!}\right] \tag{5-16}$$

如 $n=2$,则:

$$R_s=\mathrm{e}^{-\lambda t}(1+\lambda t) \tag{5-17}$$

$$\lambda_s=-\frac{1}{R_s}\frac{\mathrm{d}R_s}{\mathrm{d}t}=\frac{\lambda^2 t}{1+\lambda t} \tag{5-18}$$

λ_s 曲线的图形如图 5-10 所示,该曲线比并联系统 λ_s 曲线(图 5-8)更慢地趋近 λ,即 λt 相同时,贮备系统 λ_s 更小。

这时贮备系统的平均寿命 T_s 为:

$$\begin{aligned} T_s&=\int_0^\infty R_s(t)\mathrm{d}t=\int_0^\infty \mathrm{e}^{-\lambda t}\mathrm{d}t+\int_0^\infty \lambda t\mathrm{e}^{-\lambda t}\mathrm{d}t\\ &=\frac{1}{\lambda}+\frac{1}{\lambda}=\frac{2}{\lambda}=2T \end{aligned} \tag{5-19}$$

当开关非常可靠时,表明贮备系统平均寿命比并联系统高。

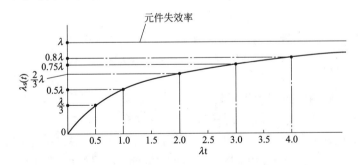

图 5-10　两个元件的贮备系统的失效率 λ_s 曲线

5.1.5　表决系统的可靠度

一个由 n 个元件组成的并联系统,只要其中任意一个 k 不失效,则系统就不会失效,这就是 n 中取 k 的表决系统,记为 k/n 系统。在机械系统中通常只用最简单的三中取二表决系统,记为 $2/3$ 系统。它是三个元件并联,要求系统中不能多于一个元件失效,其逻辑图如图5-11所示。此系统有四种成功的工作情况:即全部元件没有失效;只有第1个元件失效(即只有③支路通);只有第2个元件失效(即只有②支路通);只有第3个元件失效(即只有①支路通)。按概率乘法和

加法定理,可求得系统的可靠度:

$$R_s = R_1 R_2 R_3 + (1 - R_1) R_2 R_3 + R_1 (1 - R_2) R_3 + R_1 R_2 (1 - R_3) \tag{5-20}$$

当各元件相同时,即 $R_1 = R_2 = R_3 = R$,则:

$$R_s = R^3 + 3(1 - R) R^2 = 3R^2 - 2R^3 \tag{5-21}$$

设 $R = e^{-\lambda t}$,则:

$$T_s = \int_0^\infty R_s \mathrm{d}t = \int_0^\infty \left[3e^{-2\lambda t} - 2e^{-3\lambda t} \right] \mathrm{d}t$$

$$= \frac{3}{2\lambda} - \frac{2}{3\lambda} = \frac{5}{6\lambda} = \frac{5T}{6} \tag{5-22}$$

【例5-1】　有一由表决系统与串、并联构成的组合系统如图5-12a 所示,元件1,2,3 是2/3 表决系统,若已知各元件的可靠度为:$R_1 = 0.93, R_2 = 0.94, R_3 = 0.95, R_4 = 0.97, R_5 = 0.98, R_6 = R_7 = 0.85$,求组合系统的可靠度是多少?

解　(1)求2/3 表决系统和并联系统两个子系统 S_{123}, S_{67} 的可靠度(图5-12b):

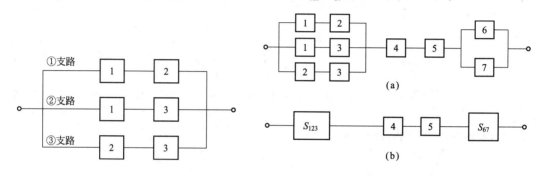

图 5-11　2/3 系统逻辑图

图 5-12　组合系统图

(a)组合系统;(b)组合系统的简化

2/3 表决子系统 S_{123} 的可靠度由式(5-20)得:

$$R_{123} = R_1 R_2 R_3 + (1 - R_1) R_2 R_3 + R_1 (1 - R_2) R_3 + R_1 R_2 (1 - R_3)$$

$$= 0.93 \times 0.94 \times 0.95 + (1 - 0.93) 0.94 \times 0.95$$

$$+ 0.93 (1 - 0.94) 0.95 + 0.93 \times 0.94 (1 - 0.95)$$

$$= 0.98972$$

并联子系统 S_{67} 的可靠度由式(5-9)得:

$$R_{67} = 2R_6 - R_6^2 = 2 \times 0.85 - 0.85^2 = 0.9775$$

(2)简化后的组合系统(图5-12b)为一个串联系统,由式(5-1)算出组合系统的可靠度为:

$$R_s = R_{123} R_4 R_5 R_{67} = 0.98972 \times 0.97 \times 0.98 \times 0.9775 = 0.91966$$

5.1.6　复杂系统的可靠度

当许多复杂的系统不能用上述几种典型的数学模型进行可靠度计算时,只能用分析其成功和失效的各种状态的布尔真值表法来计算可靠度,现以图 5-13 为例来说明此法的应用:

图中像电桥一样的系统有 A、B、C、D、E 五个元件,每个元件都有"正常"和"故障"两种状态。因此该系统的状态有

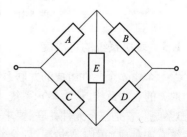

图 5-13　桥形系统

$2^5 = 32$种。对这 32 种状态进行逐一的分析,可得出系统正常工作的状态是其中哪几种,并可以分别计算其正常工作的概率。把所有正常工作状态的概率相加,即可得系统的可靠度。

设"0"表示元件的故障状态,"1"表示元件正常状态;而系统故障状态记为 F,系统正常记为 S,如表 5-2 所示。系统状态序号是从 1 到 32,如状态序号 1 为五个元件全为故障("0"状态),当然系统处于故障状态 F;而序号 7 中 A、B、E 三个元件虽处故障,但 C、D 仍正常,故系统处于正常状态 S;同理可以确定其他状态时系统为故障或正常。当已知各元件的可靠度时,即可计算出系统每一状态下的概率,如状态序号 7 的系统正常的概率为:

$$R_{s7} = (1 - R_A)(1 - R_B)R_C R_D(1 - R_E)$$

表 5-2 已给出 A、B、C、D、E 元件的可靠度分别为:$R_A = R_C = 0.8$,$R_B = R_D = 0.7$,$R_E = 0.9$,故:

$$R_{s7} = (1 - 0.8)(1 - 0.7) \times 0.8 \times 0.7 \times (1 - 0.9) = 0.00336$$

其它正常概率有:R_{s7},R_{s8},R_{s14},R_{s15},R_{s16},R_{s20},R_{s23},R_{s24},R_{s25},R_{s26},R_{s27},R_{s28},R_{s29},R_{s30},R_{s31},R_{s32},这十六个系统正常状态的概率列于表 5-2,而系统故障状态的概率不必计算,因为其可靠度全部为零,如 $R_{s1} = R_{s6} = 0$,把系统所有正常状态时概率全部相加即为系统的可靠度 R_s:

$$R_s = \sum_{i=1}^{32} R_{si} = 0.86688$$

当系统故障状态 F_{si} 少于一半时,为使计算简便,也可计算全部 F_{si},则:

$$R_s = 1 - F_s = 1 - \sum_{i=1}^{32} F_{si}$$

由于系统状态数为 2^n,当 $n > 8$ 时状态数过大,手算时列表过长,计算量也很大,可用电子计算机计算。

5.2 可靠性分配

可靠性分配是将设计任务书上规定的系统可靠度指标合理地分配给组成系统的各个元件。分配的主要目的是确定每个元件合理的可靠度指标,作为元件设计和选择的依据。

在进行分配时,首先必须明确目标函数和约束条件。一种是以系统可靠度指标为约束条件,把重量、体积、成本等系统参数尽量小为目标函数;另一种是给出重量、体积、成本等的限制条件,要求作出使系统可靠度尽量高的分配。同时还应该根据系统的用途,并考虑到元件可靠度的大小,元件结构复杂程度,元件在系统中的重要性等方面因素。因此可靠性分配是把可靠性与优化设计结合起来的一种设计方法。下面介绍几种常用的可靠性分配方法。

表 5-2 穷举法表(布尔真值表)

系统状态序号	A $R_A = 0.8$	B $R_B = 0.7$	C $R_C = 0.8$	D $R_D = 0.7$	E $R_E = 0.9$	正常或故障	正常概率 R_{si}
1	0	0	0	0	0	F	
2	0	0	0	0	1	F	
3	0	0	0	1	0	F	
4	0	0	0	1	1	F	
5	0	0	1	0	0	F	
6	0	0	1	0	1	F	
7	0	0	1	1	0	S	$R_{s7} = 0.00336$

系统状态序号	A $R_A = 0.8$	B $R_B = 0.7$	C $R_C = 0.8$	D $R_D = 0.7$	E $R_E = 0.9$	正常或故障	正常概率 R_{si}
8	0	0	1	1	1	S	$R_{s8} = 0.03024$
9	0	1	0	0	0	F	
10	0	1	0	0	1	F	
11	0	1	0	1	0	1	
12	0	1	0	1	1	F	
13	0	1	1	0	0	F	
14	0	1	1	0	1	S	$R_{s14} = 0.03024$
15	0	1	1	1	0	S	$R_{s15} = 0.00784$
16	0	1	1	1	1	S	$R_{s16} = 0.07056$
17	1	0	0	0	0	F	
18	1	0	0	0	1	F	
19	1	0	0	1	0	F	
20	1	0	0	1	1	S	$R_{s20} = 0.03024$
21	1	0	1	0	0	F	
22	1	0	1	0	1	F	
23	1	0	1	1	0	S	$R_{s23} = 0.01344$
24	1	0	1	1	1	S	$R_{s24} = 0.12096$
25	1	1	0	0	0	S	$R_{s25} = 0.00336$
26	1	1	0	0	1	S	$R_{s26} = 0.03024$
27	1	1	0	1	0	S	$R_{s27} = 0.00784$
28	1	1	0	1	1	S	$R_{s28} = 0.07056$
29	1	1	1	0	0	S	$R_{s29} = 0.01344$
30	1	1	1	0	1	S	$R_{s30} = 0.12096$
31	1	1	1	1	0	S	$R_{s31} = 0.03136$
32	1	1	1	1	1	S	$R_{s32} = 0.28224$
总计						$\sum S_i$	$R_s = 0.86688$

5.2.1　等分配法

这是最简单的一种分配方法。它是对系统中的全部元件分配以相等的可靠度。

1. 串联系统　如果系统中 n 个元件的复杂程度与重要性以及制造成本都较接近,当把它们串联起来工作时,系统的可靠度则为 R_{sa},各元件分配的可靠度为 R_{ia},由式(5-1)知:

$$R_{sa} = \prod_{i=1}^{n} R_{ia} = R_{ia}^{n}$$

所以

$$R_{ia} = (R_{sa})^{\frac{1}{n}} \quad (i = 1, 2, \cdots, n) \tag{5-23}$$

2. 并联系统　当系统可靠度要求很高(如 $R_{sa} > 0.99$),而选用现有的元件又不能满足要求时,往往选用 n 个相同元件并联的系统,这时元件可靠度可大大低于系统可靠度 R_{sa}。

由式(5-9)知：

$$R_{sa} = 1 - (1 - R_{ia})^n$$

则元件的分配可靠度 R_{ia} 为：

$$R_{ia} = 1 - (1 - R_{sa})^{\frac{1}{n}} \qquad (i = 1, 2, \cdots, n) \tag{5-24}$$

【例5-2】 当系统可靠度要求为 $R_{sa} = 0.729$ 时，选用三个复杂程度相似的元件串联工作，则每个元件应该分配到的可靠度是多少？若现系统要求可靠度为 $R_{sa} = 0.999$，今用三个相同的元件并联工作，则元件可靠度又是多少？

解 （1）串联系统 由式(5-23)，取 $n = 3$，则：

$$R_{1a} = R_{2a} = R_{3a} = (0.729)^{\frac{1}{3}} = 0.9$$

（2）并联系统 由式(5-24)，取 $n = 3$，则：

$$R_{1a} = R_{2a} = R_{3a} = 1 - (1 - 0.999)^{\frac{1}{3}} = 0.9$$

5.2.2 按相对失效率来分配可靠度

相对失效率法是使每个元件的容许失效率正比于预计的失效率。这种方法适用于失效率为常数的串联系统，任一元件失效都会引起系统失效。同时，假定元件的工作时间等于系统的工作时间，这时元件与系统的失效率之间的关系式为：

$$\sum_{i=1}^{n} \lambda_{ia} = \lambda_{sa} \tag{5-25}$$

式中 λ_{ia}——为分配给元件 i 的失效率；

λ_{sa}——为系统失效率指标（即容许的失效率）。

这种方法的分配步骤如下：

（1）根据统计数据或现场使用经验得到各元件的预计失效率 λ_i；

（2）由元件预计失效率 λ_i 计算出每一元件分配时的权系数——相对失效率 w_i：

$$w_i = \frac{\lambda_i}{\lambda_{sp}} = \frac{\lambda_i}{\sum\limits_{i=1}^{n} \lambda_i} \qquad (i = 1, 2, \cdots, n) \tag{5-26}$$

式中，w_i 为元件 i 的失效率 λ_i 与系统的预计失效率 $\lambda_{sp} = \sum\limits_{i=1}^{n} \lambda_i$ 的比。由上式知，系统中所有元件的相对失效率 w_i 的总和等于1，即 $\sum\limits_{i=1}^{n} w_i = 1$。

（3）用下式计算各元件的容许失效率 λ_{ia}（即分配到元件的失效率）：

$$\lambda_{ia} = w_i \lambda_{sa} \qquad (i = 1, 2, \cdots, n) \tag{5-27}$$

【例5-3】 一个由三个元件组成的串联系统，其各自的预计失效率为：$\lambda_1 = 0.006/h$，$\lambda_2 = 0.003/h$，$\lambda_3 = 0.001/h$，要求工作20h时系统可靠度 $R_{sa} = 0.90$，试给各元件分配适当的可靠度。

解 （1）计算出相对失效率 w_i，由式(5-26)得：

$$w_1 = \frac{\lambda_1}{\lambda_1 + \lambda_2 + \lambda_3} = \frac{0.006}{0.006 + 0.003 + 0.001} = 0.6$$

$$w_2 = \frac{\lambda_2}{\lambda_1 + \lambda_2 + \lambda_3} = \frac{0.003}{0.006 + 0.003 + 0.001} = 0.3$$

$$w_3 = \frac{\lambda_3}{\lambda_1 + \lambda_2 + \lambda_3} = \frac{0.001}{0.006 + 0.003 + 0.001} = 0.1$$

（2）计算系统的容许失效率 λ_{sa}：

因为

$$R_{sa}(20) = \exp\left[-\lambda_{sa} \times 20\right] = 0.90$$

所以

$$\lambda_{sa} = 0.005268/h$$

（3）计算各元件的容许失效率 λ_{ia}，由式（5-27）得：

$$\lambda_{1a} = w_1\lambda_{sa} = 0.6 \times 0.005268/h = 0.0031608/h$$

$$\lambda_{2a} = w_2\lambda_{sa} = 0.3 \times 0.005268/h = 0.0015804/h$$

$$\lambda_{3a} = w_3\lambda_{sa} = 0.1 \times 0.005268/h = 0.0005268/h$$

（4）计算各元件分配的可靠度 $R_{ia}(20)$：

$$R_{1a}(20) = \exp\left[-0.0031608 \times 20\right] = 0.9387406$$

$$R_{2a}(20) = \exp\left[-0.0015804 \times 20\right] = 0.9688863$$

$$R_{3a}(20) = \exp\left[-0.0005268 \times 20\right] = 0.9895193$$

（5）验算系统可靠度是否小于 0.90：

$$R_{sa}(20) = R_{1a}(20)R_{2a}(20)R_{3a}(20) = 0.9387406 \times 0.9688863 \times 0.9895193 = 0.90000036$$

$$R_{sa} > 0.90，合适$$

5.2.3　按子系统的复杂度来分配可靠度

设系统的可靠度指标为 R_{sa}，各子系统应分配到的可靠度为 $R_{1a}, R_{2a}, \cdots, R_{na}$，对于串联系统：

$$R_{sa} = \prod_{i=1}^{n} R_{ia} \tag{5-28}$$

设系统的失效概率为 F_s，各子系统的失效概率为 $F_1, F_2, \cdots, F_n$，则对于串联系统有：

$$R_{sa} = 1 - F_s = \prod_{i=1}^{n}(1 - F_i) \tag{5-29}$$

各子系统的失效概率 F_i 一般正比于各子系统的复杂度 C_i，在求出 F_i 与 C_i 的比例后，即可求出 F_i。

设 $F_i = KC_i$，则：

$$R_{sa} = \prod_{i=1}^{n}(1 - KC_i) \tag{5-30}$$

根据子系统的结构复杂程度与零、部件数目，即可定出复杂度 C_i 的值。当系统可靠度指标 R_{sa} 与 C_i 已知时，K 值可以由式（5-30）求出。再通过 $R_{ia} = 1 - KC_i$ 即可求出子系统的可靠度。由于式（5-30）是 K 的 n 次方程，用迭代法可得出近似解。工程实用中可用相对复杂度来近似求解。

相对复杂度 v_i 与相对失效率 w_i 相似，可按下式计算：

$$v_i = \frac{C_i}{\displaystyle\sum_{i=1}^{n} C_i} \tag{5-31}$$

显然，各子系统相对复杂度的总和等于 1，即 $\displaystyle\sum_{i=1}^{n} v_i = 1$。

各子系统的失效概率 F_i，近似用相对复杂度 v_i 与系统失效概率的乘积来表示，即

$$F_i \approx v_i F_s \tag{5-32}$$

然后进行必要的修正，即可满足要求。

【例 5-4】　一由四个部件组成的串联系统，系统可靠度指标为 $R_{sa} = 0.80$，由于部件 1 采用的是现成产品，故取它的复杂度为 $C_1 = 10$，而部件 2、3、4 按类比法确定其复杂度分别为：$C_2 = 25$，

$C_3 = 5, C_4 = 40$, 试按复杂度来分配可靠度。

解 (1) 计算相对复杂度 v_i, 按式 (5-31):

$$\sum_{i=1}^{n} C_i = C_1 + C_2 + C_3 + C_4 = 10 + 25 + 5 + 40 = 80$$

$$v_1 = \frac{C_1}{\sum_{i=1}^{n} C_i} = \frac{10}{80} = 0.1250$$

$$v_2 = \frac{C_2}{\sum_{i=1}^{n} C_i} = \frac{25}{80} = 0.3125$$

$$v_3 = \frac{C_3}{\sum_{i=1}^{n} C_i} = \frac{5}{80} = 0.0625$$

$$v_4 = \frac{C_4}{\sum_{i=1}^{n} C_i} = \frac{40}{80} = 0.5000$$

(2) 求出系统预计可靠度 R_{sp}:

因为

$$F_s = 1 - R_{sa} = 1 - 0.8 = 0.2$$

所以

$$R_{sp} = \prod_{i=1}^{n} (1 - F_i) = \prod_{i=1}^{n} (1 - v_i F_s)$$
$$= (1 - v_1 F_s)(1 - v_2 F_s)(1 - v_3 F_s)(1 - v_4 F_s)$$
$$= (1 - 0.125 \times 0.2)(1 - 0.3125 \times 0.2)(1 - 0.0625 \times 0.2)$$
$$\times (1 - 0.5 \times 0.2)$$
$$= 0.81237 > 0.80$$

对于 $R_{sp} > R_{sa}$ 还要乘以修正系数进行修正。

(3) 计算修正系数:

$$\left(\frac{R_{sa}}{R_{sp}} \right)^{\frac{1}{n}} = \left(\frac{0.80}{0.81237} \right)^{\frac{1}{4}} = 0.99617$$

(4) 计算各部件的分配可靠度 R_{ia}, 用下面公式:

$$R_{ia} = (1 - v_i F_s) \left(\frac{R_{sa}}{R_{sp}} \right)^{\frac{1}{n}}$$

所以

$$R_{1a} = (1 - 0.125 \times 0.2) \times 0.99617 = 0.97127$$
$$R_{2a} = (1 - 0.3125 \times 0.2) \times 0.99617 = 0.93391$$
$$R_{3a} = (1 - 0.0625 \times 0.2) \times 0.99617 = 0.98372$$
$$R_{4a} = (1 - 0.5 \times 0.2) \times 0.99617 = 0.89655$$

(5) 验算系统的可靠度指标

$$R_{sa} = R_{1a} R_{2a} R_{3a} R_{4a} = 0.97127 \times 0.93391 \times 0.98372 \times 0.89655$$
$$= 0.800002 > 0.80 \qquad\qquad 合适$$

5.2.4 按复杂度与重要度来分配可靠度

这是一种综合方法, 它同时考虑了各子系统的复杂度与重要度以及子系统和系统之间的失效关系。所谓子系统的重要度 E_i 是指子系统 i 的故障会引起系统失效的概率 [即 P (系统失效/

子系统 i 故障)是条件概率]。

　　假定系统可靠度指标为 R_{sa},系统有几个子系统,它们的复杂度和重要度分别为 C_i 和 E_i,则对于串联系统:

$$R_s = \prod_{i=1}^{n} R_i = \prod_{i=1}^{n} \exp[-E_i\lambda_i t_i] \tag{5-33}$$

式中　R_i,λ_i,t_i——分别表示子系统 i 的可靠度、失效率及工作时间。

　　若第 i 个子系统的相对复杂度为 $v_i = \dfrac{C_i}{\sum\limits_{i=1}^{n} C_i}$,并注意到 λt 甚小时有 $e^{-\lambda t} \approx 1 - \lambda t$ 这一关系,

则 R_i 与 R_s 的关系为:

$$R_i \doteq 1 - E_i\lambda_i t_i = 1 - E_i[1 - e^{-\lambda_i t_i}] = R_s^{v_i} \tag{5-34}$$

　　上式 R_s 用可靠度指标 R_{sa} 代入后,λ_i 即为分配的失效率 λ_{ia},这时即导出第 i 个子系统在 t_i 时的分配可靠度:

$$R_{ia}(t_i) = \exp[-\lambda_{ia} t_i] = 1 - \frac{1 - R_{sa}^{v_i}}{E_i} \tag{5-35}$$

而子系统分配失效率 λ_{ia}:

$$\lambda_{ia} = \frac{v_i(-\ln R_{sa})}{E_i t_i} \tag{5-36}$$

　　【例5-5】　一个由四个子系统组成的串联系统,要求在连续工作10h时具有 $R_{sa} = 0.95$,各子系统的复杂度与重要度及工作时间分别为:$C_1 = 15, C_2 = 25, C_3 = 100, C_4 = 70$;$E_1 = E_3 = 1, E_2 = 0.95, E_4 = 0.9$;$t_1 = t_3 = 10h, t_2 = 9h, t_4 = 8h$,试按复杂度与重要度来分配可靠度。

　　解　(1)计算相对复杂度:

$$\sum_{i=1}^{n} C_i = C_1 + C_2 + C_3 + C_4 = 15 + 25 + 100 + 70 = 210$$

$$v_1 = \frac{C_1}{\sum\limits_{i=1}^{n} C_i} = \frac{15}{210} = \frac{1}{14}$$

$$v_2 = \frac{C_2}{\sum\limits_{i=1}^{n} C_i} = \frac{25}{210} = \frac{5}{42}$$

$$v_3 = \frac{C_3}{\sum\limits_{i=1}^{n} C_i} = \frac{100}{210} = \frac{10}{21}$$

$$v_4 = \frac{C_4}{\sum\limits_{i=1}^{n} C_i} = \frac{70}{210} = \frac{1}{3}$$

　　(2)计算各子系统的分配失效率,由式(5-36):

$$\lambda_{1a} = \frac{v_1(-\ln R_{sa})}{E_1 t_1} = \frac{-\ln 0.95}{14 \times 1 \times 10} = 0.0003664/h$$

$$\lambda_{2a} = \frac{v_2(-\ln R_{sa})}{E_2 t_2} = \frac{5(-\ln 0.95)}{42 \times 0.95 \times 9} = 0.0007142/h$$

$$\lambda_{3a} = \frac{v_3(-\ln R_{sa})}{E_3 t_3} = \frac{10(-\ln 0.95)}{21 \times 1 \times 10} = 0.0024425/h$$

$$\lambda_{4a} = \frac{v_4(-\ln R_{sa})}{E_4 t_4} = \frac{-\ln 0.95}{3 \times 0.9 \times 8} = 0.0023747/h$$

（3）分配给各子系统的可靠度由式(5-35)得：

$$R_{1a}(10) = 1 - \frac{1 - R_{sa}^{v_1}}{E_1} = 1 - \frac{1 - (0.95)^{\frac{1}{14}}}{1} = 0.99634$$

$$R_{2a}(9) = 1 - \frac{1 - R_{sa}^{v_2}}{E_2} = 1 - \frac{1 - (0.95)^{\frac{5}{42}}}{0.95} = 0.99359$$

$$R_{3a}(10) = 1 - \frac{1 - R_{sa}^{v_3}}{E_3} = 1 - \frac{1 - (0.95)^{\frac{10}{21}}}{1} = 0.97587$$

$$R_{4a}(8) = 1 - \frac{1 - R_{sa}^{v_4}}{E_4} = 1 - \frac{1 - (0.95)^{\frac{1}{3}}}{0.9} = 0.98116$$

（4）验算系统可靠度：

$$R_{sa}(10) = R_{1a}(10)R_{2a}(9)R_{3a}(10)R_{4a}(8) = 0.99634 \times 0.99359 \times 0.97587 \times 0.98116$$
$$= 0.94787 < 0.95$$

此值比规定的可靠度指标 $R_{sa}(T) = 0.95$ 略低，这是由于公式的近似性质以及 E_2 与 E_4 小于 1 的缘故，所以要稍加调整。

将子系统中可靠度低的略加大一些，即由 R_{sa} 反算 $R_{3a}(10)$：

$$R_{3a}(10) = \frac{R_{sa}(T)}{R_{1a}(10)R_{2a}(9)R_{4a}(8)} = \frac{0.95}{0.99634 \times 0.99357 \times 0.98116}$$
$$= 0.97809$$

由 $R_{3a}(10) = \exp[-\lambda_{3a}t_3] = \exp[-\lambda_{3a} \times 10] = 0.97809$ 得

$$\lambda_{3a} = 0.0022154/h$$

最后分配结果：

$$\lambda_{1a} = 0.0003664/h, \qquad R_{1a}(10) = 0.99634;$$
$$\lambda_{2a} = 0.0007142/h, \qquad R_{2a}(9) = 0.99359;$$
$$\lambda_{3a} = 0.0022154/h, \qquad R_{3a}(10) = 0.97809;$$
$$\lambda_{4a} = 0.0023747/h, \qquad R_{4a}(8) = 0.98116$$

5.2.5 花费最小的最优化分配方法

对于由 n 个元件组成的串联系统，若元件的预计可靠度为 R_1、R_2，$\cdots$，R_n，则系统的预计可靠度为 $R_{sp} = \prod_{i=1}^{n} R_i$，假如要求的可靠度指标 $R_{sa} > R_{sp}$，则系统中至少有一个以上元件的可靠度要提高，即元件分配可靠度 R_{ia} 要大于元件预计可靠度 R_i，这要花一定的费用，称之为"花费"。它包括元件进一步研制、试验、采用新工艺等费用。取费用函数 $G(R_i, R_{ia})$，$i = 1, 2, \cdots, n$，意即使第 i 个元件的可靠度由 R_i 提高到 R_{ia} 需要的"花费"。显然 $(R_{ia} - R_i)$ 的值越大，表明可靠度提高幅度越大，费用函数 $G(R_i, R_{ia})$ 值越大；R_i 的值越大，$(R_{ia} - R_i)$ 所需费用也越高。

要使系统可靠度由 R_{sp} 提高到 R_{sa} 的总花费为 $\sum_{i=1}^{n} G(R_i, R_{ia})$，$i = 1, 2, \cdots, n$，我们希望花费为最小。

花费最小的最优化数学模型为：

目标函数为：

$$\min \sum_{i=1}^{n} G(R_i, R_{ia}) \Bigg\}$$

约束条件为：

$$\prod_{i=1}^{n} R_{ia} \geqslant R_{sa}$$

$$(5\text{-}37)$$

设 j 表示系统中应提高可靠度的元件序号，j 从 1 开始递次增大：

$$R_{0j} = \left[\frac{R_{sa}}{\prod\limits_{i=j+1}^{n+1} R_i}\right]^{\frac{1}{j}} > R_j \tag{5-38}$$

上式说明，欲使系统获得所要求的可靠度指标 R_{sa}，从 $1 \sim j$ 各元件的可靠度均应提高到 R_{0j}。如果 j 继续增大，达到某一值后使得：

$$R_{0j+1} = \left[\frac{R_{sa}}{\prod\limits_{i=j+2}^{n+1} R_i}\right]^{\frac{1}{j+1}} < R_{j+1} \tag{5-39}$$

上式说明，元件 $j+1$ 预计可靠度 R_{j+1} 已比提高到 R_{0j+1} 值为大，因此，j 代表需要提高可靠度的元件序号的最大值。

为使系统达到可靠度指标 R_{sa}，令 $j = k_0, i = 1, 2, \cdots, k_0$ 的各元件的分配可靠度 R_a 均应提高到：

$$R_{k_0} = \left[\frac{R_{sa}}{\prod\limits_{i=k_0+1}^{n+1} R_i}\right]^{\frac{1}{k_0}} = R_a \tag{5-40}$$

即从元件 $i = 1, 2, \cdots, k_0$ 的各元件分配可靠度皆为 R_a，对于 $i = k_0+1, \cdots, n$ 的各元件可靠度均保持原预计可靠度 R_i 不变。即最优化问题具有唯一解为：

$$R_i = \begin{cases} R_a & i \leqslant k_0 \\ R_i & i > k_0 \end{cases} \tag{5-41}$$

提高后系统可靠度指标 R_{sa} 为：

$$R_{sa} = R_a^{k_0} \prod_{i=k_0+1}^{n+1} R_i \tag{5-42}$$

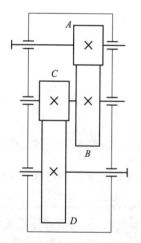

图 5-14　两级齿轮减速器

【例 5-6】　一两级齿轮减速器（图 5-14），若轴承、轴、箱体等的可靠度很高，近似取 1，而其中四个齿轮的预计可靠度分别为：$R_A = 0.8$，$R_B = 0.96, R_C = 0.85, R_D = 0.97$，四个齿轮的费用函数相同，要求系统可靠度指标为 $R_{sa} = 0.80$，试用花费最小原则给四个齿轮作可靠度分配。

解　（1）计算系统预计可靠度：

$R_{sp} = R_A R_B R_C R_D = 0.8 \times 0.96 \times 0.85 \times 0.97$

　　　$= 0.63322 < 0.8$

$R_{sp} < 0.8$，所以必须重新分配。

（2）将元件预计可靠度按非减顺序排列：

$R_1 = R_A = 0.80, R_2 = R_C = 0.85, R_3 = R_B = 0.96, R_4 = R_D = 0.97$

（3）求 j 的最大值 k_0，由式（5-38）：

当 $j = 1$ 时：$R_{01} = \left[\dfrac{R_{sa}}{\prod\limits_{i=2}^{4+1} R_i}\right]^{\frac{1}{2}} = \left[\dfrac{0.80}{0.85 \times 0.96 \times 0.97 \times 1}\right]^1 = 1.0107 > 0.80$

$j = 2$ 时：$\qquad R_{02} = \left[\dfrac{R_{sa}}{\prod\limits_{i=3}^{4+1} R_i}\right]^{\frac{1}{2}} = \left[\dfrac{0.80}{0.96 \times 0.97 \times 1}\right]^{\frac{1}{2}} = 0.92688 > 0.85$

$j = 3$ 时：$\qquad R_{03} = \left[\dfrac{R_{sa}}{\prod\limits_{i=4}^{4+1} R_i}\right]^{\frac{1}{3}} = \left[\dfrac{0.80}{0.97 \times 1}\right]^{\frac{1}{3}} = 0.93779 < 0.96$

所以 $k_0 = 2$（注意此处的 $R_5 = 1$）。

（4）由式（5-40）得：

$$R_a = \left[\dfrac{R_{sa}}{\prod\limits_{i=k_0+1}^{n+1} R_i}\right]^{\frac{1}{k_0}} = \left[\dfrac{0.80}{0.96 \times 0.97 \times 1}\right]^{\frac{1}{2}} = 0.92688$$

这时四个齿轮的可靠度为：

$$R_{1a} = R_a = R_{Aa} = 0.92688, R_{2a} = R_a = R_{ca} = 0.92688,$$
$$R_{3a} = R_3 = R_{Ba} = 0.96, \quad R_{4a} = R_4 = R_{Da} = 0.97$$

（5）验算系统可靠度指标 R_{sa}，由式（5-42）：

$$R_{sa} = R_a^{k_0} \prod_{i=k_0+1}^{n+1} R_i = 0.92688^2 \times 0.96 \times 0.97 \times 1$$
$$= 0.800000004 > 0.80 \quad 合适$$

5.2.6 用动态规划法分配贮备度

若可靠度 R 是费用 x 的函数，并可分解为：

$$R(x) = f_1(x_1) + f_2(x_2) + \cdots + f_n(x_n) \tag{5-43}$$

那么，在费用 x 为：

$$x = x_1 + x_2 + \cdots + x_n \tag{5-44}$$

的条件下，系统可靠度 $R(x)$ 最大的问题就称为动态规划。这里，费用 x_1 是任意正数，n 为整数。

因为 $R(x)$ 的最大值是由 x 和 n 来决定的，所以可以把它写成：

$$\varphi_n(x) = x \in \Omega^{\max} R(x_1, x_2, \cdots, x_n) \tag{5-45}$$

Ω 是满足式（5-44）解的集合。

如果在第 n 次活动中分配到的 x 量为 x_n（$0 \le x_n \le x$），由 x_n 得到的利益为 $f_n(x_n)$，则根据式（5-45），由 x 的其余部分 $x - x_n$ 所能得到的利益最大值为 $\varphi_{n-1}(x - x_n)$，所以，在第 n 次活动中分到 x_n，在其他活动中分到 $x - x_n$ 时的总利益为：

$$f_n(x_n) + \varphi_{n-1}(x - x_n)$$

因为求使这一总利益为最大的 x_n 是与使 $\varphi_n(x)$ 为最大有关的，所以：

$$\varphi_n(x) = 0 \le x_n < x^{\max}[f_n(x_n) + \varphi_{n-1}(x - x_n)] \tag{5-46}$$

也就是说，虽然要对 $1, 2, \cdots, n$ 一共 n 个进行分配，但没有必要同时对所有组合进行研究；在 $\varphi_{n-1}(x - x_n)$ 已是最优分配之后来考虑利益，就只需注意 x_n 的值就行了。另外，不管怎样选择 x_n，若要使总体的利益为最大，也必须作使 $x - x_n$ 的利益成为最大那样的分配。这种方法通常称为最优化原理。

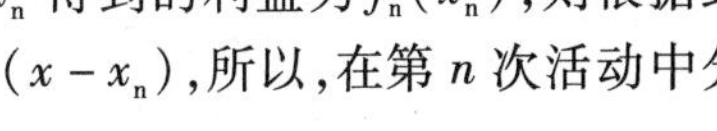

【例 5-7】 图 5-15 为三个子系统组成的串联系统，各子系统的成本费用和工作 100h 的预计可靠度值列于表 5-3。

图 5-15 三个子系统逻辑图

要使此系统工作 100h 的可靠度指标 $R_{sa} \geq 0.99$，而成本费用又要尽可能地小,问各子系统应有多大的贮备度？

表 5-3　各子系统的成本与预计可靠度值

子系统	可靠度 R_i	成本费用/万元	贮备度	贮备系统的可靠度 R_i'
1	0.85	6	3	0.99663
2	0.80	5	3	0.99200
3	0.70	4	4	0.99190

解　这是以最小成本为目标函数,以系统可靠度指标在 0.99 以上为约束条件的最优化问题,若是不附加贮备件,则系统预计可靠度为：

$$R_{sp} = \prod_{i=1}^{3} R_i = R_1 R_2 R_3 = 0.85 \times 0.8 \times 0.7 = 0.476$$

它与要求的系统可靠度指标 $R_{sa} \geq 0.99$ 相差甚远,为使系统保证有 0.99 以上的可靠度,各子系统的可靠度至少需在 0.99 以上。为此应将各子系统设计成由几个并联分支组成贮备系统,各子系统的最少贮备度(并联分支数)及其相对应的可靠度 R_i' 的值分别列于表 5-3 中。

为满足 $R_{sa} \geq 0.99$,且使总成本最低,设各子系统有贮备度时成本为 x_1, x_2, x_3,则总成本 $x = x_1 + x_2 + x_3$。

若取子系统 1 与 2 的贮备度为 3~5,则全部组合有 9 种,每种组合的可靠度和成本费用。经计算后列于表 5-4 中。以成本为横坐标,相应的可靠度为纵坐标,并标出坐标点,如图 5-16 所示,

表 5-4　子系统 1 与 2 不同组合时的成本和可靠度

贮 备 度		子 系 统 2		
		3	4	5
子系统1	3 成本/万元	33	38	43
	3 可靠度	0.98866	0.99504	0.99631
	4 成本/万元	39	44	49
	4 可靠度	0.99149	0.99789	0.99917
	5 成本/万元	45	50	55
	5 可靠度	0.99192	0.99832	0.99960

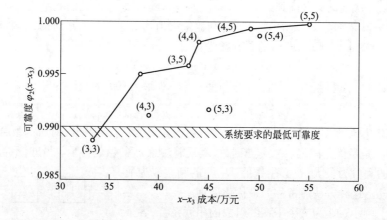

图 5-16　$\varphi_2(x - x_3)$,成本—可靠度线图

这叫成本—可靠度线图。图中(i,j)内的i,j分别表示子系统1和2各自的贮备度。从成本最低的组合$(3,3)$点开始逐渐向成本高的组合移动时,如果成本升高而可靠度反而下降,那么这种设计组合显然不是最优化的设计,故应舍弃(图中$(4,3)$,$(5,3)$,$(5,4)$三个点都应弃掉),将留下的各组合点顺次相连,就可得到图5-16中的折线,此图反映出成本与可靠度之间的函数关系。这个函数就是$\varphi_2(x-x_3)$,由于总成本$x=x_1+x_2+x_3$,所以$x-x_3$也就是x_1+x_2这一部分系统的成本,而$\varphi_2(x-x_3)$(即$\varphi_2(x_1+x_2)$)是与此成本相应的可靠度。由于这个原因,折线一定是越向右越上升的。再者,可靠度低于0.99的组合点当然也是不可取的(如图中的$(3,3)$点),从而初步得出可供选用的子系统1与2贮备度组合方案,有$(3,4)$,$(3,5)$,$(4,4)$,$(4,5)$,$(5,5)$五个点可取。此五种组合的可靠度及其成本列于表5-5。

表5-5 子系统1和2初选组合的成本和可靠度

序 号	贮 备 度		可 靠 度	成本/万元
	子系统1	子系统2		
1	3	4	0.99504	38
2	3	5	0.99631	43
3	4	4	0.99789	44
4	4	5	0.99917	49
5	5	5	0.99960	55

然后再将表5-5的子系统1与2组合的可取五种方案和子系统3的贮备度4~6相组合,可得15种方案。其成本及相对应的可靠度列于表5-6。用上述相同办法绘制出$\varphi_3(x)$总成本—系统可靠度线图,如图5-17所示。图中(i,j,k)内是子系统1,2,3的贮备度。横坐标$x=x_1+x_2+x_3$即为总成本,纵坐标为系统可靠度R_{sa},即$\varphi_3(x)$,为了使系统可靠度$R_{sa}\geqslant0.99$,且总成本x为最小,图5-17中的$(3,4,5)$点满足要求,即三个子系统分别给以3,4,5的贮备度,其系统逻辑图如图5-18,这时系统可靠度$R_{sa}=0.99262$,总成本$x=58$(万元)。

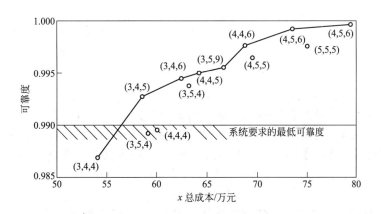

图5-17 $\varphi_3(x)$,总成本与系统可靠度线图

由于每次计算皆去成本高而可靠度低的部分,使计算工作量减少一半以上,特别对于复杂系统的可靠性分配问题,采用动态规划法可以大大减少计算次数,较快获得最优化分配方案,且由于动态规划法是使用递推式,计算逻辑较简单,适合编程序用电子计算机计算。因此,它在可靠性工程中将得到进一步应用。

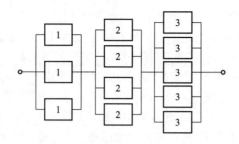

图 5-18　贮备度分配后系统逻辑图

表 5-6　子系统 1,2,3 不同贮备度组合的总成本和可靠度

贮　备　度			子　系　统　3		
			4	5	6
子系统1与子系统2的组合	3,4	x(万元)	54	58	62
		R_{sa}	0.98698	0.99262	0.99431
	3,5	x(万元)	59	63	67
		R_{sa}	0.98824	0.99389	0.99558
	4,4	x(万元)	60	64	68
		R_{sa}	0.98981	0.99547	0.99716
	4,5	x(万元)	65	69	73
		R_{sa}	0.99108	0.99674	0.99844
	5,5	x(万元)	71	75	79
		R_{sa}	0.99150	0.99717	0.99887

5.3　可修复系统的可靠性

较复杂的机械产品与机械系统都属于可修复系统,即出现故障后经过维修使系统恢复到正常状态。

5.3.1　维修度

维修是指维护可修复产品的正常工作所进行的工作。

维修度 $M(t)$ 是指"可以维修的产品,在规定的条件下和规定的时间内完成维修的概率"。因为完成维修的概率是随时间增加而增大的,它的形态和失效概率的形态相同,一般 $M(t)$ 也为指数分布,即:

$$M(t) = 1 - e^{-\mu t} \tag{5-47}$$

式中,μ 称为修复率,表示单位时间内完成维修的次数。μ 与可靠度 $R(t)$ 中的失效率 λ 相对应。但要注意 μ 与 λ 的不同含义,我们希望 λ 越小越好,这时表示产品失效很慢,可靠度较高。相反,我们要求 μ 越大越好,这表示产品故障后很快会修好。修复率 μ 的倒数是平均修理时间 $MTTR$:

$$MTTR = \frac{1}{\mu} \tag{5-48}$$

$MTTR$ 为修理一次平均需要的时间(h)。它和平均寿命时间的 $MTTF$(失效前平均时间,平均无故障时间)与 $MTBF$(平均故障间隔时间)相对应。$MTTR$ 愈小,产品修理时间愈短,因此相对地增加了产品参加工作的时间。

为了提高维修度,必须考虑"维修三要素":

(1) 在进行结构设计时,重视维修性设计,使产品易于修理;

(2) 维修人员要具有熟练的技能,平均技术等级要高;

(3) 供维修用的设备和系统,包括备件、维修用具、工具管理等要良好,即管理水平要高。

5.3.2 有效度

有效度 $A(t)$ 是指"可以维修的产品,在某时刻具有或维持其规定功能的概率"。因为可修复产品在可靠度(不发生故障的概率)之外,还有在发生故障后经过修理恢复到正常的可能,那么产品处于正常的概率就会增大。有效度就是可靠度和维修度结合起来的尺度,通常称为广义的可靠度。

由图 5-19 可见,当可修复产品,由正常状态 S 发展到故障状态 F 时,经过又由 F 恢复到 S 这种不断转移的过程即为随机过程。

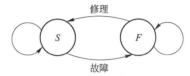

图 5-19　状态转移图

上述有效度 $A(t)$ 是产品工作到 t 时刻的瞬时有效度。由于我们大量研究的问题是产品长时间使用中的有效度问题,当时间趋于无限时,瞬时有效度的极限值称为稳态有效度 $A(\infty)$,一般将 $A(\infty)$ 简写为 A,它表示产品可工作时间对可工作时间与不能工作时间之和的比:

$$A = \frac{可工作时间}{可工作时间 + 不能工作时间} = \frac{U}{U + D} \tag{5-49}$$

若产品的可靠度、维修度皆为指数分布时,$R(t) = \mathrm{e}^{-\lambda t}$,$M(t) = 1 - \mathrm{e}^{-\mu t}$,则瞬时有效度 $A(t)$ 的计算式为:

$$A(t) = \frac{\mu}{\lambda + \mu} + \frac{\lambda}{\lambda + \mu}\mathrm{e}^{-(\lambda + \mu)t} \tag{5-50}$$

上式第一项为常数项,第二项为过渡项。当 $t \to \infty$ 时,上式中的第二项就趋向为零,因此第一项就是稳态有效度 $A(\infty)$,即:

$$A = \frac{\mu}{\lambda + \mu} = \frac{MTBF}{MTBF + MTTR} \tag{5-51}$$

图 5-20 表示 $A(t)$ 随 t 的变化曲线。$A(t)$ 的渐近线即为 $A(\infty)$。对不可修产品,实际上 $A(t) = R(t)$,它以横坐标轴线为其渐近线。

由上式看出,要使有效度 A 增大,就要增加 $MTBF$ 值,即降低失效率 λ 值,或减小 $MTTR$ 值,即提高修复率 μ 值。为了取得最佳的技术经济效果,λ 与 μ 的值应取得协调。

对可修复的机械设备,要求总的工作时间为 t,允许的维修时间为 τ,如只许维修一次时,设备的有效度 $A(t,\tau)$ 由下式计算:

$$A(t,\tau) = R(t) + \Delta M(t,\tau) = R(t) + F(t)M(\tau)$$
$$= R(t) + [1 - R(t)]M(\tau) \tag{5-52}$$

式中,ΔM 为 t 时间前某一个时刻发生的故障,该故障在 τ 时间内结束修复的概率 $M(\tau)$,所以 $\Delta M(t, \tau) = F(t)M(\tau)$ 是条件概率,即失效和维修共同发

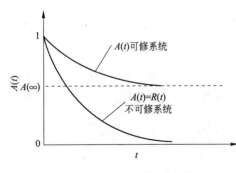

图 5-20　有效度 $A(t)$ 曲线

生的概率。也是有效度的增量。

若 $R(t)^- = e^{-\lambda t}, M(\tau) = 1 - e^{-\mu \tau}$，则：

$$A(t,\tau) = e^{-\lambda t} + (1 - e^{-\lambda t})(1 - e^{-\mu \tau}) = 1 - (1 - e^{-\lambda t})e^{-\mu \tau} \tag{5-53}$$

当设备为不可维修时，$\tau = 0$，这时上式变为：

$$A(t,0) = e^{-\lambda t} = R(t)$$

即对不可修复系统，有效度就是可靠度。对可修复系统，进行一次修复时，有效度为可靠度 $R(t)$ 及其增量 $\Delta M(t,\tau)$ 两部分。

5.3.3　串联系统的有效度

由 n 个元件构成的串联系统，每个元件的失效及维修时间均服从指数分布。当其中某一元件出现故障，则系统处于故障状态，此时维修组立刻进行修复，在修复期间，未发生故障的元件也处于停止工作状态。当故障元件修复后，n 个元件又进入工作状态，系统恢复正常工作。修复后仍然服从指数分布，并假定各元件是相互独立的，n 个元件失效率均为 λ，维修率均为 μ 时，系统的有效度可按下式计算：

$$A(t) = \frac{\mu}{n\lambda + \mu} + \frac{n\lambda}{n\lambda + \mu}\exp[-(n\lambda + \mu)t] \tag{5-54}$$

$$A = \frac{\mu}{n\lambda + \mu} \tag{5-55}$$

当 n 个元件失效率分别为 λ_1、λ_2、$\cdots$、λ_n，维修率为 μ_1、μ_2、$\cdots$、μ_n 时，这时系统的稳态有效度为：

$$A = \frac{1}{1 + \dfrac{\lambda_1}{\mu_1} + \dfrac{\lambda_2}{\mu_2} + \cdots + \dfrac{\lambda_n}{\mu_n}} = \frac{1}{1 + \displaystyle\sum_{i=1}^{n} \dfrac{\lambda_i}{\mu_i}} \tag{5-56}$$

5.3.4　并联系统的有效度

假设两元件均为失效率 λ 的指数分布，修复率为 μ 的指数分布，当一元件发生故障后，立即由一个维修组进行修复，修复后仍为指数分布，若两元件相互独立，则这时并联系统的稳态有效度为：

$$A = \frac{\mu^2 + 2\lambda\mu}{\mu^2 + 2\lambda\mu + 2\lambda^2} \tag{5-57}$$

5.3.5　维修方针

机械设备和系统的维修方针有事后维修与预防维修两大类，下面分别说明其特点与适用场合。

5.3.5.1　事后维修

系统发生故障后再进行维修的方法即为事后维修。由于它不需要预防维修时间，因而系统的有效度较高。但对于系统发生故障会带来重大经济损失和人身事故的场合，就不应采用这种维修方法。

现代机械设备和系统，一般不宜全部采用事后维修方法，多数采用预防维修方针，只是在预防维修期内发生故障后，才使用事后维修方针。

5.3.5.2　预防维修

预防维修可使系统始终处于最佳状态。特别是对于那些安全性受到特别重视的交通运输工具、起重机械,以及一旦出故障停工会造成很大损失的工业生产系统,如高炉系统,轧钢系统,选矿系统等,预防维修十分重要。必须健全这方面的组织和规章制度,认真贯彻执行。

预防维修工作包括检查或监视、调整、修理或更新。其维修方法有:

(1)定期维修 每隔一定时间就进行一次维修。它立足于概率论,根据系统内元件发生故障的时间分布来确定维修方案。一般要求在元件工作到将要进入耗损失效期前,就进行维修或更换。也即在元件尚未损坏以前,就按一定的规程进行更换,称为定期更换。

定期更换又可分为全部更换或逐个更换两种。图 5-21 为事后维修、全部更换和逐个更换的对比关系。图 a 为出现故障时才更换元件;图 b 为每隔预定的更换周期 T 小时把全部预定更换的元件换成新品;而图 c 是逐个更换的元件,一定要工作满 T 小时才更换。

系统的定期维修较为复杂,其基本形式如图 5-22 所示。图 a 为修理型事后维修:当实际工作 T 小时,就对系统进行预防维修。在预防维修周期 T 内再发生故障,一般只限于修复已发生故障的元件,因为实施事后维修后,仅仅在局部发生故障的地方修复或换上了新的元件,所以整个系统仅是功能得以恢复,而并没有得到更新。在故障前后累计工作时间($T_1 + T_2$)达到预防维修周期 T 时,再进行预防维修。图 b 为更新型事后维修:如果不发生故障,则系统工作 T 小时后进行预防维修。如果在 T 小时内发生故障,不但要修复发生故障的元件,同时还要进行预防维修,使系统得到更新,这样可以再过 T 小时后(或再发生故障)进行预防维修。

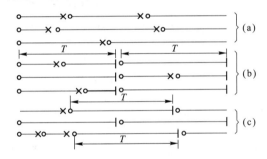

图 5-21 更换方式的对比关系
○─安装新产品;┤─取下旧品;×─故障取下

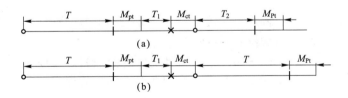

图 5-22 系统的预防维修方式
(a)修理型事后维修;(b)更新型事后维修
M_{Pt}─预防维修时间;M_{ct}─事后维修时间

(2)按需维修 它立足于失效物理分析,通过连续地进行监视和物理测定,当系统参数或性能下降到限定值时,就进行维修。它不规定维修周期,只规定性能参数的维修限值。

5.3.6 系统预防维修周期的确定

系统预防维修周期的确定原则是,要求系统有效度最大或总费用最小。

5.3.6.1　按有效度最大原则确定最佳维修周期

A　修理型事后维修

当系统的工作时间累计达 T 小时之后,不论故障发生与否,就要进行预防维修(见图5-22a)。若平均预防维修时间记为 $\overline{M}_{pt}$,平均事后维修时间记为 $\overline{M}_{ct}$,系统的故障率为 $\lambda(t)$,则系统的可靠度函数 $R(t)$ 和故障密度函数 $f(t)$ 的关系为:

$$\lambda(t) = \frac{f(t)}{R(t)}$$

每一个周期内的平均不能工作时间 MDT 为:

$$MDT = \overline{M}_{pt} + \overline{M}_{ct} \int_0^T \lambda(t)\,dt \tag{5-58}$$

式中　　$\int_0^T \lambda(t)\,dt$ ——是一个周期内故障发生的频率,其中假定在 T 小时内系统不进行更新。

在一个维修周期内,平均可工作时间 MUT 就是维修周期 T:

$$MUT \equiv T \tag{5-59}$$

所以稳定状态的有效度 A,即 $t \to \infty$ 时的 $A(t) = A(\infty)$ 为:

$$A = A(\infty) = \frac{MUT}{MDT + MUT} = \frac{T}{\overline{M}_{pt} + \overline{M}_{ct} \int_0^T \lambda(t)\,dt + T} \tag{5-60}$$

为了求出有效度 A 为最大的最佳维修周期 T 值,将上式对 T 进行微分,并使其为零,则得到下面的结果:

$$T\lambda(T) - \int_0^T \lambda(t)\,dt = \frac{\overline{M}_{pt}}{M_{ct}} \tag{5-61}$$

根据定积分的分部积分公式: $\int_a^b u\,dv = [uv]_a^b - \int_a^b v\,dv$,可得出:

$$\int_0^T t\lambda'(t)\,dt = \int_0^T t\,d[\lambda(t)] = [t\lambda(t)]_0^T - \int_0^T \lambda(t)\,dt = T\lambda(T) - \int_0^T \lambda(t)\,dt$$

将上式代入式(5-61)则得:

$$\int_0^T t\lambda'(t)\,dt = \frac{\overline{M}_{pt}}{M_{ct}} \tag{5-62}$$

若故障分布是耗损型的,即故障率函数 $\lambda(t)$ 是 t 的增值函数(故障率随时间不断增加),则从式(5-61)或(5-62)就可求得最佳预防周期 T。

【例5-8】 已知 $\overline{M}_{pt} = 5h, \overline{M}_{ct} = 1h$,系统按计算实施预防维修以后的寿命服从威布尔分布,其参数为: $\beta = 2, \gamma = 0, \eta = 1000h$,试求有效度 A 为最大的预防维修周期 T(一周期的实际工作时间)。

解　由前得知,当 $\gamma = 0$ 时的威布尔分布的故障率函数 $\lambda(t)$ 为:

$$\lambda(t) = \frac{\beta t^{\beta-1}}{\eta^\beta}$$

所以　　　$\int_0^T \lambda(T)\,dt = \int_0^T \frac{\beta t^{\beta-1}}{\eta^\beta}\,dt = \left[\frac{\beta}{(\beta-1)+1} \frac{t^\beta}{\eta^\beta} \right]^T = \frac{T^\beta}{\eta^\beta}$

由式(5-61),最佳预防维修周期 T 可用下式求得:

$$T\left(\frac{\beta T^{\beta-1}}{\eta^\beta} \right) - \frac{T^\beta}{\eta^\beta} = \frac{\overline{M}_{pt}}{M_{ct}}$$

经整理得:

$$\frac{T}{\eta} = \left[\frac{\overline{M}_{pt}}{(\beta - 1) \overline{M}_{ct}} \right]^{\frac{1}{\beta}}$$

所以　　　　$$T = \eta \left[\frac{\overline{M}_{pt}}{(\beta - 1) \overline{M}_{ct}} \right]^{\frac{1}{\beta}} = 1000 \times \left[\frac{5}{(2 - 1) \times 1} \right]^{\frac{1}{2}} = 2236h$$

B　更新型事后维修

更新型事后维修,是指当系统无故障工作 T 小时后就进行预防维修(见图 5-22b)。

系统的平均不能工作时间 MDT,由平均预防维修时间 $\overline{M}_{pt}$ 和平均事后维修时间 $\overline{M}_{ct}$ 的加权和求得。即

$$MDT = R(T) \overline{M}_{pt} + [1 - R(T)] \overline{M}_{ct}$$

式中　$R(T)$——T 小时无故障的概率,即 T 小时的系统可靠度。

系统的平均可工作时间 MDT,由无故障工作时间 T 和发生故障时的故障前平均工作时间

$\dfrac{\int_0^T tf(t) \, df}{1 - R(T)}$ 的加权和求得。

其中,$f(t) = -\dfrac{dR(t)}{dt}$ 为故障密度函数。即

$$MUT = R(T)T + [1 - R(T)] \frac{\int_0^T tf(t) \, dt}{1 - R(T)} = R(T)T + \int_0^T tf(t) \, dt \tag{5-63}$$

通过分部积分法得:

$$\int_0^T tf(t) \, dt = \left[-tR(t) \right]_0^T + \int_0^T R(t) \, dt = -TR(T) + \int_0^T R(t) \, dt$$

以上式代入式(5-63),则得:

$$MUT = \int_0^T R(t) \, dt$$

稳定状态($t \to \infty$)时的有效度 $A = A(\infty)$ 为:

$$A = A(\infty) = \frac{MUT}{MDT + MUT}$$

$$= \frac{\int_0^T R(t) \, dt}{R(T) \overline{M}_{pt} + [1 - R(T)] \overline{M}_{ct} + \int_0^T R(t) \, dt} \tag{5-64}$$

同理,将上式对 T 进行微分,且使其为零,便可得到有效度 A 为最大时的时间 T:

$$\lambda(T) \int_0^T R(t) \, dt - [1 - R(T)] = \frac{\overline{M}_{pt}}{\overline{M}_{ct} - \overline{M}_{pt}}, \, [\overline{M}_{ct} > \overline{M}_{pt}] \tag{5-65}$$

若故障率函数 $\lambda(t)$ 是 t 的增值函数,就可求得最佳预防维修周期 T。当 T 为最佳解时,系统的稳态有效度为:

$$A = A(\infty) = \begin{cases} \dfrac{MTBF}{MTBF + \overline{M}_{ct}}, \, [\overline{M}_{ct} \leqslant \overline{M}_{pt}, MTBF = \displaystyle\int_0^\infty R(t) \, dt] \\[4mm] \dfrac{1}{1 + (\overline{M}_{ct} - \overline{M}_{pt}) \lambda(T)}, \, [\overline{M}_{ct} > \overline{M}_{pt}] \end{cases} \tag{5-66}$$

【例5-9】 已知系统的 $\overline{M}_{ct} = 2h$，$\overline{M}_{Pt} = 0.5h$，并测得不同时刻的系统可靠度值如下：

$t(10^3h)$	0	0.2	0.4	0.6	0.8	1.0
$R(t)$	1	0.995	0.978	0.95	0.90	0.86
$t(10^3h)$	1.2	1.4	1.6	1.8	2.0	
$R(t)$	0.79	0.72	0.64	0.57	0.48	

求采用更新型事后维修的最佳预防维修周期 T。

解　根据表中不同时刻 t 的 $R(t)$ 值，绘出可靠度曲线如图5-23所示。

将式(5-64)改写为：

$$A = A(\infty) = \frac{1}{1 + \dfrac{MDT}{MUT}} = \frac{1}{1 + \rho}$$

式中　ρ——维修系数，其值为：

$$\rho = \frac{MDT}{MUT} = \frac{R(T)\overline{M}_{pt} + [1 - R(T)]\overline{M}_{ct}}{\displaystyle\int_0^T R(t)\,dt}$$

$$= \frac{R(T)\overline{M}_{pt} + F(T)\overline{M}_{ct}}{\displaystyle\int_0^T R(t)\,dt}$$

使维修系数 ρ 为最小即可求得 T 的最大值，与 t 对应的 ρ 值列于表5-7。

表5-7　维修系统 ρ 值的计算表

$t/10^3h$	$R(t)$	$F(t)$	S_i	$\int_0^T R(t)\,dt$	$R(T)\overline{M}_{pt}$	$F(T)\overline{M}_{ct}$	$\rho/10^{-2}$
0	1	0	—	—	—	—	—
0.2	0.995	0.005	199.5	199.5	0.498	0.01	0.25439
0.4	0.978	0.022	197.3	396.8	0.489	0.044	0.13432
0.6	0.950	0.050	192.8	589.6	0.475	0.10	0.09752
0.8	0.900	0.100	185	774.6	0.450	0.20	0.08371
1.0	0.860	0.140	176	950.6	0.430	0.28	0.07469
1.2	0.790	0.210	165	1115.6	0.395	0.42	0.07305
1.4	0.720	0.280	151	1266.6	0.360	0.56	0.07264
1.6	0.640	0.360	136	1402.6	0.320	0.72	0.07415
1.8	0.570	0.430	121	1523.6	0.285	0.86	0.07515
2.0	0.480	0.520	105	1628.6	0.240	1.04	0.07860

表5-7中 $\int_0^T R(t)\,dt$ 的求法，可按图5-24那样，把 $R(t)$ 曲线与横轴（时间轴）之间的面积分成 n 个矩形，本题以每 $0.2 \times 1000h$ 为单位分成 10 个矩形，求这些矩形的面积之和即可。对于 $t = 0 \sim 0.2 \times 1000h$ 的面积 S_1 为：

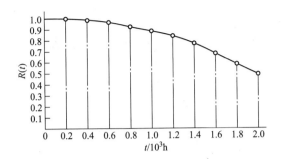

图 5-23 系统的可靠度曲线

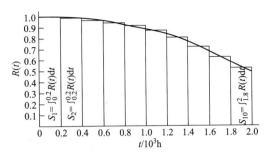

图 5-24 $\int_0^T R(t)\,\mathrm{d}t$ 的图式计算

$$S_1 = \frac{R(0) + R(0.2)}{2} \times \Delta t = \frac{1 + 0.995}{2} \times 0.2 \times 1000$$

$$= 199.5\mathrm{h}$$

对于 $t = (0.2 \sim 0.4) \times 1000\mathrm{h}$ 的 S_2 为：

$$S_2 = \frac{R(0.2) + R(0.4)}{2} \times \Delta t = \frac{0.995 + 0.978}{2} \times 0.2 \times 1000 = 197.3\mathrm{h}$$

同理，可求出其他各矩形面积，列于表 5-7 中的第 4 列。

$$\int_0^T R(t)\,\mathrm{d}t = \sum_{i=1}^n S_i$$

对本题来说，因 $n = 10$，所以：

$$\int_0^T R(t)\,\mathrm{d}t = S_1 + S_2 + \cdots + S_{10}$$

以表 5-7 中的 ρ 值作图，得图 5-25。其最小值位于 $T \approx 1.3 \times 1000\mathrm{h}$ 处。其 $\rho \approx 0.072 \times 10^{-2}$ 时的有效度为：

$$A = A(\infty) = \frac{1}{1 + \rho} = \frac{1}{1 + 0.00072} = 0.999281$$

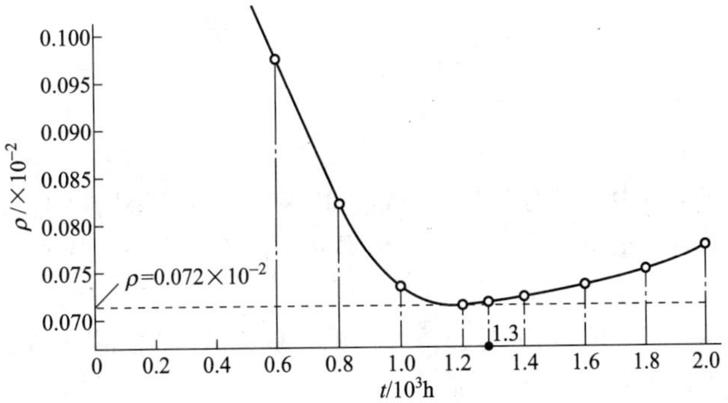

图 5-25 $\rho - t$ 曲线

验算时，可用式 (5-65) 来计算最佳有效度：

$$A = A(\infty) = \frac{1}{1 + (\overline{M}_{ct} - \overline{M}_{pt})\lambda(T)}$$

根据表 5-7，$\lambda(T)$ 可用下式计算：

$$\lambda(T) = \frac{\text{本区间内的故障概率}}{(\text{本区间的宽度}) \times (\text{本区间的可靠度平均值})}$$

在本题中,由于 $T = 1.3 \times 1000\text{h}$,位于 $(1.2 \sim 1.4) \times 1000\text{h}$ 区间内、区间宽度 $0.2 \times 1000\text{h}$,故:

$$\lambda(1.3) = \frac{F(1.4) - F(1.2)}{0.2 \times 1000 \times \dfrac{R(1.4) + R(1.2)}{2}} = \frac{0.28 - 0.21}{200 \times \dfrac{0.72 + 0.79}{2}}$$

$$= 0.00046378/\text{h}$$

所以　　　　　$A = A(\infty) = \dfrac{1}{1 + (2 - 0.5) \times 0.00046378} = 0.999305$

与图 5-25 估计的结果大致相等。

结论:用更新型事后维修的最佳预防维修周期 $T = 1300\text{h}$。

5.3.6.2　按总费用最小原则确定最佳维修周期

系统维修总费用包括:1)预防维修费 C。它包括预防维修费和在预防维修期间因系统不能使用带来的损失。2)因故障所造成的损失费 k。它包括对每一个故障的平均事后维修费和故障所造成的损失。算出这些费用后,即可求出修理型事后维修和更新型事后维修的最佳预防维修周期 T。

A　修理型事后维修

把从预防维修到周期 T 结束为止的总费用记为 $D(T)$,则单位工作时间内的平均费用 $\dfrac{D(T)}{T}$ 为:

$$\frac{D(T)}{T} = \frac{C}{T} + \frac{k}{T} \int_0^T \lambda(t)\,\mathrm{d}t \tag{5-67}$$

式中　$\lambda(t)$——系统的故障率函数;

　　　C——预防维修费;

　　　k——故障损失费。

为了求出使 $\dfrac{D(T)}{T}$ 为最小的 T 值,可将式(5-67)的右边对 T 进行微分,并使其为零,得:

$$T\lambda(T) - \int_0^T \lambda(t)\,\mathrm{d}t = \frac{C}{k} \tag{5-68}$$

或　　　　　　　　　$$\int_0^T t\lambda'(t)\,\mathrm{d}t = \frac{C}{k} \tag{5-69}$$

在式(5-61)、式(5-62)中,分别用 C 和 k 代替 $\overline{M}_{pt}$ 和 $\overline{M}_{ct}$ 即可得到以上二式。所以,若维修时间和费用成正比,则两者的最佳解是一致的。但偶然故障损失不一定与时间成正比。

B　更新型事后维修

在实际可工作时间 MUT 内,当进行预防维修的比例为 $R(T)$,发生故障的比例为 $[1 - R(T)]$ 时,每单位时间的费用 E 为:

$$E = \frac{CR(T) + k[1 - R(T)]}{M} = \frac{CR(T) + k[1 - R(T)]}{\int_0^T R(t)\,\mathrm{d}t} \tag{5-70}$$

将上式对 T 进行微分,且使其为零,便可得到 E 为最小的 T 值,得:

$$\lambda(T) \int_0^T R(t)\,\mathrm{d}t - [1 - R(T)] = \frac{C}{k - C} \quad (k > C) \tag{5-71}$$

同理,在 T 为最佳解时:

$$E = \begin{cases} \dfrac{MTBF}{MTBF + k}, \left[k \leqslant C, MTBF = \displaystyle\int_0^\infty R(t)\,\mathrm{d}t \right] \\[3mm] \dfrac{1}{1 + (k - C)\lambda(T)} \quad (k > C) \end{cases} \tag{5-72}$$

5.4 故障树分析法在系统设计中的应用

5.4.1 概述

故障树分析法(失效树分析法,FTA 法)是在系统设计过程中,通过对可能造成系统故障的各种原因进行分析,由总体至部分按倒立树状逐级细化分析,画出逻辑框图(故障树),从而确定系统故障原因的各种可能组合方式或其发生概率。

它是把所研究系统的最不希望发生的故障状态作为故障分析的目标,然后寻找直接导致这一故障发生的全部因素,再找出造成下一级事件发生的全部直接因素,一直追查到那些原始的、其故障机理或概率分布都是已知的,因而毋需再深究的因素为止。通常,把最不希望发生的事件称为顶事件,毋需再深究的事件称为底事件,介于顶事件与底事件之间的一切事件为中间事件,用相应的符号代表这些事件,再用适当的逻辑门把顶事件、中间事件和底事件联结成倒立树形图。这样的树形图称为故障树,用以表示系统的特定顶事件与它的子系统或各个元件故障事件之间的逻辑结构关系。以故障树为工具,分析系统发生故障的各种途径,计算各个可靠性特征量,对系统的安全性或可靠性进行评价的方法称为故障树分析法。

故障树分析法的特点是:

(1)由于它是一种图形演绎方法,故直观、形象。

(2)故障树分析法,不但可用于对系统的可靠性、安全性进行定性分析和定量计算,而且还可考虑造成系统故障的各种因素。因此,灵活多用。

(3)多目标、可计算。在设计中,可帮助弄清系统的故障模式,找出系统的薄弱环节。由于故障树是由特定的逻辑门和一定的事件构成的逻辑图,因此可以用电子计算机来辅助建树,并进行定性分析和定量计算。

根据上述特点,故障树分析法适合于对复杂的动态系统进行可靠性分析。

5.4.2 故障树的建造

故障树中所用的符号有事件符号与逻辑符号。其图形、名称与含义分别列于表5-8 和表5-9。

在建树之前,应该对所分析的系统进行深入的了解。为此,需要广泛收集有关系统的设计、运行、流程图、设备技术规范等技术文件和资料,并进行仔细的分析研究。

5.4.2.1 选择和确定顶事件

通常把最不希望发生的系统故障状态作为顶事件。它可以是借鉴其他类似系统发生过的重大故障事件,也可以是指定的事件。任何需要分析的系统故障事件都可作为顶事件。但顶事件必须有明确的定义,而且一定是可以分解的。有时最不希望发生的故障状态不止一个,因而一个系统需要建几棵树,所以顶事件不是唯一的。

表 5-8　故障树常用的事件符号及其含义

序　号	符　号	名　称　与　含　义
1	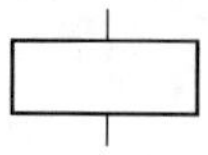	顶事件或中间事件:在矩形内注明故障定义,其下与逻辑门连接,再分解成底事件或中间事件
2	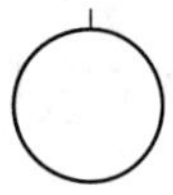	底事件:即基本故障事件,它应该是不可能再行分解,是在设计运行条件下所发生的固有的随机故障事件,一般它的故障分布是已知的。它只能作为逻辑的输入,而不能作为输出
3	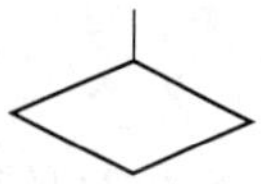	省略事件:发生概率较小,对此系统而言不需要进一步分析的事件。这些故障事件在定性、定量分析中可忽略不计
4	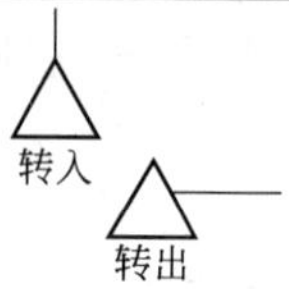 转入　转出	事件的转移:同一故障事件常在不同的位置出现,为了减少重复并简化树,用这两种符号,加上相应的标号分别表示从某处转入和转到某处
5	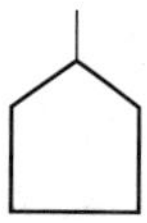	条件事件:是可能出现也可能不出现的故障事件,当所给定条件满足时,这一事件就成立,否则就除去

表 5-9　故障树常用的逻辑门符号及其含义

序　号	符　号	名　称　及　含　义
1	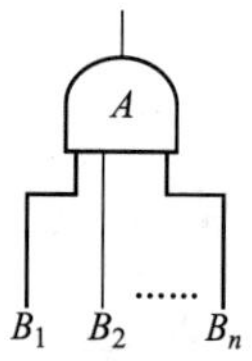 A　B_1 B_2 B_n	与门:只有输入事件 $B_i(i=1,2,\cdots,n)$ 同时全部发生,输出事件 A 才发生,相应的逻辑关系表达式为: $$A=B_1\cap B_2\cap\cdots\cap B_n$$
2	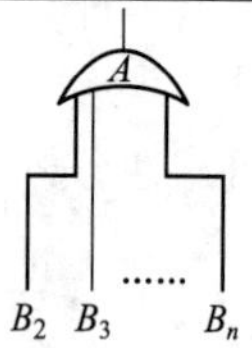 A　B_2 B_3 B_n	或门:在输入事件 B_i 中至少有一个输入事件发生,就有输出事件 A 发生,相应的逻辑关系表达式为: $$A=B_1\cup B_2\cup\cdots\cup B_n$$
3	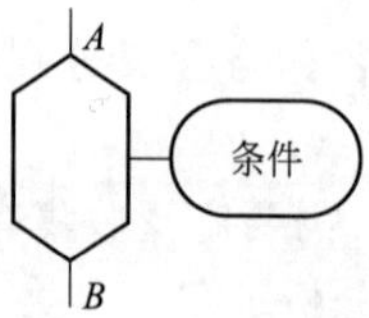 A　条件　B	禁门:当条件事件 C 存在时,则输入事件 B 直接引起输出事件 A 的发生,否则事件 A 不发生
4	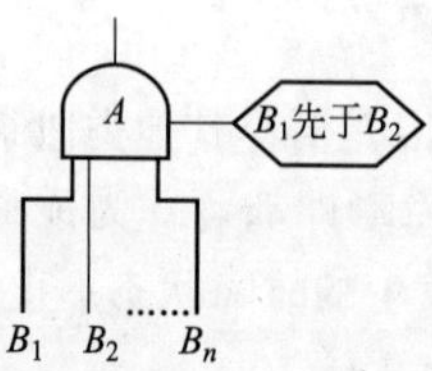 A　B_1先于B_2　B_1 B_2 B_n	优先与门(有序门):与门的诸输入事件中,必须按一定顺序(一般从左到右)依次发生,或只有某一事件先于其他事件发生时,才使输出事件 A 发生

序 号	符 号	名 称 及 含 义
5	A B_1先于B_2 B_1 B_2	导或门:如输入事件 B_1 和 B_2 的任何一个发生,但不同时发生,则输出事件 A 发生,相应的逻辑关系式为:$$A = (B_1 \cap \bar{B_2}) \cup (\bar{B_1} \cap B_2)$$
6	A 任意m B_1 B_2 ······ B_n	表决与门:如 n 个输入事件中的任意 m 个发生,则输出事件发生

5.4.2.2 自上而下地建造故障树

在确定顶事件之后,将它作为第一行,找出导致顶事件的所有可能的直接原因,作为第一级中间事件,把它们用相应的事件符号表示出来,并用适合于它们之间逻辑关系的逻辑门符号与顶事件相连接,然后逐级向下发展,直到找出引起系统失效的全部原因,作为底事件。这样,就得到了一棵倒置的失效树。

图 5-26 为一家用洗衣机故障树,顶事件为洗衣机波盘不能搅水,第一级中间事件为主轴不转或波盘松脱,其间用或门与顶事件连接,再分析主轴不转是由第二级中间事件——主轴阻力过大或主轴无转矩输入引起,依此一层层深入找出七个底事件与三个省略事件。

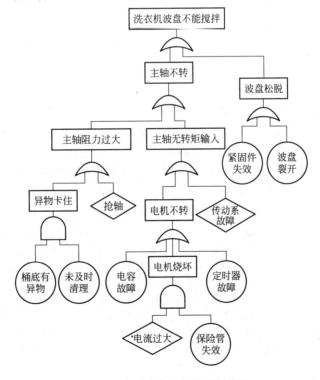

图 5-26　家用洗衣机的故障树分析

5.4.3　故障树的定性分析

前面用过的系统逻辑图是指系统与元件间的功能关系,其终端事件是系统的成功状态,各个基本事件是成功事件,所以在实质上,系统逻辑图(可靠性方框图)是一棵"成功树"。它也是一种用或门和与门来反映事件之间逻辑关系的方法。对于串联系统,均为或门的逻辑关系;对于并联系统,则均为与门的逻辑关系。并且,可以证明,逻辑图中系统的不可靠度与故障树的系统失效概率是完全一致的,如表 5-10 所示。

表 5-10　逻辑图与故障树对照表

系统	逻　辑　图	故　障　树
串联系统	系统可靠度: $R = P(A \cap B) = P(A)P(B)$ $= R_A \cdot R_B$——"与门" 系统不可靠度: $F = P(\bar{A} \cup \bar{B}) = P(\bar{A}) + P(\bar{B}) - P(\bar{A})P(\bar{B})$ $= F_A + F_B - F_A \cdot F_B$　　　　——"或门"→	系统失效概率: $F = P(\bar{A} \cup \bar{B})$ $= P(\bar{A}) + P(\bar{B})$ $- P(\bar{A})P(\bar{B})$ $= F_A + F_B - F_A \cdot F_B$ ——"或门" ↓
并联系统	系统可靠度: $R = P(A \cup B) = P(A) + P(B) - P(A)P(B)$ $= R_A + R_B - R_A R_B$——"或门" 系统不可靠度: $F = P(\bar{A} \cap \bar{B}) = P(\bar{A})P(\bar{B})$ $= F_A \cdot F_B$　　　　——"与门"→	系统失效概率: $F = P(\bar{A} \cap \bar{B})$ $= P(\bar{A})P(\bar{B})$ $= F_A \cdot F_B$ ——"与门" ↓

利用逻辑图与故障树之间的关系,有助于进行故障树的定性分析与定量分析。

故障树定性分析的主要目的是为了找出导致顶事件发生的所有可能的失效模式——失效谱,或找出使系统成功的成功谱。换句话说,就是找出故障树的全部最小割集或全部最小路集。

割集是能使顶事件(系统故障)发生的一些底事件的集合,当这些底事件同时发生时,顶事件必然发生。如果割集中的任一底事件不发生时,顶事件也不发生,这就是最小割集。一个割集代表了系统故障发生的一种可能性,即一种失效模式;一个最小割集是指包含了最少数量,而又最必须的底事件的割集。由于最小割集发生时,顶事件必然发生,因此一棵故障树的全部最小割集的完整集合代表了顶事件发生的所有可能性,即给定系统的全部故障。因此,最小割集的意义就在于它为我们描绘出了处于故障状态的系统所必须要修理的基本故障,指出了系统中最薄弱的环节。

路集也是一些底事件的集合,当这些底事件同时不发生时,顶事件必然不发生(即系统成功),一个路集代表了系统成功的一种可能性。如果将路集中所含的底事件任意去掉一个就不再成为路集,这就是最小路集。

割集和路集的意义可由图 5-27 说明。这是一个由 3 个元件组成的串、并联系统。其逻辑图如图 5-27a 所示。图 5-27b 是该系统的故障树,它共有 3 个底事件:x_1、x_2 和 x_3。它的三个割集是:$\{x_1\}$,$\{x_2,x_3\}$,$\{x_1,x_2,x_3\}$,当各割集中底事件同时发生时,顶事件必然发生。它的两个最小割集是:$\{x_1\}$,$\{x_2,x_3\}$,因为在这两个割集中,如果任意去掉一个底事件,就不再称其为割集了。

图 5-27b 中的三个路集是:$\{x_1,x_2\}$,$\{x_1,x_3\}$,$\{x_1,x_2,x_3\}$。当各路集中底事件同时不发生时,顶事件必然不发生。它的两个最小路集是:$\{x_1,x_2\}$,$\{x_1,x_3\}$。在这两个路集中,如果任意去掉一个底事件,就不再称其为路集了。

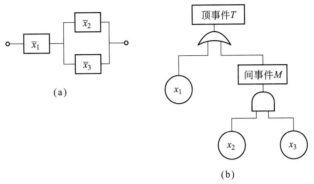

图 5-27　割集和路集
(a)逻辑图;(b)故障树

5.4.4　故障树的定量分析

故障树定量分析的任务是利用故障树这一逻辑图形作为模型,计算或估计系统顶事件发生的概率,从而对系统的可靠性、安全性及风险作出评价。

计算顶事件发生概率的方法有几种,这里只介绍最简单的一种——结构函数法。

假设故障树由若干互相独立的底事件构成,底事件和顶事件都只有两种状态,即发生或不发生,也就是说元件和系统都只有两种状态,即正常或故障,则根据底事件发生的概率,按故障树的逻辑结构逐步向上运算,即可求得顶事件发生的概率。

(1) 与门结构的输出事件发生的概率为:

$$P(X) = \bigcap_{i=1}^{n} P(x_i) = \prod_{i=1}^{n} P(x_i) \tag{5-73}$$

式中　X——输出事件;

　x_i——输入事件,$i = 1,2,\cdots,n$;

　$P(x_i)$——输入事件发生的概率;

　$\cap$——为逻辑关系的"交"运算。

上式即为表 5-10 中并联系统失效概率计算公式的一般式。

(2) 或门结构的输出事件发生的概率为:

$$P(X) = \bigcup_{i=1}^{n} P(x_i) = 1 - \prod_{i=1}^{n} [1 - P(x_i)] \tag{5-74}$$

式中　$\cup$——逻辑关系的"并"运算。

上式即为表 5-10 中串联系统失效概率计算公式的一般式。

利用上面两个公式就可以直接算出一般故障树中顶事件的概率。

【**例 5-10**】　场地剪草机用发动机是风冷双缸小型内燃机,使用汽油、机油混合燃料,最大功率为 3kW。油箱在汽缸上方以重力式给油,无燃料泵。起动可以用蓄电池供电的电动机,也可以用拉索起动,试进行内燃机的故障树分析。

　　解　(1) 确定顶事件。以"内燃机不能启动"作为故障树的顶事件。

　　(2) 自上而下地建树。首先分析内燃机不能起动的直接原因:燃烧室内无燃料;活塞在汽缸内形成的压力低于规定值;燃烧室内无点火火花。以或门与顶事件连接,即形成故障树的第一级中间事件。再分别对这三个中间事件的发生原因进行跟踪分析,得到第二级、第三级中间事件与14 个底事件,最后形成如图 5-28 所示的故障树。

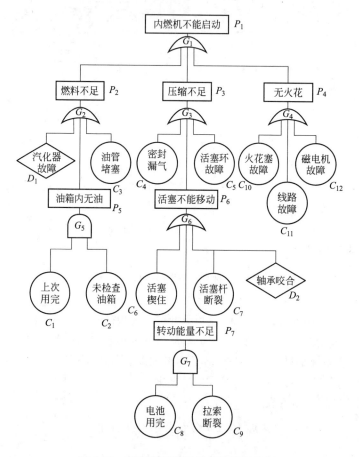

图 5-28　剪草机用内燃机的故障树分析

　　(3) 故障树的定量分析。由统计得到各底事件发生概率如下:$C_1 = 0.08$,$C_2 = 0.02$,$C_3 = 0.01$,$D_1 = 0.02$,$C_4 = 0.001$,$C_5 = 0.001$,$C_6 = C_7 = 0.001$,$D_2 = 0.001$,$C_8 = 0.04$,$C_9 = 0.03$,$C_{10} = 0.02$,$C_{11} = C_{12} = 0.01$。

　　计算中间事件发生概率:由式(5-73)得:

$$P_5 = C_1 \times C_2 = 0.08 \times 0.02 = 0.0016$$

$$P_7 = C_8 \times C_9 = 0.04 \times 0.03 = 0.0012$$

　　由式(5-74)得:

$$P_2 = 1 - \prod_{i=1}^{n}[1 - P(x_i)] = 1 - (1 - P_5)(1 - D_1)(1 - C_3)$$

$$= 1 - (1 - 0.0016)(1 - 0.02)(1 - 0.01) = 0.031352$$

$$P_6 = 1 - (1 - C_6)(1 - P_7)(1 - C_7)(1 - D_2)$$

$$= 1 - (1 - 0.001)(1 - 0.0012)(1 - 0.001)(1 - 0.001)$$

$$= 0.0041934$$

$$P_3 = 1 - (1 - C_4)(1 - P_6)(1 - C_5)$$

$$= 1 - (1 - 0.001)(1 - 0.0041934)(1 - 0.001)$$

$$= 0.0061840$$

所以,顶事件发生的概率为:

$$P_1 = 1 - (1 - P_2)(1 - P_3)(1 - P_4)$$

$$= 1 - (1 - 0.031352)(1 - 0.0061840)(1 - 0.039502)$$

$$= 0.075369$$

即内燃机不能起动的概率(失效概率)为0.075369,也就是内燃机的可靠度为:

$$R_S = 1 - P_1 = 1 - 0.075369 = 0.924631$$

练 习 题

5-1 某两级圆柱齿轮减速器,有四个齿轮、三根轴、六个滚动轴承、四个平键,若已知它们的可靠度分别为: $R_{齿} = 0.995, R_{轴} = 0.999, R_{承} = 0.98, R_{键} = 0.998$,问该减速系统的可靠度是多少?

5-2 如图5-29所示的两个系统,已知: $R_1 = 0.7, R_2 = 0.75, R_3 = 0.8$,试计算它们的系统可靠度。

5-3 一个液压系统,其供油量 $Q = 10L/min$,要求供油系统可靠度不小于97%。今有两种泵可供选用, $Q_1 = 5L/min, Q_2 = 10L/min$,但它们的可靠度都只有90%,问怎样选用这两种泵的组合系统,才能使之经济合理,并且即使坏了一台泵时供油量仍能正常(Q_2 泵的价格是 Q_1 的两倍)。

5-4 图5-30表示一个复杂系统,若已知 $R_A = R_B = 0.7, R_C = R_D = 0.8, R_E = 0.9$,求该系统可靠度。

5-5 一串联系统由三个子系统组成,要求在连续工作15h内具有 $R_5 = 95\%$ 的可靠度水平。各子系统工作小时数为, $t_1 = 15h, t_2 = 14h, t_3 = 13h$,其重要度与复杂度分别为: $E_1 = 1.0, E_2 = 0.98, E_3 = 0.95; C_1 = 10, C_2 = 15, C_3 = 25$。试按复杂度与重要度来分配可靠度。

5-6 由五个费用函数相同的元件组成串联系统,已知: $R_A = 0.98, R_B = 0.90, R_C = 0.95, R_D = R_E = 0.96$,若系统可靠度指标要求不小于0.80时,试用花费最小原则作元件可靠度分配。

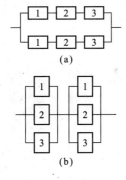

图5-29　两个系统的比较

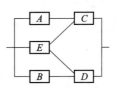

图5-30　复杂系统

5-7　某系统按计划实施预防维修,它的寿命服从威布尔分布,其参数为:$\beta = 2.0, \gamma = 0, \eta = 2000h$,若已知平均事后维修时间 $\overline{M}_{ct} = 2h$,当有效度 A 为最大时的预防维修周期为:$T = 4000h$,其平均预防维修时间 $\overline{M}_{pt}$ 应是多少?

5-8　图 5-31 为一串、并联系统的逻辑图,已知各元件的失效概率为 $F_1 = F_2 = 0.2, F_3 = 0.04, F_4 = 0.05$,试画出该系统的故障树,并求出它的全部割集与最小割集,试按结构函数法求系统的失效概率与可靠度。

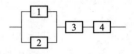

图 5-31　串、并联系统逻辑图

6 可靠性试验

6.1 概　述

可靠性试验是为了分析、验证与定量评价产品的可靠性指标而进行各种试验的总称。通过可靠性试验,并对试验结果进行统计处理,可以获得受试产品在各种环境条件下工作时真实的可靠性指标,如失效概率 $F(t)$、可靠度 $R(t)$、平均寿命 T、失效率 $\lambda(t)$ 等,为使用、生产、设计提供可靠性数据。同时,通过对试验产品的失效分析,揭示产品的薄弱环节及其原因,制订相应的措施,达到提高产品的可靠性。所以,可靠性试验是研究产品可靠性的一个基本环节,也是系统可靠性预测的基础。

通常,可靠性试验可分为:寿命试验、环境试验及现场试验等。

6.1.1　寿命试验

寿命试验是可靠性试验的主要内容。它是评价、分析产品寿命特征的试验,一般是在试验室条件下,模拟实际使用工况进行试验。虽然这种模拟具有一定的近似性,但寿命试验结果可以知道产品的寿命特征、失效规律,计算出产品的平均寿命和失效率等可靠性指标,以便作为可靠性设计、可靠性预测、改进产品质量的依据。因此,它是可靠性设计的基础工作。一般地说,可靠性试验往往是指寿命试验。

(1) 工作寿命试验　产品在规定的条件下作加负荷的工作试验,就是一般说的寿命试验。

(2) 加速寿命试验　它是指"强化"试验条件,使试件加速失效,以便在较短的时间内得到正常工作条件下的各项可靠性指标。

6.1.2　环境试验

环境试验是指在额定的应力条件下,考虑到各种环境条件:温度、湿度、冲击、振动、含尘量、腐蚀介质、电磁场、辐射等对产品可靠性的影响,从而确定产品可靠性指标的一种试验方法。

6.1.3　现场试验

现场试验是指在使用现场对产品工作可靠性所进行的测量、试验。为评价分析产品的可靠性,试验中要填写设备履历表,包括使用环境条件、使用工作时间、维护修理记录、失效记录与失效原因分析等。通过统计分析,就可得到产品的失效率、平均寿命与有效度等可靠性数据,同时找出失效原因,采用改进措施,提高产品的可靠性。

6.2　寿命试验的分布及估计

6.2.1　寿命试验的分类与设计

6.2.1.1　寿命试验的分类

按寿命试验的进行方式,寿命试验可以分为两大类:

（1）完全寿命试验　　完全寿命试验是指试验进行到投试样本全部失效为止。一般机械零件的常规疲劳试验就是这种试验。它要花费较长的试验时间。

（2）截尾寿命试验　　截尾寿命试验是指试验达到规定的失效数 $r < n$ 就停止，或当试验达到规定的试验时间 t_0 就停止的试验。所以它又称为不完全寿命试验。不完全试验还可以分为两种：

1）定时截尾试验　　试验进行到规定的时间 t_0 时停止，即投试样本数 n 及试验时间 t_0 是定值，而产品失效数 r 是随机变量。规定的 t_0 应保证产品有足够的失效数 r。

2）定数截尾试验　　试验进行到规定的失效数 r 时停止，即 n 与 r 是常数，而失效时间 t_0 是随机变量。

截尾寿命试验又可分为有替换和无替换试验两种情况。有替换试验是在试验过程中每发生一个样品失效，就换上一个新的样品继续试验，这样可充分利用试验台，并且试验自始至终保持样本数 n 不变。无替换试验则将失效的样品取下后不再补充，该试验台即停止工作。

综上所述截尾寿命试验分成下面四种类型：

无替换定数截尾试验，记作 $[n,无,r]$；

有替换定数截尾试验，记作 $[n,有,r]$；

无替换定时截尾试验，记作 $[n,无,t_0]$；

有替换定时截尾试验，记作 $[n,有,t_0]$。

在截尾试验中，估计值的精度是试验截止数 r 的函数，而不是投试样本数 n 的函数。如投试 r 个产品直至全部失效与投试 n 个产品 $(n > r)$ 当有 r 个产品失效时停止，这两种情况将给出相同的估计精度。但是截尾试验要多用试验台数，这样可以节省试验时间，比如有 14 个样本投入试验时，当第 7 个失效后，就停止试验，其所需的试验时间只是 7 个样本投入试验到全部失效停止所需时间的 25.4%，即试验台数增加了一倍，但时间只需原来的 $\frac{1}{4}$。

6.2.1.2　寿命试验的设计

寿命试验的设计，应根据被试产品的性质和试验的目的来进行。寿命试验设计一般要包括下列基本内容：

（1）明确试验对象　　寿命试验的样品必须是经例行试验后的合格品中抽取。样本数量的确定要考虑到统计分析的正确性，又要考虑到试验的经济性，同时要为试验设备条件所允许。

（2）确定试验条件　　视试验目的不同，来确定施加的环境应力与负荷应力。试验条件要严格控制，以保证试验结果的有效性。

（3）拟定失效标准　　失效标准是判断产品失效的技术指标。一个产品的技术指标超出了标准就判为失效。

（4）选定测试周期　　在没有自动记录失效设备的场合下，要合理选择测试周期，如果周期太密，会增加工作量，太疏又会失掉一些有用的信息量，一般是使每个测试周期内测到的失效样本数比较接近，并且测试的次数要有足够的数量。如对截尾试验，失效概率 $F(t_i)$ 按等间隔取值，当 $F(t_i)$ 较小时就停止的试验，$F(t_i)$ 间隔取密些，反之则间隔取大些，常用 2%，4%，5%，…，10%，…，20% 等。

（5）确定投试样本数　　一般地说，对于复杂的大型机械产品，因生产数量少，价格高，投试量要少些。大批量生产的简单产品，价格便宜，可以多投试一些。投试样本数 n 可按秩的估计法由下式算出：

当 $n > 20$ 时，用秩的公式算出：

$$n = \frac{r}{F(t)} \tag{6-1}$$

当 $n \leqslant 20$ 时,用平均铁的公式算出:

$$n = \frac{r}{F(t)} - 1 \tag{6-2}$$

式中 r——结束试验时失效个数;

$F(t)$——结束试验时的失效概率。

【例 6-1】 已知某组样本寿命属于指数分布,估计它的平均寿命约为 2000h,希望在 1000h 左右的试验中,能观测到 $r = 8$ 个失效,试问应投试多少样本?

解 由指数分布失效概率计算式,令 $t = 1000h$, $T = 2000h$,得:

$$F(t) = 1 - \exp\left[-\frac{t}{T}\right] = 1 - \exp\left[-\frac{1000}{2000}\right] = 0.3935$$

估计 $n > 20$,用式(6-1)算出 n:

$$n = \frac{r}{F(t)} = \frac{8}{0.3935} = 20.33$$

所以 取 $n = 21$

(6)决定试验截止时间 试验时间与样本数量及希望达到的失效数有关。对定时截尾试验,在已知 n 与 r 后可按式(6-1)或(6-2)求出失效概率 $F(t)$ 的值,按不同的分布函数 $F(t)$ 的类型可反解出达到 $F(t)$ 就停止试验的时间 t_0。

6.2.2 指数分布寿命试验及参数估计

指数分布一般是按失效时间来估计平均寿命 T 的。设投试样本数为 n,在试验结束前,共观测到 r 次失效,失效时间分别为: $t_1, t_2, \cdots, t_r$。

6.2.2.1 $[n,无,r]$寿命试验

对无替换定数截尾寿命试验,当 n 个样本到规定的失效数 r 时,就停止试验,得到顺序统计量为: $t_1 \leqslant t_2 \leqslant \cdots \leqslant t_r$,剩下的 $n-r$ 个样本未失效,如图 6-1 所示。其总试验时间为:

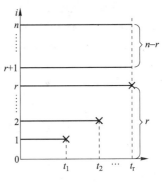

$$t[n,无,r] = \sum_{i=1}^{r} t_i + (n-r)t_r \tag{6-3}$$

图 6-1 $[n,无,r]$试验示意图

这时平均寿命 T 的估计值为:

$$\hat{T} = \frac{t[n,无,r]}{r} = \frac{1}{r}\left[\sum_{i=1}^{r} t_i + (n-r)t_r\right] \tag{6-4}$$

6.2.2.2 $[n,无,t_0]$寿命试验

对无替换定时截尾寿命试验,当 n 个样本到规定试验时间 t_0 时停止试验,其中有 r 个失效(该 r 是随机的),得到顺序统计量为: $t_1 \leqslant t_2 \leqslant \cdots \leqslant t_r \leqslant t_0$,如图 6-2 所示。其总试验时间为:

$$t[n,无,t_0] = \sum_{i=1}^{r} t_i + (n-r)t_0 \tag{6-5}$$

这时平均寿命 T 的估计值为:

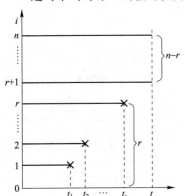

图 6-2 $[n,无,t_0]$试验示意图

$$\hat{T} = \frac{t[n,无,t_0]}{r} = \frac{1}{r}\left[\sum_{i=1}^{r} t_i + (n-r)t_0\right] \tag{6-6}$$

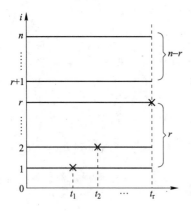

图 6-3　$[n,\text{无},r]$ 试验示意图

6.2.2.3　$[n,\text{有},r]$ 寿命试验

对有替换定数截尾寿命试验,当 n 个样本同时进行试验时,若发生失效立即替换,一直试验到预先规定的失效个数 r 时停止,这时投入样本总数为 $n+r$ 个,如图 6-3 所示。这时,总试验时间为:

$$t[n,\text{有},r] = nt_r \qquad (6\text{-}7)$$

平均寿命 T 的估计值:

$$\hat{T} = \frac{t[n,\text{有},r]}{r} = \frac{nt_r}{r} \qquad (6\text{-}8)$$

6.2.2.4　$[n,\text{有},t_0]$ 寿命试验

对有替换定时截尾寿命试验,当 n 个样本同时进行试验时,若发生失效立即替换,一直试验到规定时间 t_0 时停止,在 t_0 前有 r 个失效,如图 6-4 所示。

这时,总试验时间为:

$$t[n,\text{有},t_0] = nt_0 \qquad (6\text{-}9)$$

平均寿命 T 的估计值:

$$\hat{T} = \frac{t[n,\text{有},t_0]}{r} = \frac{nt_0}{r} \qquad (6\text{-}10)$$

上面四种截尾寿命试验平均寿命 T 的估计公式中,其分子恰好都是参加试验样本的实际试验时间的总和,我们称它们为总试验时间,以 t_Σ 表示,而分母均为失效数,以 r 表示,所以上述四式可用下面统一的公式来表示:

$$\hat{T} = \frac{\text{总试验时间}}{\text{失效数}} = \frac{t_\Sigma}{r} \qquad (6\text{-}11)$$

平均寿命估计值 $\hat{T}$ 出来后,即可估计出指数分布的失效率 $\hat{\lambda}$:

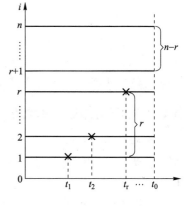

图 6-4　$[n,\text{有},t_0]$ 试验示意图

$$\hat{\lambda} = \frac{1}{\hat{T}} = \frac{r}{t_\Sigma} \qquad (6\text{-}12)$$

式中　r——试验中样本的失效数;

t_Σ——总试验时间,对不同类型的截尾寿命试验,分别按式(6-3)、(6-5)、(6-7)、(6-9)计算。

可靠度 $R(t)$ 的估计值为:

$$\hat{R}(t) = e^{-\hat{\lambda}t} = \exp\left[-\frac{t}{\hat{T}}\right] \qquad (6\text{-}13)$$

【**例 6-2**】　已知某产品寿命分布为指数分布,试作无替换定数截尾寿命试验。规定 $n=20$,$r=5$,测得 5 个失效时间(h):$t_1=26,t_2=64,t_3=119,t_4=145,t_5=182$。求平均寿命 T、失效率 λ 在 $t=50h$ 时的可靠度 $R(50)$ 的估计值。

解　总试验时间按式(6-3)计算:

$$
\begin{aligned}
t[n,\text{无},r] &= \sum_{i=1}^{r} t_i + (n-r)t_r \\
&= (26+64+119+145+182) + (20-5)\times182 \\
&= 3266h
\end{aligned}
$$

平均寿命按式(6-4)计算其估计值:

$$\hat{T} = \frac{t[n,无,r]}{r} = \frac{3266}{5} = 653.2 \text{h}$$

失效率为：

$$\hat{\lambda} = \frac{1}{\hat{T}} = \frac{1}{653.2} = 1.531 \times 10^{-3}/\text{h}$$

可靠度按式(6-13)得：

$$\hat{R}(50) = \exp\left[-\frac{t}{\hat{T}}\right] = \exp\left[-\frac{50}{653.2}\right] = 0.92631$$

在一些产品试验中，有时只有到试验结束后才知道样本是否失效，所以不知每个样本的具体失效时间，只知试验时间 t 后，n 个样本中有 r 个失效，在现场试验中，用户提供的往往只有这种统计数据。当 n 足够大时（如 $n>50$），可以用估计可靠度的近似公式计算其估计值：

$$\hat{R}(t) = \exp\left[-\frac{t}{\hat{T}}\right] \approx \frac{n-r}{n}$$

对上式两边取对数则得到平均寿命 T 的近似估计式：

$$\hat{T} = \frac{t}{\ln n - \ln(n-r)} \tag{6-14}$$

6.2.3 正态分布寿命试验及参数估计

对完全寿命试验的 n 个样本，其失效时间分别为：$t_1, t_2, \cdots, t_n$，则属正态分布寿命的数学期望 μ（即平均寿命 $\bar{t}$）与标准差 S 的估计值分别为：

$$\hat{\mu} = \bar{t} = \frac{1}{n}\sum_{i=1}^{n} t_i \tag{6-15}$$

$$\hat{S} = \sqrt{\frac{1}{n-1}\sum_{i=1}^{n}(t_i - \hat{\mu})^2} \tag{6-16}$$

【例6-3】 对某种弹簧，抽取 8 个样本，在同一应力水平下进行试验，得出其疲劳寿命为：240,320,390,180,210,420,360,280（单位：千周）试算出正态分布寿命的数学期望（平均寿命）与标准差的估计值。

解 用式(6-15)计算数学期望（平均寿命）的估计值：

$$\hat{\mu} = \bar{t} = \frac{1}{n}\sum_{i=1}^{n} t_i = \frac{240+320+390+180+210+420+360+280}{8}$$

$$= 300（千周）$$

寿命的标准差按式(6-16)计算：

$$\hat{S} = \sqrt{\frac{1}{n-1}\sum_{i=1}^{n}(t_i - \hat{\mu})}$$

$$= \left\{\frac{1}{8-1}\left[(240-300)^2 + (320-300)^2 + (390-300)^2(180-300)^2\right.\right.$$

$$\left.\left. + (210-300)^2 + (420-300)^2 + (360-300)^2 + (280-300)^2\right]\right\}^{\frac{1}{2}}$$

$$= 87.014（千周）$$

对于正态分布截尾寿命试验的 n 个样本，到 r 个失效时停止试验，其失效时间按小到大次序排列：$t_1 \le t_2 \le \cdots \le t_r$，同样可以得到正态分布寿命的参数 $\hat{\mu}$ 与 $\hat{S}$ 的值：

$$\hat{\mu} = \sum_{j=1}^{r} D(n,r,j)t_j \tag{6-17}$$

$$\hat{S} = \sum_{j=1}^{r} C(n,r,j)t_j \tag{6-18}$$

式中　$D(n,r,j)$ 与 $C(n,r,j)$ ——为无偏估计系数,可查文献[2]。

6.2.4　威布尔分布寿命试验及参数估计

对完全寿命试验的 n 个样本,其失效时间分别为:$t_1,t_2,\cdots,t_n$,若为两参数的威布尔分布(位置参数为零),其形状参数 β 与尺度参数 η(此时即特征寿命)的估计值,可用下面公式计算:

$$\hat{\beta} = \frac{\sigma_n}{2.30258 S_{lgt}} \tag{6-19}$$

$$\lg \hat{\eta} = \overline{lgt} + \frac{y_n}{2.30258 \hat{\beta}} \tag{6-20}$$

式中,σ_n,y_n——与样本数 n 有关的系数,见表6-1;

$\overline{lgt}$——对数均值:$\overline{lgt} = \frac{1}{n}\sum_{i=1}^{n} lgt_i$;

S_{lgt}——对数标准差:$S_{lgt} = \sqrt{\frac{n}{n-1}\left[\overline{(lgt)^2} - (\overline{lgt})^2\right]}$。

【例6-4】　30 个滚动轴承的疲劳寿命试验的失效时间(h)如下:79,98,124,128,150,160,175,180,190,198,210,215,240,268,282,300,320,360,390,420,450,520,550,590,650,690,750,840,890,930。根据以往经验它属于两参数的威布尔分布,试估计其形状参数与尺度参数。

表 6-1　系数 σ_n、y_n 值

n	y_n	σ_n	n	y_n	σ_n	n	y_n	σ_n
8	0.4843	0.9043	17	0.5181	1.0411	26	0.5320	1.0961
9	0.4902	0.9288	18	0.5202	1.0496	27	0.5332	1.1004
10	0.4952	0.9497	19	0.5220	1.0566	28	0.5343	1.1047
11	0.4996	0.9676	20	0.5236	1.0628	29	0.5353	1.1086
12	0.5035	0.9883	21	0.5252	1.0696	30	0.5362	1.1124
13	0.5070	0.9972	22	0.5268	1.0754	40	0.5436	1.1413
14	0.5100	1.0095	23	0.5283	1.0811	50	0.5485	1.1607
15	0.5128	1.0206	24	0.5296	1.0864	60	0.5521	1.1747
16	0.5157	1.0316	25	0.5309	1.0915			

解　(1)计算对数均值及对数标准差:

$$\overline{lgt} = \frac{1}{30}(\lg79 + \lg98 + \cdots\cdots + \lg930) = 2.4819$$

$$\overline{(lgt)^2} = \frac{1}{30}\left[(\lg79)^2 + (\lg98)^2 + \cdots\cdots + (\lg930)^2\right] = 6.2469$$

$$S_{lgt} = \sqrt{\frac{30}{30-1}\left[6.2469 - (2.4819)^2\right]} = 0.3001$$

（2）查出 σ_n 与 y_n：由样本数 $n=30$，查表 6-1 得：$\sigma_n=1.1124$，$y_n=0.5362$。

（3）计算形状系数与尺度参数的估计值：由式（6-19）估计形状参数：

$$\hat{\beta}=\frac{\sigma_n}{2.30258S_{\lg t}}=\frac{1.1124}{2.30258\times0.3001}=1.6098\approx1.61$$

由式（6-20）估计尺度参数：

$$\lg\hat{\eta}=\overline{\lg t}+\frac{y_n}{2.30258\hat{\beta}}=2.4819+\frac{0.5362}{2.30258\times1.61}=2.6265$$

所以
$$\hat{\eta}=10^{2.6265}=423.2\text{h}$$

6.3 加速寿命试验

加速寿命试验就是在保持原有失效机理的情况下，"强化"试验条件，使受试样本加速失效，以便在较短的时间内，预测或估计产品在正常工作条件下的可靠性或寿命特征。

支配试验速度的因素有环境应力，样本容量及试验时间。哪一个因素对失效起主要作用，要视具体情况而定。如果产品的结构复杂而价昂，则试件的样本容量应小，而用强化环境应力来达到加速的目的；反之，若产品结构简单，加工容易，价格低廉，则试件的样本容量可大些，以达到加速试验的目的。

对于结构复杂的产品，往往存在着几种失效机理，要先对产品进行分析，找出薄弱环节，针对薄弱环节制订出加速试验方案。

6.3.1 试验时间与环境应力的关系

环境应力是指产品在使用过程中所经受的并可能影响其性能和寿命的任何工作条件，如载荷、速度、温度、湿度、振动、腐蚀等，我们统称为环境应力，即广义应力，也可简称为应力。

图 6-5 即为应力与寿命的关系。图中的曲线就是机械零件的 $\sigma-N$ 疲劳曲线。有了 $\sigma-N$ 曲线，就可以预测在规定的加速时间内应施加的应力水平，或在规定的应力水平下所需的时间。显然，提高应力水平 σ，就可减少应力循环次数 N，即缩短试验时间。根据 $\sigma-N$ 曲线确定应力水平，可以保证失效机理的一致性。

如果要对两个机械零件进行寿命比较，则两个机械零件的 $\sigma-N$ 曲线必须相似，如图 6-6 所示。这样，才可对在加速条件下试验所得出的结论进行比较，才能与实际运行的条件一致。若两个机械零件的 $\sigma-N$ 曲线不相似（图 6-7），则不能进行比较。因为在加速条件下的试验会得出与实际运行相反的结论，即 B 零件的寿命比 A 零件寿命长的错误结论。

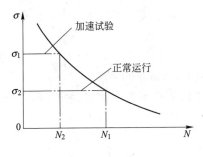

图 6-5 $\sigma-N$ 曲线

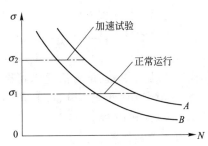

图 6-6 两相似的 $\sigma-N$ 曲线

具有 $\sigma - N$ 曲线的机械零件,都可以通过适当增大应力进行加速试验。加速试验的效果可以用加速系数 C_a 来表示:

$$C_a = \frac{T_g}{T_a} > 1$$

式中　T_g——按正常使用条件试验所需的时间;

　　　　T_a——按增大应力的加速试验所需的时间。

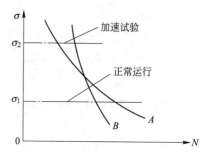

图6-7　两不相似的 $\sigma - N$ 曲线

6.3.2　样本容量与环境应力的关系

对于结构复杂且价格昂贵的产品,宜采用小样本,主要靠加大环境应力来达到加速试验的目的。这时,试件数 n 很少。反之,产品简单、价廉且生产量大时,就可以增加样本容量 n 来达到加速试验的目的。

在进行试验时,为了获得产品的可靠数据,需对产品的可靠度,提出置信度的要求。因此要研究置信度 γ、可靠度 R 与样本容量 n 之间的关系。

设一个产品无故障运行的概率为 q(即可靠度 R),失效概率为 p,则 $p + q = 1$。若从一批产品中随机抽取容量为 n 的样本,则应按预定的试验目标进行运行试验。如果从 n 件受试产品中,发现多于 r 个的不合格品,则这一批产品将被拒收;反之,若只有 r 件或少于 r 件的不合格品,则这批产品将被接受。在试验目标下试验 n 件产品中恰好有 r 件失效的概率,可由二项分布近似求得:

$$P_n(r = r_i) = C_n^{r_i} p^{r_i} q^{n - r_i}$$

当 $r_i = k$ 时,则:

$$P_n(r = k) = C_n^k p^k q^{n - k} \tag{6-21}$$

式中,$C_n^k = \dfrac{n!}{(n - k)! \; k!}$

显然,上式左边表示产品被接受的概率。若要求产品的可靠度 R 具有置信度 γ,那么,接受概率应满足 $P_n(r = k) = 1 - \gamma$,于是,式(6-21)可写成:

$$1 - \gamma = C_n^k p^k q^{n - k}$$

即

$$\gamma = 1 - C_n^k p^k q^{n - k} \tag{6-22}$$

当失效产品数为 $0 \sim k$ 的任一整数时,其概率为:

$$P_n(r \leqslant k) = \sum_{r_i = 0}^{k} C_n^{r_i} p^{r_i} q^{n - r_i} \tag{6-23}$$

于是

$$\gamma = 1 - \sum_{r_i = 0}^{k} C_n^{r_i} p^{r_i} q^{n - r_i} \tag{6-24}$$

式(6-24)表示受试产品出现 k 个失效时的产品置信度 γ、可靠度 R 与样本容量 n 的关系。

如果受试产品无失效发生,即 $k = r_i = 0$,则有:

$$\gamma = 1 - q^n = 1 - R^n \tag{6-25}$$

上式表示受试产品无失效时的置信度 γ、可靠度 R 与样本容量 n 的关系。

一般情况下,环境应力近于正态分布,于是应用式(6-24)及式(6-25),可以确定试验应力、样本容量 n 及置信度 γ 之间的关系。

1. 试验无失效发生的情况

设一个产品在试验载荷 W_0 时的失效概率为:

$$P = F(W \leqslant W_0) = \int_{-\infty}^{W_0} \frac{1}{S_W \sqrt{2\pi}} \exp\left[-\frac{(W-\mu_W)^2}{2S_W^2}\right] dW$$

式中　W_0——试验载荷；

　　　μ_W——导致失效的平均载荷；

　　　S_W——载荷标准差。

令　$Z = \dfrac{W-\mu_W}{S_W}$,则上式可转换为标准正态分布:

$$P = F(W \leqslant W_0) = \int_{-\infty}^{W_0} \frac{1}{\sqrt{2\pi}} \exp\left[-\frac{Z^2}{2}\right] dZ = \varphi\left(\frac{W_0-\mu_W}{S_W}\right)$$

将 P 代入式(6-25),可以得到 n 个受试产品无失效时产品可靠度 R 的置信度:

$$\gamma = 1 - R^n = 1 - (1-P)^n = 1 - \left[1 - \phi\left(\frac{W_0-\mu_W}{S_W}\right)\right]^n \tag{6-26}$$

可见,在给定置信度 γ 的条件下,应用式(6-26)可以确定受试产品无失效时的样本容量 n 与载荷的定量关系。

【例 6-5】　设计一机械零件,要它能承受平均载荷 $\mu_W = 10000$ N。为此对其进行可靠性试验:1) 样本容量 $n = 5$,要求置信度为 95%,在试验过程中零件不发生失效。如果载荷呈正态分布,标准差 $S_W = 0.1\mu_W$,那么试验载荷应为多少? 2) 若样本容量 $n = 1$,则试验载荷应为多少?

解　(1) 已知 $n = 5$,$\mu_W = 10000$ N,$S_W = 0.1$,$\mu_W = 0.1 \times 10000 = 1000$ N。要求试验中不发生失效,置信度为 $\gamma = 95\%$,由式(6-26)得:

$$\gamma = 1 - \left[1 - \phi\left(\frac{W_0-\mu_W}{S_W}\right)\right]^n$$

$$0.95 = 1 - \left[1 - \phi\left(\frac{W_0-10000}{1000}\right)\right]^5$$

$$\phi\left(\frac{W_0-10000}{1000}\right) = 0.45072$$

查附表 1 的正态分布表,得 $Z = -0.1238$,由此解得:

$$\frac{W_0-10000}{1000} = -0.1238$$

所以　　　　　　　　　$W_0 = 10000 - 0.1238 \times 1000 = 9876.2$N

故需加的载荷 $W_0 = 9876.2$N。说明被试的 5 个零件若能承受 9876.2N 的载荷而不发生失效,我们就有 95% 的把握说这批零件可以承受平均载荷为 10000N 而不失效。

(2) 试件数 $n = 1$,其他条件同 1)。由式(6-26)可得:

$$0.95 = 1 - \left[1 - \phi\left(\frac{W_0-\mu_W}{S_W}\right)\right]^1$$

$$\phi\left(\frac{W_0-\mu_W}{S_W}\right) = 0.95$$

查附表 1 得 $z = 1.6449$,代入上式得:

$$W_0 = \mu_W + ZS_W = 10000 + 1.6449 \times 0.1 \times 10000 = 11645\text{N}$$

即试件应在 $W_0 = 11645$N 下试验,如不发生失效,才能有 95% 的把握相信这批零件可以承受 10000N 的平均载荷。由此可见,要得到同样的结论,试件数愈少,所加的试验载荷就愈大。

2. 试验有失效发生的情况

如果在试验过程中，有若干个产品出现失效，则只要将一个产品在试验载荷 W_0 时的失效概率 p 代入式(6-24)，就可以求得 n 个受试产品当出现 k 个失效时的置信度 γ。

【例6-6】　在例6-5中，5个样本有一个在低于 μ_w 的试验载荷下失效，若试验载荷 $W_0 = 9876.2\text{N}$，求实现平均设计载荷为10000N的可能性(即置信度)有多大？

解　一个零件的失效概率为：

$$P = \varphi\left(\frac{W_0 - \mu_w}{S_w}\right) = \varphi\left(\frac{9876.2 - 10000}{1000}\right) = \varphi(-0.1238)$$

由附表1(正态分布表)得 $Z = -0.1238$ 时，$P = 0.45072$。

试件数 $n = 5$，失效数 $k = 1$，由式(6-24)得：

$$\begin{aligned}
\gamma &= 1 - \sum_{ri=0}^{k} C_n^{ri} p^{ri} (1-p)^{n-ri} \\
&= 1 - \left[\frac{5!}{(5-0)!0!} \times 0.45072^0 (1-0.45072)^{5-0}\right. \\
&\quad \left. + \frac{5!}{(5-1)!1!} \times 0.45072^1 (1-0.45072)^{5-1}\right] \\
&= 0.7449
\end{aligned}$$

即实际平均载荷超过平均设计载荷($\mu_w = 10000\text{N}$)的可能性(置信度)为74.49%。

6.3.3　样本容量与试验时间的关系

在进行寿命试验时，经常需要在样本容量与试验时间之间进行协调。若产品复杂、价昂，则可采用小样本进行试验，用延长试验时间的方式来加快试验的进行。当然通过增大应力仍可使总试验时间缩短。若产品简单、价廉，则采用大样本，以缩短试验时间。一般情况下，对于复杂系统采用小样本试验；对于简单的元件则采用大样本试验。

6.3.3.1　对于系统

对于复杂的系统，由于元件数很多，其寿命基本上是属于指数分布的，下面讨论两种情况。

A　无失效发生的情况

对一台样机试验至时间 t_0，则失效概率及可靠度分别为：

$$P_F = P(t_0) = 1 - \exp\left[-\frac{t_0}{T}\right]$$

$$R = 1 - P_F = \exp\left[-\frac{t_0}{T}\right]$$

式中　t_0——试验时间；

　　　　T——平均失效时间(平均寿命)。

若对 n 台样机进行相同时间 t_0 的独立试验，且无失效发生，则由式(6-26)可得：

$$\gamma = 1 - (1 - P_F)^n = 1 - \left\{1 - \left[1 - \exp\left(-\frac{t_0}{T}\right)\right]\right\}^n = 1 - \exp\left[-\frac{nt_0}{T}\right] \tag{6-27}$$

如果 n 次独立试验时间长度不同，且无失效发生，则置信度为：

$$\gamma = 1 - \exp\left[-\frac{t_1 + t_2 + \cdots + t_n}{T}\right] \tag{6-28}$$

【例6-7】　对新设计的齿轮减速器进行加速寿命试验。减速器的设计寿命为1000h，只有一台样机可供试验。若要求设计寿命1000h的置信度为95%，试问减速器在不发生失效的情况下，需要试验多长时间?

解 已知样机数 $n=1$,平均寿命 $T=1000\mathrm{h}$,置信度 $\gamma=0.95$。

由式(6-27)可得:

$$\gamma = 1 - \exp\left[-\frac{nt_0}{T}\right]$$

$$0.95 = 1 - \exp\left[-\frac{1 \times t_0}{1000}\right]$$

所以 $t_0 = 2.9957 \times 1000 = 2996\mathrm{h}$

即一台减速器需运行 $2996\mathrm{h}$ 不发生失效,才能有 95% 的把握说明该减速器具有 $1000\mathrm{h}$ 的平均寿命。

从计算结果可以看出,当样本容量 $n=1$ 时,寿命试验的时间是很长的。如果适当增大样本容量,可以明显地缩短试验时间。现设 $n=2$,则试验时间为:

$$t_0 = \frac{2996}{2} = 1498\mathrm{h}$$

可见,试验时间可减少一半。因此,必须在样本容量与试验时间之间权衡得失。

B 有失效发生的情况

如果从总体中随机抽取一个系统进行试验,由于随机的原因,系统发生失效。经修理后,该系统继续投入试验,这种修理过的系统在功能上仍和新的系统一样,而且修理并不改变整个系统的失效机理。因为指数分布的失效为随机失效,修理过的系统也仍然受到随机失效因素的控制,即系统的失效率是常数。由此可知,在系统试验中,对一台经过 k 次修理的样机的试验,相当于试验 $k+1$ 台样机,其中 k 台样机已失效,还有一台样机在继续试验。

设投入试验的样机为 n 台,修理了 k 次,则由式(6-24)可求得试验的置信度为:

$$\gamma = 1 - \sum_{n=0}^{k} \frac{N!}{r_i!\,(n-r_i)!}\left\{1 - \exp\left[\frac{t_0}{T}\right]\right\}^{r_i}\left\{\exp\left[-\frac{t_0}{T}\right]\right\}^{N-r_i} \tag{6-29}$$

式中 N——统计样本量,$N=n+k$;

t_0——试验时间;

T——平均失效时间,即平均寿命;

r_i——失效样机数目,$i=0,1,2,\cdots,k$。

【例6-8】 对两台齿轮变速箱进行寿命试验,其中一台在 $1150\mathrm{h}$ 前失效,经修理后再继续试验,随后,两台变速箱不再发生失效。若每台变速箱总共试验了 $2200\mathrm{h}$。求变速箱的平均寿命 $T=1000\mathrm{h}$ 的置信度。

解 修理次数 $k=1$,样机数 $n=2$,故统计样本量 $N=n+k=2+1=3$。试验时间 $t_0=2200\mathrm{h}$,$T=1000\mathrm{h}$,将上述数据代入式(6-29)得:

$$\begin{aligned}
\gamma &= 1 - \sum_{n=0}^{k} \frac{N!}{r_{i}!\,(n-r_i)!}\left\{1 - \exp\left[-\frac{t_0}{T}\right]\right\}^{r_i}\left\{\exp\left[-\frac{t_0}{T}\right]\right\}^{N-r_i} \\
&= 1 - \frac{3!}{0!\,(3-0)!}\left\{1 - \exp\left[-\frac{2200}{1000}\right]\right\}^{0}\left\{\exp\left[-\frac{2200}{1000}\right]\right\}^{3-0} \\
&\quad - \frac{3!}{1!\,(3-1)!}\left\{1 - \mathrm{e}^{-2.2}\right\}^{1}\left\{\mathrm{e}^{-2.2}\right\}^{3-1} \\
&= 0.9659
\end{aligned}$$

即两台(一台经过修理的和一台未修过的)变速箱都要试验到 $2200\mathrm{h}$,且不再发生失效,才可以 96.56% 的置信度说明变速箱具有 $1000\mathrm{h}$ 的平均寿命。

6.3.3.2　对于元件

如果被试验元件(零件或部件)的寿命分布近于指数分布,可用前述系统的方法进行计算。如果被试元件的失效是时间的函数,一般用威布尔分布来描述其寿命分布。

A　无失效发生的情况

对于两参数威布尔分布,由式(1-30)得其平均寿命(数学期望)为:

$$T = \eta \Gamma \left(1 + \frac{1}{\beta} \right) \tag{6-30}$$

式中　　　　β——形状参数;

　　　　　　η——尺度参数,对两参数威布尔分布,因位置参数为零,所以尺度参数即特征寿命;

　　$\Gamma \left(1 + \frac{1}{\beta} \right)$——$\Gamma$ 函数,其值可查附表2的 Γ 函数表。

设试验时间为 t_0,则元件的失效概率按两参数威布尔分布为:

$$P_F = F(t_0) = 1 - \exp \left[-\left(\frac{t_0}{\eta} \right)^{\beta} \right] \tag{6-31}$$

对 n 个元件进行独立试验而不发生失效时,其置信度 γ 为:

$$\gamma = 1 - (1 - P_F)^n$$

将式(6-29)代入上式,得置信度 γ 值:

$$\gamma = 1 - \exp \left[-n \left(\frac{t_0}{\eta} \right)^{\beta} \right] \tag{6-32}$$

【例6-9】　一种用于齿轮的新的表面处理方法,如果这一方法能达到1100h的平均寿命就可以被采用。现用三个样本进行寿命试验,三个样本都运转了1350h而没有发生失效。根据经验得知,为两参数威布尔分布,其形状参数 $\beta = 2$。试计算平均寿命 $T = 1100$h 的置信度。

解　由题知,样本数 $n = 3$,试验时间 $t_0 = 1350$h,无失效发生,平均寿命 $T = 1100$h,位置参数为零,$\beta = 2$,按式(6-30)求出尺度参数:

$$\eta = \frac{T}{\Gamma \left(1 + \frac{1}{\beta} \right)} = \frac{1100}{\Gamma \left(1 + \frac{1}{2} \right)}$$

$\Gamma \left(1 + \frac{1}{2} \right) = \Gamma(1.5)$ 查 Γ 函数表(附表2)得:

$$\Gamma(1.5) = 0.88623$$

$$\eta = \frac{1100}{0.88623} = 1241\text{h}$$

将以上数据代入式(6-32),得:

$$\gamma = 1 - \exp \left[-n \left(\frac{t_0}{\eta} \right)^{\beta} \right] = 1 - \exp \left[-3 \left(\frac{1350}{1241} \right)^2 \right] = 0.9713$$

平均寿命 $T = 1100$h 的置信度为97.13%。

B　有失效发生的情况

在试验过程中,有失效发生时,其置信度按下式计算:

$$\gamma = 1 - \sum_{n=0}^{k} \frac{N!}{r_i!(N - r_i)!} \left\{ 1 - \exp \left[-\left(\frac{t_0}{\eta} \right)^{\beta} \right] \right\}^{r_i} \left\{ \exp \left[-\left(\frac{t_0}{\eta} \right)^{\beta} \right] \right\}^{N - r_i} \tag{6-33}$$

式中　k——修理次数;

N——统计样本容量，$N = n + k$（n 为样本数）；

r_i——失效数，$i = 0, 1, 2, \cdots, k$；

t_0——试验时间。

若形状参数 $\beta = 1$，且 $\eta = T$，则式（6-33）与式（6-29）相同。因为指数分布是威布尔分布的特例。

【例 6-10】 一新设计的机构，其寿命服从威布尔分布，形状参数 $\beta = 2$，位置参数等于零，尺度参数（即特征寿命）$\eta = 4000\text{h}$。现对 5 台机构进行寿命试验，每台试验时间 $t_0 = 5000\text{h}$，试验中发生失效的两台，经修理后再继续试验。试求平均寿命及其置信度。

解 由式（6-30）求平均寿命 T：

$$T = \eta \Gamma \left(1 + \frac{1}{\beta} \right) = 4000 \Gamma \left(1 + \frac{1}{2} \right) = 4000 \Gamma (1.5)$$

同前查 Γ 函数表（附表2）$\Gamma(1.5) = 0.88623$

所以 $T = 4000 \times 0.88623 = 3545\text{h}$

由样机数 $n = 5$，修理次数 $k = 2$，统计样本容量 $N = 5 + 2 = 7$。将上列数据代入式（6-33），可得：

$$\gamma = 1 - \sum_{r_i = 0}^{k} \frac{N!}{r_i!(N - r_i)!} \left\{ 1 - \exp\left[-\left(\frac{t_0}{\eta} \right)^{\beta} \right] \right\}^{r_i} \left\{ \exp\left[-\left(\frac{t_0}{\eta} \right)^{\beta} \right] \right\}^{N - r_i}$$

$$= 1 - \frac{7!}{0!(7 - 0)!} \left\{ 1 - \exp\left[-\left(\frac{5000}{4000} \right)^2 \right] \right\}^0 \left\{ \exp\left[-\left(\frac{5000}{4000} \right)^2 \right] \right\}^{7 - 0}$$

$$- \frac{7!}{1!(7 - 1)!} \left\{ 1 - \exp[-1.25^2] \right\}^1 \left\{ \exp[-1.25^2] \right\}^{7 - 1}$$

$$- \frac{7!}{2!(7 - 2)!} \left\{ 1 - \exp[-1.25^2] \right\}^2 \left\{ \exp[-1.25^2] \right\}^{7 - 2}$$

$$= 0.9942$$

即该机构平均寿命 $T = 3545\text{h}$ 的置信度为 99.42%。

6.3.4 可靠性加速寿命试验实例

下面以起重机起升减速器的可靠性加速寿命试验为例，说明加速寿命试验的设计方法。

【例 6-11】 某厂新设计的两吨电动葫芦起升减速器如图 6-8 所示。经优化设计及结构设计，该减速器齿轮参数见第四章表 4-24。

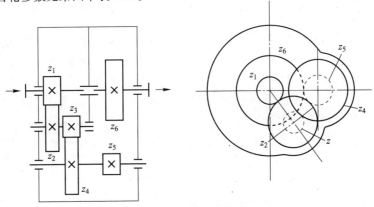

图 6-8 起升减速器简图

通过优化设计,减速器体积比原减速器缩小了27.3%。为此,必须通过试验来验证减速器的优化设计目标。对两台样机进行试验,一台样机在试验台上进行加速寿命试验,另一台样机按起重机试验规范,模拟实际工况(满载使用)作使用性试验。

现对加速寿命试验说明如下:起升减速器是起重机的关键部件,它是由25个主要零件组成的串联系统。由于结构较为复杂,其寿命分布可以近似认为服从指数分布。按标准规定,其工作平均寿命为800h。

对起重机而言,减速器的最危险失效形式是齿轮轮齿的弯曲疲劳折断及过载折断。所以减速器的加速寿命试验是针对轮齿弯曲疲劳折断进行的,同时也考虑到轮齿的过载强度。

供试验用的只有一台样机,为了缩短试验时间,必须增大应力以达到加速试验的目的。按起重机标准规定,该减速器允许超载1.25倍,为此,取加载系数$k=1.25$。这样,既可以缩短试验时间,又可验证减速器齿轮的过载能力。

从齿轮弯曲强度的计算公式可知,齿轮的许用弯曲应力与寿命系数Y_{NT}成正比,工作应力与载荷F_t或T也成正比。所以,用加载系数k作为齿轮弯曲强度计算中的弯曲寿命系数,即可由此推算超载试验所需的时间。

根据国家标准GB3480—83,对于渗碳淬火钢齿轮,弯曲寿命系数的计算公式为:当$10^3 < N_L \leq 3 \times 10^6$时:

$$Y_{NT} = \left(\frac{3 \times 10^6}{N_L} \right)^{0.115} \tag{6-34}$$

式中　N_L——计算齿轮的设计寿命,用循环数表示。当实际循环数$N_L \geqslant 3 \times 10^6$时,取$N_L = 3 \times 10^6$代入式中计算;

0.115——轮齿弯曲强度疲劳曲线斜率。

当减速器运转800h时,齿轮1、2、3、4及5的应力循环数均大于3×10^6,相当于无限寿命设计。齿轮6的应力循环数$N_{L6} = 1.19 \times 10^6$。由于齿轮5,6的材料、热处理方法及硬度相同,从理论上讲,齿轮5比齿轮6更危险,试验时间可以按齿轮5的循环数N_{L5}及$Y_{NT} = 1.25$确定(因齿轮5的转速$n_5 = 103r/min$,故试验时间短)。但考虑到试验的可靠性,试验时间仍按齿轮6确定。

弯曲寿命系数$Y_{NT} = 1.25$,由式(6-34)可计算出加速寿命试验条件下,齿轮6的应力循环次数:

$$N'_{L6} = \frac{1.19 \times 10^6}{1.25^{\frac{1}{0.115}}} = 0.17 \times 10^6$$

加速寿命试验所需的时间为

$$t'_6 = \frac{N'_{L6}}{60n_6} = \frac{0.17 \times 10^6}{60 \times 24.79} = 114h$$

即在加载系数$k=1.25$情况下,试验114h,相当于额定载荷下试验800h。当然,减速器的主要失效是在齿轮弯曲疲劳折断的前提下得到的。过去的使用经验及试验都证实了这个假设。

本试验是采用小样本试验,样本容量$n=1$。为了推断总体的可靠性指标,必须延长试验时间。减速器可以认为是个复杂部件,因此可靠性加速试验时间可按指数分布求解。由式(6-27)可知,在无失效发生的情况下,置信度为:

$$\gamma = 1 - \exp\left[-\frac{nt_0}{T} \right]$$

取置信度$\gamma = 0.90$,$n=1$,平均失效时间$T = 114h$,则:

$$0.90 = 1 - \exp\left[-\frac{1 \times t_0}{114} \right]$$

$$t_0 = 2.3 \times 114 = 262h$$

若按普通寿命试验方案,使试验结果具有 90% 的置信度,根据式(6-27)可知,需进行 2.3 × 800 = 1840h 的试验。可靠性加速寿命试验的加速系数为:

$$C_a = \frac{1840}{262} \approx 7$$

说明在获得相同试验结果的条件下,加速试验时间只有普通试验时间的 $\frac{1}{7}$。显然,这对新产品的开发具有重要的作用。

由于试验是在开放式功率流试验台上进行的,故采用电阻箱加载。试验前,加三分之一额定载荷跑合 4h,然后按 1.25 倍额定载荷进行试验。为了考核齿轮的过载能力,试验过程中有 6h 采用 1.45 的加速系数进行试验。试验时间为 262h。停机后,对齿轮进行探伤检查,所有齿轮均未发现疲劳裂纹。齿轮轮齿表面光洁,无任何损伤痕迹,公法线长度基本不变。减速器的其他零件如轴、滚动轴承、花键联接等均正常无损。该减速器的轴、滚动轴承等在 1.25 倍额定载荷下,共运转了 480h 无任何损伤。

必须指出,试验是在连续运行的条件下工作的,而且试验一开始就在超载条件下工作。试验结果表明,该减速器总体的平均寿命为 800h,置信度为 90%。

另一台样机在额定载荷(起重量为 2t)下,按试验规范规定工作 2000h,未发现任何损伤。

练 习 题

6-1 为查明一批元件的寿命,试验 15 个样本到 4000h 时有 8 个失效,它们的失效时间分别为:302,580,1010,1350,1930,2650,2730,3800(h),试估算这批元件的平均寿命。若只试验到第 4 个失效时即停止试验,则这时平均寿命估计值又是多少?

6-2 设计一能承受平均载荷 $\mu_w = 5000N$ 的零件。若对此零件取 4 件进行试验,试验载荷为 6000N,载荷呈正态分布,标准差 $S_w = 0.1\mu_w$。当四个试件有一件失效时,求零件实现承受平均载荷 $\mu_w = 5000N$ 的置信度有多大?

6-3 对两台减速器进行加速寿命试验,其中一台因滚动轴承失效而停机,更换滚动轴承后继续试验,每台减速器各自运转了 1800h 就停止试验,再没发生故障。求减速器的平均寿命 $T = 800h$ 的置信度。

6-4 有一批新型滚动轴承,现用 5 个样本进行加速寿命试验,试验时间 $t_0 = 3000h$,试验中,有一个轴承因点蚀失效后更换一个新样品,继续试验再无失效发生,据经验估计,寿命服从两参数威布尔分布,形状参数 $\beta = 1.5$,尺度参数 $\eta = 2000h$,试求平均寿命及其置信度。

附　　录

Z_R	0.00	0.01	0.02	0.03	0.04	0.05	0.06	0.07	0.08	0.00
0.0	0.50000	50399	50798	51197	51595	51994	52392	52790	53188	53586
0.1	53983	54380	54776	55172	55567	55962	56356	56749	57142	57535
0.2	57926	58317	58706	59095	59483	59871	60257	60642	61026	61409
0.3	61791	62172	62552	62930	63307	63683	64058	64431	64803	65173
0.4	65542	65910	66276	66640	67003	67364	67724	68082	68439	68793
0.5	69146	69497	69847	70194	70540	70884	71226	71566	71904	72240
0.6	72575	72907	73237	73565	73891	74215	74537	74857	75175	75490
0.7	75804	76115	76424	76730	77035	77337	77637	77935	78230	78524
0.8	78814	79103	79389	79673	79955	80234	80511	80785	81057	81327
0.9	81594	81859	82121	82381	82639	82894	83147	83398	83646	83891
1.0	84134	84375	84614	84850	85083	85314	85543	85769	85993	86214
1.1	86433	86650	86864	87076	87286	87493	87698	87900	88100	88298
1.2	88493	88686	88877	89065	89251	89435	89617	89796	89973	90147
1.3	90320	90490	90658	90824	90988	91149	91309	91466	91621	91774
1.4	91924	92073	92220	92364	92507	92647	92786	92922	93056	93189
1.5	93319	93448	93574	93699	93822	93943	94062	94179	94295	94408
1.6	94520	94630	94738	94845	94950	95053	95154	95254	95352	95449
1.7	95543	95637	95728	95818	95907	95994	96080	96164	96246	96327
1.8	96407	96485	96562	96638	96712	96784	96856	96926	96995	97062
1.9	97128	97193	97257	97320	97381	97441	97500	97558	97615	97670
2.0	97725	97778	97831	97882	97932	97982	98030	98077	98124	98169
2.1	98214	98257	98300	98341	98382	98422	98461	98500	98537	98574
2.2	98610	98645	98679	98713	98745	98778	98809	98840	98870	98899
2.3	98928	98956	98983	99010	99036	99061	99086	99111	99134	99158
2.4	99180	99202	99224	99245	99266	99286	99305	99324	99343	99361
2.5	99379	99396	99413	99430	99446	99461	99477	99492	99506	99520
2.6	99534	99547	99560	99573	99585	99598	99609	99621	99632	99643
2.7	99653	99664	99674	99683	99693	99702	99711	99720	99728	99736
2.8	99744	99752	99760	99767	99774	99781	99788	99790	99801	99807
2.9	99813	99819	99825	99831	99836	99841	99846	99851	99856	99861
Z_R	0.0	0.1	0.2	0.3	0.4	0.5	0.6	0.7	0.8	0.9
3	0.99865	99903	99931	99952	99966	99977	99984	99989	99993	99995

附表 2　Γ 函数表

β	$\Gamma(\frac{1}{\beta}+1)$	β	$\Gamma(\frac{1}{\beta}+1)$	β	$\Gamma(\frac{1}{\beta}+1)$	β	$\Gamma(\frac{1}{\beta}+1)$
0.1	111	1.1	0.965	2.1	0.886	3.1	0.894
0.2	61	1.2	0.941	2.2	0.886	3.2	0.896
0.3	9.260	1.3	0.923	2.3	0.886	3.3	0.897
0.4	3.323	1.4	0.911	2.4	0.886	3.4	0.898
0.5	2.000	1.5	0.903	2.5	0.887	3.5	0.900
0.6	1.505	1.6	0.897	2.6	0.888	3.6	0.901
0.7	1.266	1.7	0.892	2.7	0.889	3.7	0.902
0.8	1.133	1.8	0.889	2.8	0.890	3.8	0.904
0.9	1.052	1.9	0.887	2.9	0.892	3.9	0.905
1.0	1.000	2.0	0.886	3.0	0.894	4.0	0.906

附表 3a　10％秩置信限

次序 i	子 样 容 量 n							
	6	8	10	12	14	16	18	20
1	1.74	1.31	1.05	0.87	0.75	0.66	0.58	0.53
2	9.26	6.86	5.45	4.52	3.87	3.37	2.99	2.69
3	20.09	14.69	11.58	9.57	8.15	7.10	6.29	5.64
4	33.32	23.97	18.76	15.42	13.09	11.38	10.06	9.02
5	48.97	34.46	26.73	21.87	18.51	16.06	14.18	12.69
6	68.13	46.18	35.42	28.82	24.32	21.04	18.55	16.59
7		59.38	44.83	36.23	30.46	26.29	23.14	20.67
8		74.99	55.04	44.10	36.91	31.78	27.92	24.91
9			66.32	52.47	43.69	37.50	32.88	29.29
10			79.43	61.45	50.80	43.46	38.02	33.82
11				71.25	58.30	49.65	43.33	38.48
12				82.54	66.28	56.11	48.82	43.27
13					74.93	62.88	54.50	48.20
14					84.83	70.04	60.40	53.27
15						77.78	66.56	58.51
16						86.60	73.06	63.93
17							80.05	69.58
18							87.99	75.52
19								81.90
20								89.13

附表 3b　90% 秩置信限

次序 i	子样容量 n							
	6	8	10	12	14	16	18	20
1	31.87	25.01	20.57	17.46	15.17	13.40	12.01	10.87
2	51.03	40.62	33.68	28.75	25.07	22.22	19.95	18.10
3	66.68	53.82	44.96	38.55	33.72	29.96	26.94	24.48
4	79.91	65.54	55.17	47.53	41.70	37.12	33.44	30.42
5	90.74	76.03	64.58	55.90	49.20	43.89	39.60	36.07
6	98.26	85.31	73.27	63.77	56.31	50.35	45.50	41.49
7		93.14	81.24	71.18	63.09	56.54	51.18	46.73
8		98.69	88.42	78.13	69.54	62.50	56.67	51.80
9			94.55	84.58	75.68	68.22	61.98	56.73
10			98.95	90.43	81.49	73.71	67.12	61.52
11				95.48	86.91	78.96	72.08	66.18
12				99.13	91.85	83.94	76.86	70.71
13					96.13	88.62	81.45	75.09
14					99.25	92.90	85.82	79.33
15						96.63	89.94	83.41
16						99.34	93.71	87.31
17							97.01	90.98
18							99.42	94.36
19								97.31
20								99.45

附表 4　X^2 分布表

γ	α = 0.995	0.99	0.975	0.95	0.90	0.75
1	—	—	0.001	0.004	0.016	0.102
2	0.010	0.020	0.051	0.103	0.211	0.576
3	0.072	0.115	0.216	0.352	0.584	1.213
4	0.207	0.297	0.484	0.711	1.064	1.923
5	0.412	0.554	0.831	1.145	1.610	2.675
6	0.676	0.872	1.237	1.635	2.204	3.455
7	0.989	1.239	1.690	2.167	2.833	4.255
8	1.344	1.646	2.180	2.733	3.490	5.071
9	1.735	2.088	2.700	3.325	4.168	5.899
10	2.156	2.558	3.247	3.940	4.865	6.737

续附表4

γ	α = 0.995	0.99	0.975	0.95	0.90	0.75
11	2.603	3.053	3.816	4.575	5.578	7.584
12	3.074	3.571	4.404	5.226	6.304	8.438
13	3.565	4.107	5.009	5.892	7.042	9.299
14	4.075	4.660	5.629	6.571	7.790	10.165
15	4.601	5.229	6.262	7.261	8.57	11.037
16	5.142	5.812	6.908	7.962	9.321	11.912
17	5.697	6.408	7.564	8.672	10.085	12.792
18	6.265	7.015	8.231	9.390	10.865	13.675
19	6.844	7.633	8.907	10.117	11.651	14.562
20	7.434	8.260	9.591	10.851	12.443	15.452
γ	α = 0.25	0.10	0.05	0.025	0.01	0.005
1	1.323	2.706	3.841	5.024	6.635	7.879
2	2.773	4.605	5.991	7.378	9.210	10.597
3	4.108	6.251	7.815	9.348	11.345	12.838
4	5.385	7.779	9.488	11.143	13.277	14.860
5	6.626	9.236	11.071	12.833	15.086	16.750
6	7.841	10.645	12.592	14.449	16.812	18.548
7	9.037	12.017	14.067	16.013	18.475	20.278
8	10.219	13.362	15.507	17.535	20.090	21.955
9	11.389	14.684	16.919	19.023	21.666	23.589
10	12.549	15.987	18.307	20.483	23.209	25.188
11	13.701	17.275	19.675	21.920	24.725	26.757
12	14.845	18.549	21.026	23.337	26.217	28.299
13	15.984	19.812	22.362	24.736	27.688	29.819
14	17.117	21.064	23.685	26.119	29.141	31.319
15	18.245	22.307	24.996	27.488	30.578	32.801
16	19.369	23.542	26.296	28.845	32.000	34.267
17	20.489	24.769	27.587	30.191	33.409	35.718
18	21.605	25.989	28.869	31.526	34.805	37.156
19	22.718	27.204	30.144	32.852	36.191	38.582
20	23.828	28.412	31.410	34.170	37.566	39.997

附表 5　国产钢材工厂试验机械性能统计数据表（MPa）

序号	材料名称	加工处理状态	子样数 n	强度极限 $\bar{\sigma}_b$	S_{σ_b}	屈服极限 $\bar{\sigma}_s$	S_{σ_s}	伸长率 $\delta/\%$ $\bar{\delta}$	S_δ	硬度 $\overline{HB}$	S_{HB}	备注
1	A3	热轧不处理	137	455.8	20.80	306.1	18.05	30.7	2.41			正态分布
2	20	热轧不处理	168	464.9	16.58	304.0	17.85	30.3	1.92			正态分布
3	16Mn	热轧不处理	225	543.3	22.27	376.4	20.31	29.2	2.34			正态分布
4	35	热轧 890℃空冷	275	604.0	24.53	379.8	19.03	28.0	3.16			正态分布
5	45	热轧 868℃空冷	500	676.9	23.54	408.1	15.70	25.0	1.80			正态分布
6	18CrNiWA	热轧 950℃、850℃油淬 170~200℃空回	500	1329.3	56.90	1034.9	58.86	15.14	1.20			正态分布
7	30CrMnSiA	热轧 890℃油淬 510~500℃油回	500	1185.1	47.09	1098.7	51.01	14.80	1.28			正态分布
8	30CrNiMoA	热轧 860~890℃油淬 670~680℃空回	349~274	1098.7	80.93	1028.1	79.95	15.90	2.15			正态分布
9	20CrNi2MoA	热轧 898~780℃油淬 170~200℃空回	65	1265.5	139.30	1056.5	128.51	15.00	1.66			正态分布
10	38CrMoAl	热轧 950℃淬火 620~640℃回火	500	1065.8	47.97	953.0	55.92	16.58	1.49			正态分布 硬度威布尔分布
11	40CrNiMoA	热轧 850℃油淬 600℃回火	423~405	1088.6	41.89	989.6	44.64	17.14	1.38			正态分布 硬度威布尔分布
12	45CrNiMoVA	热轧 860℃淬火 440℃回火	234	1564.2	31.59	1497.3	36.20	11.07	1.10			正态分布 硬度威布尔分布

续附表5

序号	材料名称	加工处理状态	子样数 n	强度极限 $\bar{\sigma}_b$	$S_{\sigma b}$	屈服极限 $\bar{\sigma}_s$	$S\sigma_s$	伸长率 $\delta/\%$ $\bar{\delta}$	S_δ	硬度 $\overline{HB}$	S_{HB}	备注
13	PCrNiMo	热轧860℃淬火 600℃空冷	112~107	1112.0	35.90	1013.4	43.85	19.11	1.50			正态分布 硬度威布尔分布
14	60Si2Mn	热轧860℃油淬 470℃水冷	386~380	1511.4	56.60	1370.9	59.55	8.00	1.30			正态分布 硬度威布尔分布
15	35SiMnMo	锻造880℃±10℃油淬 630℃±10℃炉冷	53	823.9	126.65	637.7	185.55	19.00	4.32	260.0	37.42	正态分布 硬度威布尔分布
16	60CrMnMo	锻造840℃±10℃空冷 610℃±10℃炉冷 油冷	133	956.5	106.00	687.7	148.52	15.00	4.32	270.0	43.21	正态分布 硬度威布尔分布
17	35CrMo	锻造840℃±10℃油淬 580℃~600℃炉冷	135~128	833.9	120.17	657.3	143.30	18.00	3.74	257.8	51.42	正态分布 硬度威布尔分布
18	ZG20	正火,回火	150	518.7	25.02	286.6	22.56	20.00	9.35			
19	ZG35Ⅱ	正火,回火	163~120	627.8	107.42	353.2	73.38	20.00		170.00	43.21	正态分布
20	ZG20SiMn	正火,回火	79	559.2	53.76	372.8	48.07	22.50	7.91			

附表6　某些金属材料静强度数据表（MPa）

序号	材料名称	加工处理状态	强度极限 $\bar{\sigma}_b$	$S_{\sigma b}$	屈服极限 $\bar{\sigma}_s$	$S\sigma_s$	伸长率 $\delta/\%$ $\bar{\delta}$	S_δ	硬度 HB	S_{HB}	备注
1	碳素钢		654.3	24.82	434.6	26.98	25.41	2.92			
2	锰钢		602.3*	44.93	410.1*	20.50	14.25*	3.92	221.0	11.33	
3	钼钢	正火	917.2	18.39	814.2	13.83					

续附表6

序号	材料名称	加工处理状态	强度极限 $\overline{\sigma}_b$	$S_{\sigma b}$	屈服极限 $\overline{\sigma}_s$	$S_{\sigma s}$	伸长率 δ/% $\overline{\delta}$	S_δ	硬度 HB	S_{HB}	备注
3	钼钢		1696.2	166.48	1365.5	88.49	6.95	1.68			
4	低合金钢	回火370℃	1379.3*	52.88	1251.8*	56.31	13.75*	4.25	HRC37*	1.33	
		回火454℃	1192.9*	41.40	1131.1*	43.65	7.50*	2.17	HRC29.5*	1.83	
		回火538℃	1055.6*	41.40	1003.6*	44.83	7.75*	2.08	HRC26.5*	1.5	
		回火620℃	976.1*	49.44	889.8*	48.27	12.50*	2.50	HRB62.0*	1.0	
5	铬镍钒钢		1715.8	83.29	1416.6	68.96	9.33	2.27	HRC49.99	2.0	
6	高强度合金钢		1770.7	98.00	1658.9	100.06	5.59	1.75			
7	球墨铸铁	QT42－10	554.3	65.24	375.7	32.86	16.31	3.99			
		QT70－2	736.9	58.76	526.0	35.71	5.85	2.20			
		QT80－2	831.1	78.97	521.0	49.15	6.92	2.18			
8	灰铸铁	HT15－33	225.6	29.92							
		HT20－40	281.5	38.95							
9	铜合金	锰青铜	556.7	15.40			30.00	5.5			
		铝青铜A	756.9	32.67	323.1	33.94	12.36	3.5	178.2	15.33	
		铝青铜B	839.7	40.32	479.1	61.41	10.40	3.33	217.6	15.33	
10	钛合金	无缺口	1119.3	72.01			9.00*	2.00			
		有缺口	1369.5	105.8							

注：1. 表中均值上有*号数据由 $\overline{X} = \frac{1}{2}(X_{max} + X_{min})$ 求得，无*号数据是由统计得出；

2. 标准差有*号数据是假设公差 $=3 \times$ 标准差得到的，无*号值由统计得出。

附表 7　国产材料疲劳极限分布参数表（MPa）

序号	材料名称	加工处理状态	子样数 n	强度极限 σ_b	屈服极限 σ_s	延伸率 $\delta/\%$	断面收缩率 $\psi/\%$	冲击值 $a_K/N\cdot cm^{-2}$	硬度 HB	光滑试件疲劳极限 $\bar\sigma_{-1}$	$S_{\sigma_{-1}}$	缺口试件疲劳极限 $\bar\sigma'_{-1}$	$S_{\sigma'_{-1}}$
1	A3	热轧不处理		449.5	267.9	34.93	69.27	203.3	110	213.1	8.11	132.4	4.39
2	20	900℃正火		460.8						250.1	5.09		
3	35	热轧 $\phi12\sim\phi180$ 980℃空冷	18	604.0	379.8	28.00				248.0	4.61		
		正　火		570.9	357.6	29.45	60.40	122.82	164	291.5	2.07	161.1	3.38
		正　火		623.8	376.3	26.36	54.97	89.07	175	249.4	5.31	161.1	7.71
4	45	调　质		710.2	500.6	23.59	65.06	151.8	216	388.5	9.67	211.8	9.22
		850℃油淬,430℃回火,调质		970.6						432.2	9.83		
5	16Mn	热轧不处理		586.1	360.7	28.45	64.42	157.9	169	281.0	8.45	169.9	9.22
6	40Cr			939.9	805.3	16.52	60.38	128.0	268	421.8	10.34	239.3	12.20
7	1Cr13	1058℃油淬720℃回火,保温2h空冷		721.0	595.5				222	374.4	11.91		
8	2Cr13	调　质		773.1	576.3	21.67	63.52	132.6	222	374.1	13.81	208.8	10.54
9	40MnB	调　质		970.1	880.3	18.16	61.37	125.5	288	436.4	19.81	279.8	10.61
10	35CrMo	调　质		924.0	819.8	18.38	66.36	161.6	280	431.6	13.87	238.5	10.90

续附表7

序号	材料名称	加工处理状态	子样数 n	强度极限 σ_b	屈服极限 σ_s	延伸率 $\delta/\%$	断面收缩率 $\psi/\%$	冲击值 $a_K/N \cdot m \cdot cm^{-2}$	硬度 HB	光滑试件疲劳极限 $\bar{\sigma}_{-1}$	$S_{\sigma-1}$	缺口试件疲劳极限 $\bar{\sigma}'_{-1}$	$S'_{\sigma-1}$
11	60Si2Mn	淬火、中温回火		1391.5	1255.8	12.97	39.24	33.26	397	563.8	23.95	389.2	8.01
12	18CrNiWA	热轧 950℃、850℃油淬,170~120℃空冷	57	1329.3	1035.0	15.14				511.5	54.00		
13	30CrMnSiA	热轧 890℃油淬 510~540℃油回	12	1185.1	1098.7	14.80				486.6	72.59		
14	20CrNi2M oA	热轧 980℃、780℃油淬,170~200℃空回	15	1265.5	1056.5	15.00				585.7	28.45		
15	40CrNiMoA	热轧 850℃油淬 600℃回火	14	1088.6	989.6	17.14				480.0	41.99		
16	42CrMo	850℃油淬,580℃回火,保温1h		1134.3						504.0	10.15		
17	50CrV	850℃油淬,400℃回火,保温2h空冷		1819.5	658.3				HRC 48.36	746.8	317.3		
18	65Mn	830℃油淬,380℃回火,保温2h空冷		1795.4	1664.1				HRC 45.76	708.4	30.96		
19	QT60-2	正火		858.6		4.37		46.11	273	290.1	5.82	169.52	9.33
20	QT40-17	退火				22.62		139.60	149	202.6	9.33	158.8	4.78

附表 8　国产金属材料不同寿命时的疲劳性能分布

调质结构钢的疲劳极限的均值与标准差(MPa)

材　料	静强度指标	试验条件		寿命 N	疲劳极限 σ_r	标准差 $S_{\sigma r}$		附　　注
		r	α_σ					
钢 45(碳素钢)	$\sigma_b = 833.85$ $\sigma_s = 686.7$ $\delta = 16.7\%$	-1	1.9	5×10^4	412.02	13.08		1. 轴向加载 2. $\phi 26mm$ 棒材 3. 化学成分:0.49% C 　 0.30% Si,0.68% Mn 4. 调质处理
				10^5	343.35	9.81		
				5×10^5	309.996	7.85		
				10^6	294.30	7.85		
				5×10^6	286.45	7.85		
				10^7	279.59	8.17		
18Cr2Ni4WA[①] (铬镍钨钢)	$\sigma_b = 1145.8$ $\delta = 18.6\%$	-1	2	10^5	464.0	22.24		1. 旋转弯曲 2. $\phi 18mm$ 棒材 3. 化学成分:0.18% C 　 1.43% Cr,4.09% Ni, 　 0.97% W 4. 950℃正火,860℃淬火, 　 540℃回火
				5×10^5	412.0	17.0		
				10^6	384.6	15.7		
				5×10^6	368.9	13.7		
				10^7	361.0	11.8		
30CrMnSiA[②] (铬锰硅钢)	$\sigma_b = 1108.5 \sim 1187.0$ $\sigma_s = 1088.9$ $\delta = 15.3\% \sim 18.6\%$	-1	1	10^5	784.8	35.97		1. $r = -1$ 为旋转弯曲,其余 　 为轴向载荷 2. $\phi 25mm$ 棒材 3. 化学成分:0.30% C, 　 0.90% ~ 1.00% Cr, 　 0.86% ~ 0.93% Mn, 　 0.96% ~ 1.04% Si 4. 890 ~ 898℃油中淬火, 　 510 ~ 520℃回火 5. $\alpha_\sigma = 1$ 为光滑试样 　 下同
				5×10^5	676.9	19.62		
				10^6	655.3	17.66		
				5×10^6	639.6	17.00		
				10^7	637.7	18.64		
			2	10^5	441.5	19.62		
				5×10^5	379.6	14.72		
				10^6	360.0	10.13		
				5×10^6	356.1	10.13		
				10^7	353.2	9.81		
			3	10^5	309.0	14.72		
				5×10^5	270.8	10.13		
				10^6	250.2	9.81		
				5×10^6	243.3	9.15		
				10^7	241.3	9.15		
			4	10^5	285.5	11.11		
				5×10^5	245.3	9.81		
				10^6	221.7	9.15		
				5×10^6	210.9	8.17		
				10^7	204.0	6.87		

材　料	静强度指标	试验条件		寿命	疲劳极限	标准差 $S_{\sigma\tau}$	附　注
		r	α_σ	N	σ_r		
30CrMnSiA② （铬锰硅钢）	$\sigma_b = 1108.5$ ~ 1187.0 $\sigma_s = 1088.9$ $\sigma = 15.3\% \sim 18.6\%$	0.1	1	10^5	1177.2	52.32	
				5×10^5	1108.5	42.51	
				10^6	1090.9	39.24	
				5×10^6	1088.9	39.56	
				10^7	1088.9	39.90	
			3	10^5	457.15	29.43	
				5×10^5	377.7	17.00	
				10^6	347.3	14.39	
				5×10^6	335.5	15.70	
				10^7	328.6	16.35	
		0.5	3	10^5	676.9	35.97	
				5×10^5	642.6	31.07	
				10^6	612.1	27.47	
				5×10^6	609.2	24.85	
				10^7	608.2	24.85	
40CrNiMoA③	$\sigma_b = 1039.86$ ~ 1167.39 $\sigma_s = 917.24$ ~ 1126.19 $\delta = 15.6\% \sim 17\%$	-1	1	5×10^4	760.3	44.15	1. $r = -1$ 为旋转弯曲 $\phi 22 \text{mm}$，其余为轴向加载， $\phi = 11 \text{mm}$ 2. 化学成分： $0.38\% \sim 0.43\% \text{C}$； $0.74\% \sim 0.78\% \text{Cr}$； $1.52\% \sim 1.57\% \text{Ni}$； $0.19\% \sim 0.21\% \text{Mo}$ 3. 850℃油淬火 580℃回火
				10^5	667.1	37.60	
				5×10^5	590.6	26.16	
				10^6	559.2	20.92	
				5×10^6	539.6	20.92	
				10^7	523.9	19.62	
			2	10^5	392.4	25.18	
				5×10^5	333.5	14.06	
				10^6	318.8	11.45	
				5×10^6	311.0	10.47	
				10^7	308.0	9.81	
			3	10^5	294.3	15.04	
				5×10^5	245.3	9.81	
				10^6	217.8	8.17	
				5×10^6	210.9	6.87	
				10^7	208.95	6.87	

材　料	静强度指标	试验条件		寿命	疲劳极限	标准差 $S_{\sigma r}$	附　　注
		r	α_σ	N	σ_r		
40CrNiMoA③	$\sigma_b = 1039.86$ ~ 1167.39 $\sigma_s = 917.24$ ~ 1126.19 $\delta = 15.6\% \sim 17\%$	0.1	1	5×10^4	1259.6	60.16	
				10^5	1211.5	45.78	
				5×10^5	1157.6	42.51	
				10^6	1110.5	39.90	
				5×10^6	1066.3	38.32	
				10^7	1030.1	32.70	
			3	5×10^4	490.5	22.89	
				10^5	382.6	17.66	
				5×10^5	326.7	11.45	
				10^6	305.1	10.79	
				5×10^6	292.3	10.79	
				10^7	284.5	9.81	

① 18Cr2Ni4WA 钢,具有高强度,高韧性和良好的淬透性。一般用于截面积大,载荷较高而又需要良好的韧性和缺口
　敏感性低的重要零件。如截面大的齿轮、传动轴、曲轴、花键轴、精密磨床用的控制进刀的蜗轮等。如经渗碳、淬
　火低温回火后,表面有高的硬度和耐磨性,心部有很高的强度和韧性,是渗碳钢中机械性能很好的钢种。因其合
　金元素含量高,工艺性能差,锻造变形阻力大,氧化皮不易清理。锻造正火后硬度较高,需经长时间的高温回火,
　被切削性较差。

② 30CrMnSiA 钢可用来制造重要用途的零部件,动载下工作的焊接件和铆接件。如高压鼓风机的叶片、阀板、高速砂
　轮轴、齿轮、链轮、紧固件和轴套等,还可制造温度不高而要求耐磨的零部件。

③ 40CrNiMoA 钢有高的强度和韧性及良好的淬透性,一般用于截面尺寸较大和较重要的零件,如轴、齿轮及紧固
　件等。

参考文献

1　中山大学数力系编,概率论及数理统计,北京:高等教育出版社,1980

2　戴树森等编著,可靠性试验及其统计,北京:国防工业出版社,1983

3　刘璋温等编,概率纸浅说,北京:科学出版社,1983

4　E. B. HAUGEN,《Probabilistic Mechanical Design》,John Wiley and Sons,1980

5　[美] K. C. 卡帕,L. R. 兰伯森著,工程设计中的可靠性,北京:机械工业出版社,1984

6　徐浩著,疲劳强度设计,北京:机械工业出版社,1981

7　牟致忠编著,机械零件可靠性设计,北京:机械工业出版社,1988

8　格·斯·皮萨连柯等,材料力学手册,石家庄:河北人民出版社,1982

9　金振江、宋良,钢材机械性能的概率分布,1982,3

10　[美] E. B. 豪根著,机械概率设计,北京:机械工业出版社,1985

11　金振江,初轧机载荷的统计分析,冶金设备,1983,4

12　徐浩著,机械强度的可靠性设计,北京:机械工业出版社,1984

13　凌树森著,可靠性在机械强度设计和寿命估计中的应用,北京:宇航出版社,1988

14　机械工程手册编辑委员会编,机械工程手册,北京:机械工业出版社,1980

15　卢玉明编著,机械零件的可靠性设计,北京:高等教育出版社,1989

16　濮良贵主编,机械设计第五版,北京:高等教育出版社,1989

17　朱继洲编著,故障树原理和应用,西安:西安交通大学出版社,1983

18　陈健元编著,机械可靠性设计,北京:机械工业出版社,1988

冶金工业出版社部分图书推荐

书　名	作　者	定价(元)
现代采矿理论与机械化开采技术	李俊平	43.00
机械原理与机械设计实验教程	魏春雨	12.00
机械设计基础	银金光	47.00
机械设计课程设计	银金光	39.00
现代机械强度引论	陈立杰	35.00
机电一体化技术基础与产品设计(第2版)	刘　杰	46.00
机器人技术基础(第2版)	宋伟刚	35.00
机械故障诊断基础	廖伯瑜	25.80
机械设备维修工程学	王立萍	26.00
轧钢机械(第3版)	邹家祥	49.00
炼铁机械(第2版)	严允进	38.00
炼钢机械(第2版)	罗振才	28.00
冶金设备(第2版)	朱　云	56.00
冶金设备及自动化	王立萍	29.00
矿山机械	田新邦	79.00
现代液压技术概论	宋锦春	25.00
电液比例控制技术	宋锦春	48.00
电液比例与伺服控制	杨征瑞	36.00
液压可靠性最优化与智能故障诊断	湛丛昌	70.00
液压元件性能测试技术与试验方法	湛丛昌	30.00
环保机械设备设计	江晶	45.00
污水处理技术与设备	江晶	35.00
固体废物处理处置技术与设备	江晶	38.00
大气污染治理技术与设备	江晶	40.00